QUANTUM
COMPUTING
FUNDAMENTALS

量子计算导论
从线性代数到量子编程

[美] Chuck Easttom 著

王仁强 吴铭 译

电子工业出版社
Publishing House of Electronics Industry
北京·BEIJING

内 容 简 介

本书清晰介绍了量子计算的核心概念、术语和技术，涵盖数学、物理学和信息论的基础知识，同时还提供量子编程动手实践。本书揭开了隐藏在量子计算中的技术概念和数学原理的神秘面纱，展示了量子计算系统的设计和构建方式，解释了量子计算系统对网络安全的影响，同时预览了抗量子密码学的进展。本书还扼要介绍了当今领先的量子编程语言 Microsoft Q#和 QASM。各章包含的习题测试和示例项目有助于读者深入理解和运用所学知识。本书文字浅显易懂，是量子计算初学者的完美指南。

版权贸易合同登记号　图字：01-2022-1125

图书在版编目（CIP）数据

量子计算导论：从线性代数到量子编程 /（美）查克·伊斯特姆 (Chuck Easttom) 著；王仁强，吴铭译.
—北京：电子工业出版社，2023.2
书名原文：Quantum Computing Fundamentals
ISBN 978-7-121-44842-3
Ⅰ. ①量… Ⅱ. ①查… ②王… ③吴… Ⅲ. ①量子计算机 Ⅳ. ①TP385

中国国家版本馆 CIP 数据核字（2023）第 014862 号

责任编辑：张春雨
印　　刷：三河市君旺印务有限公司
装　　订：三河市君旺印务有限公司
出版发行：电子工业出版社
　　　　　北京市海淀区万寿路 173 信箱　　邮编 100036
开　　本：787×980　　1/16　　印张：21.5　　字数：482 千字
版　　次：2023 年 2 月第 1 版
印　　次：2025 年 4 月第 4 次印刷
定　　价：119.00 元

凡所购买电子工业出版社图书有缺损问题，请向购买书店调换。若书店售缺，请与本社发行部联系，联系及邮购电话：(010) 88254888，88258888。

质量投诉请发邮件至 zlts@phei.com.cn，盗版侵权举报请发邮件至 dbqq@phei.com.cn。

本书咨询联系方式：010-51260888-819，faq@phei.com.cn。

献词

　　一如既往，谨以此书献给我的贤妻特蕾莎。我想用我最喜欢的一段电影台词来表达谢意："逻辑到底是什么？由谁决定缘由？我从形而下探索到形而上，最后产生错觉，就这样来回走了一趟。事业上，我取得了重大突破；生命中，我找到了最重要的人。只有在这神秘的爱情方程式中，才能找到逻辑或缘由。今晚我能站在这里，全是你的功劳。你是我成功的因素，也是唯一的因素。"

前言

　　写书总是充满挑战，写一本关于量子计算的书更是如此。如果写得面面俱到，读者将不知所措，难以从中受益；如果写得过于简略，则难免挂一漏万。与量子计算有关的书（尤其是入门书）重在提供必备知识而非过于详尽的内容。我真诚希望自己实现了这个目标。

　　有的读者可能数学基础扎实，有的也许已涉足量子计算，不过那些缺乏背景知识的读者，也不用焦虑。本书旨在提供必备信息帮你跟上进度。这意味着本书每章的内容都精细入微。事实上，没有哪一章不能详尽到足以单独成书！

　　如果某个章节对你而言比较陌生或者特别难以理解，也别气馁。在讨论复杂课题时，这种情况再正常不过了。如果不熟悉线性代数，本书第 1 章"线性代数入门"会介绍一些新概念或难以理解的概念。我时常告诫学生不要对自己太过苛刻。当你在某个概念上苦苦挣扎，却发现他人（可能是教授或作者本人）对此似乎易如反掌，你就很容易气馁，认为自己并不适合这个领域。若确实如此，那么有朝一日你会不会也像其他人那样，轻松理解之前那些难以理解的概念呢？ 没有人会告诉你，如今成为专家的那些人，一开始接触这个领域时学得也很费劲。所以，你觉得学起来很吃力，那再正常不过了。请别灰心！你可能需要多次阅读本书某些章节。即使读完本书，大致了解了整体内容，但在特定细节上也可能没有吃透。不必大惊小怪，这个课题本来就难。

　　数理知识丰富的读者可能会觉得本书的某些章节过于艰深或太过简略，的确如此。在写一本量子计算入门书时，权衡内容深浅是很艰难的。阅读本书时，若发现某些章节内容的深浅程度与你现有的认知有所出入，还望海涵。

最重要的是，本书开启了一场惊心动魄的旅途，所涉内容均为计算机科学的前沿课题。无论你是否拥有深厚的背景知识，是否能够轻松掌握本书内容（在此之前你也许了解部分内容），是否会在每一页上挣扎，最终都会殊途同归。你将面对一个奇异的崭新世界。你将了解量子力学的基本原理，了解量子计算革命，甚至还能学到一些新的数学知识。所以，别再纠结是否掌握了某个晦涩的概念，好好享受阅读过程吧！

致谢

本书的顺利出版归功于大家的帮助。首先，我想感谢伊扎特·阿尔斯马迪（Izzat Alsmadi）教授（得克萨斯农工大学圣安东尼奥分校）和雷妮塔·穆里米（Renita Murimi）教授（达拉斯大学），他们谦逊又热情，以专业的眼光审读了本书每章内容。责任编辑克里斯·克利夫兰（Chris Cleveland）耐心且细致的工作对本书的出版至关重要。我必须承认，编辑本书不是件易事。此外，我还想感谢巴特·里德（Bart Reed）对本书的润色。以上各位都做得非常出色，帮助我写出了一本清晰而准确的书，使得读者能够学习量子计算这个极具挑战性的课题。

作者简介

查克·伊斯特姆（Chuck Easttom）博士在计算机安全、取证和密码学等领域出版了 31 部著作，其中部分著作已被 60 多所高校用作教材。伊斯特姆博士还在数字取证、网络战、密码学和应用数学等领域发表过大量学术论文（超过 70 篇），同时拥有 22 项计算机科学发明专利。他拥有 3 个博士学位：网络安全方面的科学博士学位（论文题目为《用于后量子计算的基于格的密码算法研究》），纳米技术方面的技术博士学位（论文题目为《复杂性对碳纳米管故障的影响》），以及计算机科学博士学位（论文题目为《关于图论在数字取证中的应用》）。此外，他还拥有应用计算机科学、教育学和系统工程等 3 个专业的硕士学位。伊斯特姆博士还是电气电子工程师学会（IEEE）和国际计算机协会（ACM）资深会员，国际密码研究协会（IACR）和系统工程国际委员会（INCOSE）会员，以及国际计算机协会杰出演讲者和电气电子工程师学会杰出访问者。伊斯特姆博士现任乔治城大学兼职讲师。

目录

线性代数入门

章节目标

学完本章并完成章节测试后，你将能够做到以下几点：

- 理解基本的代数概念
- 计算向量点积和向量范数
- 使用向量和向量空间
- 使用基本的线性代数
- 对矩阵和向量进行基本的数学运算

缺乏基本的线性代数知识，就无法真正理解量子物理学和量子计算。许多数学书的目标受众都是具有一定数学背景的读者，但本书的初衷与此不同。本书的目的并非使读者学完本章或本书后就成为某个领域（包括线性代数）的专家，而是使毫无数学背景的新手也能理解线性代数，以便更好地理解量子计算。因此，本章将介绍线性代数中的一些基本知识，并详细解释一些重要概念。此外，本章也不会涉及数学公式的证明过程。虽然这对数学家而言至关重要，但对数学新手来讲，这些证明只会令人生畏。读者无须理解这些数学证明，照样能继续探索量子计算。

线性代数对量子计算和量子物理学都非常重要，因为量子态就是以此为基础来表示的。比如，光子的量子态就是由向量表示的，而量子逻辑门是由矩阵表示的。向量和矩阵都是本章要探讨的内容。不过，这并不意味着读者不需要具备其他数学知识。微积分和数论等当然也与量子物理学和量子计算有关，只不过线性代数是读者最应掌握的数学知识罢了。

　　如果读者了解线性代数，那么本章可起到复习巩固作用。坦率地讲，本章内容对具有一定数学背景的读者而言可能会稍嫌多余。不过，我们的目的是让数学新手也能掌握基本概念，以便理解后续内容。对于数学新手而言，掌握本章内容对后续章节的学习极为重要。对于不熟悉的内容，读者可反复阅读，做一做章节测试。对于线性代数比较生疏的读者，有必要完成章节测试。

　　首先，什么是线性方程。线性方程指一个方程中所有未知数的指数都是 1，通常表示为不带指数。由于本章探讨线性方程，所以很难见到类似 x^2 或 y^3 的未知数。对于一个看似前景光明的领域，这似乎并非一个良好的开端。不过，我向你保证，线性代数对很多领域都很重要。除了量子计算，它对机器学习也非常重要。本章乃至本书将聚焦线性代数在量子计算中的应用，但你在本章学到或巩固的技能也能应用到其他领域。

1.1　什么是线性代数

　　这个问题看似很简单，但却有助于审视线性代数。再提醒一下，本章并不要求读者必须具备线性代数相关的背景知识。虽然线性代数能用于量子物理学等诸多领域，但它最初只是求解线性方程组的一种方法，并由此得名。线性方程指所有未知数都是一次的方程，因此下面 3 个方程都是线性方程：

$$a + b = 20$$
$$2x + 4 = 54$$
$$2x + 3y - z = 21$$

但下面这两个方程就不是线性方程：

$$2x^2 + 3 = 10$$
$$4y^2 + 2x + 3 = 8$$

前 3 个方程中所有未知数都只有一次幂（诸如 x^1，这里的"1"是假设的，可省略不写）。但在第 2 组方程中，至少有一个未知数的指数超过了一次幂，因而后两个方程不是线性方程。

由赫尔曼·格拉斯曼（Hermann Grassman，1809—1877）写于 1844 年的《扩展

的学问》（*Theory of Extension*）是最早讨论线性代数的图书之一。除介绍了线性代数中的一些重要概念外，该书也讨论了其他话题。1856 年，阿瑟·凯莱（Arthur Cayley，1821—1895）引入了矩阵乘法，本章稍后会讨论。1888 年，朱塞佩·皮亚诺（Giuseppe Peano，1858—1932）精确定义了向量空间，这是本章或本书要着重讨论的另一个话题。本章后面会探讨向量与向量空间。如你所见，线性代数随时间推移而不断演变。

总之，矩阵是本章讨论的重点。试想一下，将矩阵视为一种特殊的数字。这听起来也许有点不可思议，但从一些基础代数出发对理解线性代数有所帮助。毕竟，线性代数是代数的一种。

1.2 代数入门

许多读者可能熟悉本节将要介绍的部分内容，如果你发现大部分甚至全部内容于你而言都不过是复习巩固，那就太棒了！不过，即便你对本节内容感到生疏，也不必担心。因为本书并未预设读者具备深厚的数学基础，因而会详细介绍入门知识。

你在中小学肯定学过基础代数。然而，只要浏览一下任何一所大学数学专业的课表，就会发现他们开设了各种各样的代数课程，其中自然少不了线性代数。诚然，还有抽象代数、代数图论等其他课程。此时此刻，你可能会质疑自己在中小学学到的数学知识是否足够，随即发现的确不够。

"代数"有许多不同的定义，而大部分定义都有一定的道理。一个简单的定义是：代数是根据规则来对数学符号进行运算的一门学问。话虽如此，但这个定义有点以偏概全。《大英百科全书》中给出的定义是"代数，数学的一个分支，其中算术运算和形式操作被用于抽象符号而非特定的数字"。MathWorks 指出，"代数研究数学关系、符号使用、建模和数理变化。"

对于那些数学基础薄弱但又想了解更多数学知识的读者，我向你们推荐我最喜欢的一本书——《数学外行的数学》（*Mathematics for the Nonmathematician*），作者是莫里斯·克莱因（Morris Kline，1908—1992）。书中写道，"想要超越最简单的算术程序进行数字推理的话，只需掌握两种工具：词汇和技巧，或曰词汇和语法。而数学普遍使用符号语言。事实上，人们通常认为，正是符号的使用和用符号进行推理，标志着算术向代数的过渡，尽管二者并非泾渭分明"。

不妨把这些看似不同的定义整合成一个连贯的操作化定义以适用于本章。代数研究符号及其关联规则。这些符号有时是整数、实数等具体数字，有时是代表广义概念的抽象符号。思考一下以下等式：

$$a^2 = a \times a$$

抽象符号的使用使我们能够思考某个数的平方表示什么概念，而不被实际数字所困扰。虽然上述等式非常简单，但它表明除具体的应用外，抽象符号还可有效用于研究抽象的概念。不过，抽象符号的概念研究只是代数的一种用法，代数还常被用于解决具体的问题。

你可以根据数学运算的各种性质推导出一个数字系统。教给青少年的初等代数只是可能的代数之一。表 1.1 概述了一个数字系统中可能存在的一些基本性质。

表 1.1　一个数字系统的基本性质

定　律	公　式
加法结合律	$u + (v + w) = (u + v) + w$
加法交换律	$u + v = v + u$
乘法结合律	$u(v \times w) = (u \times v)w$
乘法交换律	$u \times w = w \times u$
关于向量加法的标量乘法分配律	$a(u + v) = au + av$
关于域加法的标量乘法分配律	$(a + b)v = av + bv$

尽管表 1.1 概括了数字系统的基本性质，但可能仍需逐一详细说明。就结合律而言，无论这些数怎么组合，最终的和或积都相同。交换律指改变数的顺序也不会影响最终的和或积。有趣的是，当处理矩阵时，"顺序不影响最终结果"这个论断并不成立。对此，本章稍后将探讨。分配律意味着括号外的值可以分配到括号内。

读者肯定知道多种不同类型的数，比如整数、有理数、实数等。这些数都是无限的，但这并不是数的唯一分类。下面我们将讨论抽象代数中的一些基本概念，以加深读者对代数的理解。

继续学习之前，读者应确保自己掌握了整数、有理数等。我们先讨论自然数。之所以叫自然数，是因为它们是自然而然出现的。这意味着，自然数是孩子们最初学会的数。自然数也称计数数。大部分文献中，自然数都只包括正整数（如 1、2、3、4 等），不包括零（0）；部分文献中，零也被视作自然数。不管零是不是自然数，都应当明确一点：自然数是用来计数的。比如，计算这本书有多少页时，就可以使用自然数。

接下来，我们将讨论整数。虽然如今你可能觉得负数再寻常不过了，但古人却对它闻所未闻。关于负数的书面记载最早出现于中国汉代；公元 4 世纪，负数第一次出现在印度；公元 7 世纪时，负数常被用来表示债务。现在我们已经知道，整数包括正整数、负整数和零，比如−3、−2、−1、0、1、2、3，等等。

讨论了整数之后，我们紧接着探讨下一类数——有理数。有理数第一次引起人们的注意是在除法运算中。它的数学定义为"可以表示为两个整数的商的任意数"。然而，人们很快发现，有些除法运算的结果并不能用两个整数的商来表示。几何学中就有一个经典的例子：计算圆周与半径的比值。这个结果常被近似处理为 3.14159，不过，实际上"9"后面还有很多位数，且这些数并不重复。无理数有时会重复，但它们不需要重复。只要一个实数不能用两个整数的商表示，那么，它就是无理数。

实数是所有有理数和无理数的超集。除非你在数学或物理学等特定领域工作，否则你碰到的数一般都是实数，如−1，0，$\sqrt{5}$，$(\frac{3}{17})^5$ 和 π。

虚数的出现是用来解决某些具体问题的。这要从乘法的基本规则讲起。若负数与负数相乘，其结果将是正数。例如，$(-2) \times (-2) = 4$。若某个数是负数的平方根，那么这条规则（即"负负得正"）将出现问题。显然，正数的平方根也是正数，例如：$\sqrt{4} = 2$，$\sqrt{1} = 1$。但是 $\sqrt{-1}$ 等于多少呢？若你的回答是−1，那就错了。因为 $(-1) \times (-1)$ 等于+1。虚数随之诞生，它的定义如下：$i^2 = -1$（或者反过来，$\sqrt{-1} = i$）。因此，任意负数的平方根都可表示为某个正数乘以 i。实数与虚数的组合称为复数。第 2 章将详细介绍复数。

1.2.1　群、环和域

某些读者可能会认为本章探讨的第一个代数概念（群）不像代数。数学底子薄弱的读者可能会认为代数就像他们在中学求解线性和二次方程那样。但那只是代数的一种应用。本节将探讨抽象代数中的相关概念，主要研究群、环和域等代数结构。

抽象代数的一个主要概念是研究数集并对数集里的数进行数学运算。这些概念对数学专业的学生来讲也很吃力，因此我将在不遗漏任何重要细节的前提下，尽可能使用简洁易懂的语言来描述。抽象代数中的群、环和域也是可以进行相关运算的数集。

先设想一组数，就从实数集开始吧。你知道，实数集是由全体实数组成的无限集合。现在我来考考你，对实数集中的数字进行哪些运算后得到的结果仍是实数？

两个实数相加的结果也是实数，两个实数相乘的结果也是实数。那么加法和乘法的逆运算：减法和除法呢？结果将如何？两个实数相减或相除，其结果也都是实数。现在，你可能会觉得实数的加减乘除运算很简单，结果都为实数，甚至很难理解为何我们会花大量篇幅来讲。但除加减乘除运算外，有些数学运算（比如平方根运算）的结果并不总是实数。所有正数的平方根都是实数，那负数的平方根呢？比如$\sqrt{-1}$等于多少？其结果不是实数而是虚数（我们将在第 2 章详细讨论虚数）。因此，$\sqrt{-1}$的运算结果不在我们先前探讨的实数集的范畴内。

我们再重新考虑一组新的数。比如整数集（即所有整数的集合）。整数集与之前的实数集类似，也是一个无限集合。任意两个整数相加后得到的结果将是另一个整数；任意两个整数相乘后得到的结果也仍为整数。到目前为止，整数的运算法则听起来与实数类似。不过，我们再考虑一下加法和乘法的逆运算，即减法和除法。整数减去整数的结果仍是整数，那除法呢？尽管许多整数除以整数也会得到整数，例如，6 除以 2，10 除以 5，21 除以 3，等等，但也有很多情况下整数除以整数的商并非整数。比如，5 除以 2 的商就不是整数，而是有理数；同样，20 除以 3 的商也不是整数。此外还有很多整数除以整数得到的结果不是整数的例子。因此，如果只考虑整数就难以表示许多除法运算的结果。

试想一下，数学世界里只有整数将怎样。先不管为何要这样假设，重点在这个思想实验（thought experiment）。正如已证明的那般，在这个人造世界中，加法运算一直存在且发挥着作用。加法的逆运算（减法）也是如此。乘法运算也与你之前看到的相同。但在这个假想世界中，不存在除法运算。因为除法运算会使运算结果为非整数，而非整数并不存在于"只有整数"的这个假想世界中。

继续探讨抽象代数中更具体的实例之前，请先假想另一个情景，这将有助于你进一步弄懂这些基本观点。假如数学世界里只有自然数（即计数数）将会怎样？两个自然数相加的结果仍为自然数；两个自然数相乘的结果也还是自然数。但自然数的减法和除法运算呢？虽然有些自然数与自然数相减的结果仍为自然数，但两个自然数相减后得到的结果不是自然数的例子也很多。比如，5 减 7 的结果就是负数，而负数不是自然数。事实上，任何一个较小的数减去较大的数后都不会得到自然数。此外，自然数的除法运算也与整数除法一样棘手。很多情况下，两个自然数相除后得到的结果并非自然数。因此，在这个只有自然数的假想世界中，加法和乘法运算有效且符合预期，但减法和除法运算则并不总是成立的。

　　抽象代数关注的就是这样的结构。群、环和域等结构中存在某类数集，数集里的数能进行某些数学运算。针对某个特定结构，运算后的结果仍属于这个数集的那些数学运算才有效。本章 1.4 节将讨论代数群及其在向量空间中的应用。

　　不要过分关注"抽象代数"这个词的字面义，抽象代数也有实际应用。其实，有些文献倾向于将抽象代数称为"近世代数"。但我们认为，抽象代数的历史可追溯到几个世纪以前，因此称之为"近世代数"并不恰当。下面我们分别介绍这些结构。

1.2.1.1　群

　　群是由一个集合、一个单位元、一种运算及其逆运算组成的一个代数系统。首先，什么是单位元？当单位元与集合中的其他数结合并进行某种运算时，得到的结果与原来那些数相同。用更专业的数学语言来讲：

$$a * I = a$$

　　其中"$*$"可以是指定的任何运算，不一定是乘法。比如，加法运算中的单位元是零，即任何数与零相加后，结果都不变；乘法运算中的单位元是 1，即任何数乘以 1 的结果也不变。

　　群必须满足下列 4 个性质：

- **封闭性**：这是 4 个性质中最简单的一个。封闭性意味着对群中的成员进行某种运算后，得到的结果仍为该群成员，这在本节前面也探讨过。

- **结合性**：结合性表明重新组合特定集合中的元素并不会改变运算结果。例如，在 $(2 + 2) + 3 = 7$ 这个运算中，即使改变数字的顺序，比如，改为 $2 + (2 + 3)$ 后，运算结果仍为 7。

- **单位元**：详见本节前面与单位元相关的内容。

- **可逆性**：可逆性表明对集合的给定运算是可逆的。正如我们之前讨论过的那样，减法是加法的逆运算；除法是乘法的逆运算。

　　回想一下整数集。整数集构成了一个群，满足上述 4 个性质。首先，整数群有一个单位元：零；其次，整数群符合可逆性，即存在一种运算（加法运算）及其逆运算（减法运算）；再者，整数群具有封闭性，即该群中的任意元素（任意整数）与其他元素（其他任意整数）相加后的结果仍然属于该群（运算后的结果仍为整数）。

1.2.1.2　阿贝尔群

我们已经大致了解了群的相关概念，接下来探讨特定类型的群。第一个也是最容易理解的是阿贝尔群，或称交换群，它的特点是具有交换性。如果是加法运算，交换性意味着 $a+b=b+a$；如果是乘法运算，则 $ab=ba$。

交换性是指应用于群的任何运算都不依赖于群中各元素的顺序。换句话说，不管哪种数学运算，群中的成员在交换顺序后所得的结果相同。举个简单的例子，在整数群的加法运算中，交换加数与被加数的顺序并不影响运算结果：

$$4+2=2+4$$

因此，带有加法运算的整数集是一种阿贝尔群。可见，阿贝尔群是群的子集，且须满足一定的条件：具有可交换性。

1.2.1.3　循环群

循环群是指群中的元素都是其中某元素的幂的群。比如，若从元素 x 开始，则循环群中的元素如下：

$$x^{-2},\ x^{-1},\ x^0,\ x^1,\ x^2,\ x^3,\ \cdots\cdots$$

当然，先前讨论过的群的要求仍适用于循环群。循环群必须是带有某种运算及其逆运算的一组数。x 被认为是群的生成元，因为群中其他成员都是由它派生出来的，因此也被称作本原元。整数群可被看作是一个以 1 为本原元或生成元的循环群。所有整数都可表示为 1 的幂。这个例子看似平凡，但却有助于理解。

1.2.1.4　环

环是一个由集合、单位元、两个运算和第一个运算的逆运算组成的代数系统，这是环的正式定义。这可能有点难以理解，下面给出更详细的解释。

本质上，环是一个可进行第二层级运算的交换群。现在，你已经知晓，具有加法运算的整数集组成了一个交换群。如果再加上乘法运算，那么这个交换群就变成了环，既能做加法运算，也能做乘法运算。

需要注意的是，我们只需考虑第一个运算的逆运算。比如，整数集中如果有加法和乘法运算，那么该整数集就是一个环，只需考虑加法运算的逆运算。例如，$4+5=9$，运算结果仍为整数（"9"仍在环中）；加法运算的逆运算——减法运算，如 $4-5=-1$，运算结果（-1）也是整数，因此它也在环中。对于环的乘法运算，并不要求其逆运算（除法运算）的结果总是整数，但任意两个整数相乘（例如 4 × 5 = 20）得到的结果总是整数。

1.2.1.5 域

域是由集合、单位元、两种运算及其逆运算组成的一个代数系统。域可视为能进行两种而非一种运算的群，且这两种运算的逆运算也成立。域一定是环，但环不一定是域。比如，如果这两种运算是加法和乘法运算，则整数集虽然是环，但不是域。因为整数集中，乘法的逆运算即除法运算的结果并不总是整数。

域的一个经典例子是有理数域。每个数都可被写成比率（或分数）的形式，例如 x/y（x 和 y 可以是任意整数），而加法的逆运算即减法运算的结果为 $-x/y$，乘法的逆运算即除法运算的结果为 y/x。密码学中常用到域。同时，本书第 11 章"当代非对称算法"、第 13 章"基于格的密码学"和第 15 章"后量子密码学的其他方法"还会再讨论域。

1.3 矩阵数学

深入探讨矩阵数学之前，你需要知晓何为矩阵。矩阵是一个行和列按矩形排列的数集。行横向排列，列纵向排列。矩阵大小可表示为 $m \times n$，其中，m 是行数，n 是列数。例如：

$$\begin{bmatrix} 1 & 2 \\ 2 & 0 \\ 3 & 1 \end{bmatrix}$$

矩阵是一个按照行和列排列的数组。向量是仅有一列或一行的矩阵。本节重点关注 2×2 矩阵，但矩阵的行列数还可以是其他数，行和列也不必非得相等。向量可看作是 1×m 矩阵。垂直和水平向量分别被称为列向量和行向量。矩阵通常基于行和列表示为

$$\begin{bmatrix} a_{ij} & a_{ij} \\ a_{ij} & a_{ij} \end{bmatrix}$$

字母 i 表示行，字母 j 表示列。例如：

$$\begin{bmatrix} a_{11} & a_{12} \\ a_{21} & a_{22} \end{bmatrix}$$

这种表示方法常被用来表示包括行列向量等各种矩阵。

矩阵有许多种，常见类型如下：

- **列矩阵**：只有一列的矩阵。

- **行矩阵**：只有一行的矩阵。

- **方阵**：行列数相同的矩阵。

- **相等矩阵**：如果两个矩阵的行列数相同（即大小相同），对应元素也相同，那么这两个矩阵为相等矩阵。

- **零矩阵**：所有元素都为零的矩阵。

继续学习之后会发现，矩阵在线性代数中应用广泛。

1.3.1　矩阵加法和乘法

如果两个矩阵大小相同，那么矩阵中的每个元素能够相加。比如，可从第一个矩阵的第一行第一列开始，与第二个矩阵的第一行第一列相加，相加后得到第三个矩阵，如下所示：

$$\begin{bmatrix} a_{11} & a_{12} \\ a_{21} & a_{22} \end{bmatrix} + \begin{bmatrix} b_{11} & b_{12} \\ b_{21} & b_{22} \end{bmatrix} = \begin{bmatrix} a_{11} + b_{11} & a_{12} + b_{12} \\ a_{21} + b_{21} & a_{22} + b_{22} \end{bmatrix}$$

下面是更具体的例子：

$$\begin{bmatrix} 3 & 2 \\ 1 & 4 \end{bmatrix} + \begin{bmatrix} 2 & 3 \\ 2 & 1 \end{bmatrix} = \begin{bmatrix} 3+2 & 2+3 \\ 1+2 & 4+1 \end{bmatrix} = \begin{bmatrix} 5 & 5 \\ 3 & 5 \end{bmatrix}$$

与加法相比，矩阵的乘法稍嫌复杂。只有当第一个矩阵中的列数等于第二个矩阵中的行数时，两个矩阵才能相乘。我们先看看标量（即单独的数字，无方向）与矩阵相乘的情况。标量与矩阵的乘法与先前讨论过的标量与向量的乘法类似，相当于标量乘以一个有更多列的向量。此时，只需将标量值与矩阵中的每个元素相乘即可，如下所示：

$$c \begin{bmatrix} a_{ij} & a_{ij} \\ a_{ij} & a_{ij} \end{bmatrix} = \begin{bmatrix} ca_{ij} & ca_{ij} \\ ca_{ij} & ca_{ij} \end{bmatrix}$$

下面是更具体的例子：

$$2 \times \begin{bmatrix} 1 & 3 \\ 2 & 2 \end{bmatrix} = \begin{bmatrix} 2 \times 1 & 2 \times 3 \\ 2 \times 2 & 2 \times 2 \end{bmatrix} = \begin{bmatrix} 2 & 6 \\ 4 & 4 \end{bmatrix}$$

　　矩阵和矩阵相乘就更复杂了。两个矩阵的大小虽不必完全相同，但第一个矩阵的列数必须与第二个矩阵的行数相等。若满足该条件，则将第一个矩阵第一行中的每个元素乘以第二个矩阵第一列中的每个元素；再将第一个矩阵第二行的每个元素乘以第二个矩阵第二列中的每个元素，以此类推。我们先用变量而非实际的数进行检验。下例使用了方阵以使运算简便：

$$\begin{bmatrix} a & b \\ c & d \end{bmatrix} \times \begin{bmatrix} e & f \\ g & h \end{bmatrix}$$

运算过程如下：

$$a \times e + b \times g \quad (a_{11} \times b_{11} + a_{12} \times b_{21})$$
$$a \times f + b \times h \quad (a_{11} \times b_{12} + a_{12} \times b_{22})$$
$$c \times e + d \times g \quad (a_{21} \times b_{11} + a_{22} \times b_{21})$$
$$c \times f + d \times h \quad (a_{21} \times b_{12} + a_{22} \times b_{22})$$

运算结果为：

$$(a \times e + b \times g)(a \times f + b \times h)$$
$$(c \times e + d \times g)(c \times f + d \times h)$$

上述运算过程非常重要，请牢记。下面我们举一个具体例子帮助大家理解：

$$\begin{bmatrix} 1 & 2 \\ 3 & 1 \end{bmatrix} \begin{bmatrix} 2 & 2 \\ 1 & 3 \end{bmatrix}$$

首先，

$$1 \times 2 + 2 \times 1 = 4$$
$$1 \times 2 + 2 \times 3 = 8$$
$$3 \times 2 + 1 \times 1 = 7$$
$$3 \times 2 + 1 \times 3 = 9$$

最终运算结果为

$$\begin{bmatrix} 4 & 8 \\ 7 & 9 \end{bmatrix}$$

　　现在你明白为什么我们之前会那样说了吧：只有当第一个矩阵的列数等于第二个矩阵的行数时，两个矩阵才能相乘。

重要的是要记住矩阵乘法不同于传统乘法（即标量乘法），不具有可交换性（可交换性是指排列次序不会影响运算结果）。回想一下交换律：$a \times b = b \times a$。若 a、b 是标量，则满足交换律；但如果 a、b 为矩阵，则不满足交换律。比如，式 1.1 中的矩阵乘法就不满足交换律。

$$\begin{bmatrix} 2 & 3 \\ 1 & 4 \end{bmatrix} \begin{bmatrix} 1 & 1 \\ 2 & 3 \end{bmatrix} = \begin{bmatrix} 8 & 11 \\ 9 & 13 \end{bmatrix}$$

式 1.1   矩阵乘法

如果互换矩阵的顺序，再将两个矩阵相乘，会得到完全不同的结果，如式 1.2 所示：

$$\begin{bmatrix} 1 & 1 \\ 2 & 3 \end{bmatrix} \begin{bmatrix} 2 & 3 \\ 1 & 4 \end{bmatrix} = \begin{bmatrix} 3 & 7 \\ 7 & 18 \end{bmatrix}$$

式 1.2   矩阵乘法不满足交换律

上述例子表明了一个很重要的事实：矩阵乘法不满足交换律。

1.3.2 矩阵转置

矩阵转置只是按顺序互换行和列。尽管目前为止我们重点关注 2×2 矩阵，但最容易看清楚转置运算的是那些行列数不同的矩阵。考虑式 1.3 所示矩阵。

$$\begin{bmatrix} 2 & 3 & 2 \\ 1 & 4 & 3 \end{bmatrix}$$

式 1.3   2×3 矩阵

进行转置运算后，矩阵的行和列被互换，变成了一个新的 3×2 矩阵。原矩阵的第一行是新矩阵的第一列，如式 1.4 所示：

$$\begin{bmatrix} 2 & 1 \\ 3 & 4 \\ 2 & 3 \end{bmatrix}$$

式 1.4   转置后的矩阵

若原始矩阵记为 A，则转置后的矩阵为 A^{T}。矩阵的基本性质如表 1.2 所示，其中，A 仍为原始矩阵。

表 1.2 矩阵的基本性质

性 质	解 释
$(A^T)^T = A$	矩阵 A 进行两次转置后等于原始矩阵 A
$(cA)^T = cA^T$	常数 c 和矩阵相乘后再进行转置等于该常数乘以矩阵的转置
$(AB)^T = B^T A^T$	矩阵 A 乘以矩阵 B 再转置等于矩阵 B 的转置乘以矩阵 A 的转置
$(A+B)^T = A^T + B^T$	矩阵 A 和矩阵 B 相加后再转置等于矩阵 A 的转置加上矩阵 B 的转置
$A^T = A$	如果一个方阵的转置与原方阵相等，则该方阵为对称矩阵

表 1.2 虽未详尽列举矩阵的所有性质，但列举了最常见的几种性质。这些性质不难理解。但你可能感到疑惑，为什么要应用这些性质呢？这些性质表示什么含义呢？线性代数入门教材往往过于侧重帮助学生掌握如何进行线性代数运算，而常常忽略了运算背后的实际意义。因此，我们花一点时间来研究什么是转置。转置是围绕对角线进行旋转。请记住，可以用看图形的方式查看矩阵。比如下面这个简单的行矩阵：

$$\begin{bmatrix} 1 & 2 & 4 \end{bmatrix}$$

将这个行矩阵转置将得到一个新的列矩阵，如下所示：

$$\begin{bmatrix} 1 \\ 2 \\ 4 \end{bmatrix}$$

向量可被视为空间中有方向的线段。现在，在二维和三维空间中，矩阵就可被视为一条或一组线段的变换。

1.3.3　子矩阵

子矩阵是从一个矩阵中删除任意行或列后保留的那部分矩阵。比如，对于式 1.5 所示 5×5 矩阵：

$$\begin{bmatrix} 2 & 2 & 4 & 5 & 3 \\ 3 & 8 & 0 & 2 & 1 \\ 2 & 3 & 2 & 2 & 1 \\ 4 & 3 & 1 & 2 & 4 \\ 1 & 2 & 2 & 0 & 3 \end{bmatrix}$$

式 1.5　5×5 矩阵

假设去掉第 2 行和第 2 列，如式 1.6 所示，就得到原 5×5 矩阵的一个子矩阵，如式 1.7 所示。

$$\begin{bmatrix} 2 & 2 & 4 & 5 & 3 \\ 3 & 8 & 0 & 2 & 1 \\ 2 & 3 & 2 & 2 & 1 \\ 4 & 3 & 1 & 2 & 4 \\ 1 & 2 & 2 & 0 & 3 \end{bmatrix}$$

式 1.6　去掉第 2 行和第 2 列

$$\begin{bmatrix} 2 & 4 & 5 & 3 \\ 2 & 2 & 2 & 1 \\ 4 & 1 & 2 & 4 \\ 1 & 2 & 0 & 3 \end{bmatrix}$$

式 1.7　子矩阵

1.3.4　单位矩阵

单位矩阵其实很简单。回想一下群的单位元特性。单位矩阵与此类似：矩阵与它的单位矩阵相乘后结果不变。要得到单位矩阵，只需将主对角线上的所有元素设为 1，其余元素设为 0 即可。比如，求下面这个矩阵的单位矩阵：

$$\begin{bmatrix} 3 & 2 & 1 \\ 1 & 1 & 2 \\ 3 & 0 & 3 \end{bmatrix}$$

由于单位矩阵的行列数必须与上述矩阵相同，而主对角线元素全为 1，其余为 0，于是得到：

$$\begin{bmatrix} 1 & 0 & 0 \\ 0 & 1 & 0 \\ 0 & 0 & 1 \end{bmatrix}$$

将原矩阵和单位矩阵相乘后，乘积仍为原矩阵，如式 1.8 所示：

$$\begin{bmatrix} 3 & 2 & 1 \\ 1 & 1 & 2 \\ 3 & 0 & 3 \end{bmatrix} \times \begin{bmatrix} 1 & 0 & 0 \\ 0 & 1 & 0 \\ 0 & 0 & 1 \end{bmatrix} = \begin{bmatrix} 3 & 2 & 1 \\ 1 & 1 & 2 \\ 3 & 0 & 3 \end{bmatrix}$$

式 1.8　矩阵乘法

目前遇到的示例中的矩阵不仅是方阵（如 2×2 或 3×3 方阵），而且是整数矩阵。除此之外，矩阵还可由有理数、实数甚至复数组成。不过我们只想向读者介绍矩阵代数的基本概念，因而忽略了矩阵组成元素的细微差别。

矩阵代数的一种应用是线性变换。线性变换有时也称线性映射或线性函数，其本质是两个向量空间之间的某种映射，可进行加法和标量乘法运算。

> 提示 线上数学百科全书将向量空间定义为："向量空间 V 是在有限向量加法和标量乘法下封闭的集合"。另一种说法是，向量空间是向量对象的集合（在示例中，向量对象为整数），它们可以同标量相加或相乘。

1.3.5 深入了解矩阵

通过前面的学习，你应该熟悉了矩阵的基本概念与常规运算。如若不然，请翻阅并掌握前面所讲的内容。现在我们来讨论后面需要用到的一些概念。

先从简单概念入手——向量长度，这是利用毕达哥拉斯定理（勾股定理）计算的：

$$\|向量\| = \sqrt{x^2 + y^2}$$

假设有如下向量：

$$[2, 3, 4]$$

则该向量的长度为

$$\sqrt{2^2 + 3^2 + 4^2} = 5.38$$

尽管向量的长度计算很简单，但随着我们继续学习，这会变得非常重要。现在，我们为这个概念增加一些更具体的细节。这个非负的长度被称为向量范数（norm）。给定一个向量 v，其长度记为 $\|v\|$。这对本书后续内容很重要。还有一个需要牢记的概念是：若向量长度为 1，则该向量为单位向量。

接下来，我们将注意力转向另一个相对简单的计算——矩阵行列式。矩阵 A 的行列式用 $|A|$ 表示，一般表示为

$$|A| \begin{bmatrix} a & b \\ c & d \end{bmatrix} = ad - bc$$

举一个具体实例可能有助于理解这个概念：

$$|A|\begin{bmatrix} 2 & 3 \\ 1 & 2 \end{bmatrix} = (2) \times (2) - (3) \times (1) = 1$$

行列式是由方阵中的一个个元素计算出来的值，它是单一数字，也被称为标量值。只有方阵才有行列式。计算 2×2 方阵的行列式非常简单，稍后我们来探索更复杂的矩阵。不过，这一个标量值是什么意思呢？行列式可以用来做很多事情，比如，可用来求解线性方程（即改变积分中的变量——是的，线性代数和微积分并行）。不过，本书并不会涉及过多行列式的应用。最有用的是，如果某个行列式非零，那么它的矩阵可逆。这对我们后续探讨各种量子算法来说非常重要。

那么对于如式 1.9 那样的 3×3 矩阵是怎样的呢？

$$\begin{bmatrix} a_1 & b_1 & c_1 \\ a_2 & b_2 & c_2 \\ a_3 & b_3 & c_3 \end{bmatrix}$$

式 1.9 3×3 矩阵

这种计算要复杂得多。有几种方法可以完成。我们使用"余子式展开法"（expansion by minors）。第一步是将 3×3 矩阵展开为若干 2×2 矩阵，其中第一个由 b_2, c_2, b_3 和 c_3 组成，如式 1.10 所示：

$$\begin{bmatrix} a_1 & b_1 & c_1 \\ a_2 & \boxed{\begin{matrix} b_2 & c_2 \\ b_3 & c_3 \end{matrix}} \end{bmatrix}$$

式 1.10 3×3 矩阵行列式，第一步

得到第一步的矩阵很简单，因为它整齐地划出了一个连续的 2×2 矩阵。不过，得到下一个矩阵的方法与第一步有点不同，如式 1.11 所示：

$$\begin{bmatrix} a_1 & b_1 & c_1 \\ \boxed{\begin{matrix} a_2 \\ a_3 \end{matrix}} & b_2 & \boxed{\begin{matrix} c_2 \\ c_3 \end{matrix}} \end{bmatrix}$$

式 1.11 3×3 矩阵行列式，第二步

下一步是得到左下角的方阵，如式 1.12 所示：

$$\begin{bmatrix} a_1 & b_1 & c_1 \\ \boxed{\begin{matrix} a_2 & b_2 \\ a_3 & b_3 \end{matrix}} & c_2 \\ & c_3 \end{bmatrix}$$

式 1.12 3×3 矩阵行列式，第三步

与第一个矩阵一样，这个矩阵是一个 2×2 方阵。现在我们该如何处理这些 2×2 方阵呢？实际上这非常简单，如式 1.13 所示。请注意，"det"是行列式"determinant"的简写。

$$\det\begin{bmatrix} a_1 & b_1 & c_1 \\ a_2 & b_2 & c_2 \\ a_3 & b_3 & c_3 \end{bmatrix} = a_1\det\begin{bmatrix} b_2 & c_2 \\ b_3 & c_3 \end{bmatrix} - b_1\det\begin{bmatrix} a_2 & c_2 \\ a_3 & c_3 \end{bmatrix} + c_1\det\begin{bmatrix} a_2 & b_2 \\ a_3 & b_3 \end{bmatrix}$$

式 1.13　3×3 矩阵行列式，第四步

我们取第一列并将其乘以它的代数余子式（cofactor），再进行简单的加减运算后就得到一个 3×3 矩阵行列式。具体实例可能有助于读者理解。计算下列矩阵的行列式：

$$\begin{bmatrix} 3 & 2 & 1 \\ 1 & 1 & 2 \\ 3 & 0 & 3 \end{bmatrix}$$

于是：

$$3 \times \det\begin{bmatrix} 1 & 2 \\ 0 & 3 \end{bmatrix} = 3 \times \big((1 \times 3) - (2 \times 0)\big) = 3 \times (3) = 9$$

$$2 \times \det\begin{bmatrix} 1 & 2 \\ 3 & 3 \end{bmatrix} = 2 \times \big((1 \times 3) - (2 \times 3)\big) = 2 \times (-3) = -6$$

$$1 \times \det\begin{bmatrix} 1 & 1 \\ 3 & 0 \end{bmatrix} = 1 \times \big((1 \times 0) - (1 \times 3)\big) = 3 \times (-3) = -3$$

于是得出：$9 - (-6) + (-3) = 12$。

这看起来可能有点麻烦，但计算过程并不复杂。至此，我们就得到了 3×3 矩阵的行列式。本章旨在为读者提供线性代数的基础知识，而非探索每一处细微差别。所以，读者可照此方法，自行探索更大方阵的行列式，如 4×4、5×5 等。

本书后续内容将重点介绍向量。向量就是一个矩阵，可以是单独的一列，也可以是单独的一行。这带给我们一些关于向量的有趣性质。同方阵行列式一样，这些性质为我们提供了一些信息。让我们从点积开始。两个向量的点积就是两个向量相乘。比如，向量 X 和 Y 的点积如式 1.14 所示。

$$\sum_{i=1}^{n} X_i Y_i$$

式 1.14　点积

下面我们通过具体实例来学习点积的运算过程，这有助于了解点积。比如，下面两个列向量：

$$\begin{bmatrix} 1 \\ 2 \\ 1 \end{bmatrix} \begin{bmatrix} 3 \\ 2 \\ 1 \end{bmatrix}$$

其点积的运算过程为（1 × 3）+（2 × 2）+（1 × 1）= 8。

上述计算过程很简单，但它表示什么意思呢？更直白地说，我们为何要关心什么是点积呢？回想一下，向量也可用图形来描述。我们可用点积和向量长度来找到两个向量间的夹角。已知上面两个列向量的点积为 8，再回想一下向量长度的计算公式：

$$\|向量\| = \sqrt{x^2 + y^2}$$

因此，向量 X 的长度是 $\sqrt{1^2 + 2^2 + 1^2} = 2.45$，向量 Y 的长度是 $\sqrt{3^2 + 2^2 + 1^2} = 3.74$。

现在我们能够轻松地计算出向量 X 和向量 Y 的夹角，计算公式为：cos θ＝点积/(向量 X 的长度×向量 Y 的长度)，具体如下：

$$\cos \theta = \frac{8}{(2.45) \times (3.74)} = 8.7307$$

根据余弦函数求角度非常简单，这在中学学习三角几何时大概就做过。不过，即使只有点积，没有向量长度，也能找到一些有用的信息。如果两个向量的点积为 0，那么这两个向量是垂直的（perpendicular），也称两者是正交的（orthogonal）。因为在余弦函数中，当 θ 为 90° 时，cos θ 的值为 0。

再回顾一下，向量长度又称向量范数。若向量长度或向量范数为 1，则该向量为单位向量。于是，就有了另一个术语，它在本书后续内容中常常出现。如果两个向量是正交的（即它们互相垂直），且都拥有单位长度（即向量长度都为 1），那么这两个向量就被称作归一化正交向量（orthonormal）。

说到底，点积的作用就是从两个顶点或两个矩阵中求解单个数字（single number）或标量。点积可同张量积进行对比。数学中，张量是一种包含顶点或数组的指标体系。两个向量空间 V 和 W 的张量积（表示为 $V \otimes W$）也是一个向量空间。

还有一种特殊的矩阵是幺模矩阵（unimodular matrix），它也被用于某些基于格的算法中。幺模矩阵是一个整数方阵，它的行列式是+1 或−1。回想一下，行列式是

由方阵的元素计算出的值。矩阵 A 的行列式用 $|A|$ 表示。

循环格（cyclic lattice）也被用于某些加密应用程序，它是在旋转移位算子（rotational shift operator）下封闭的格。更缜密的定义如下：

$$\text{A Lattice } L \subseteq Z^n \text{is cyclic if } \forall x \in L: \text{rot}(x) \in L.$$

这里的符号可能会让某些读者感到些许困惑。符号"$\subseteq$"表示"……的子集"。所以，我们说这个格是整数集（Z）的子集。如果格中存在（$\forall$）一些 x，它在旋转时仍在格中，那么这个 x 就是循环的。

特征值（eigenvalue）是与线性方程组（即矩阵方程）相关的一组特殊标量，有时也称特征根（characteristic root）、特征值（characteristic value）、适当值（proper value）或潜在根（latent root）等。为了说得更清楚一点，假设存在列向量 v、$n \times n$ 矩阵 A 和标量 λ，且有：

$$Av = \lambda v$$

则称 v 是矩阵 A 的特征向量，而 λ 是矩阵 A 的特征值。

让我们仔细看看这个问题。前缀"eigen"实际上是一个德语词，意为"特定的""适当的""特殊的"。在最基本的形式中，一个向量经过线性变换后其特征向量（T）也是一个向量，当特征向量 T 应用于该向量时，并不会改变它的方向，而只会改变它的尺寸。它通过标量值 λ（特征值）来改变尺寸。现在我们稍微回顾一下前一个等式以加深我们对线性代数的认识：

$$T(v) = \lambda v$$

这个等式和前一个等式看起来差不多，但有一些细微区别：矩阵 A 现在被它的线性变换 T 所取代。我们不仅知道了矩阵 A 的特征向量和特征值，还能知道更多关于矩阵的信息。当矩阵应用于向量时，就会改变这个向量，它是对向量的一种运算！这些变换在本书后续内容中时常出现，尤其是在关于量子计算机的逻辑门部分出现得更为频繁。所以继续学习之前请务必熟悉这些变换。

让我们再增加点难度！如何找到给定矩阵的特征值和特征向量呢？当然，这不是让我们毫无规律地反复试验。有一种非常简单的方法可以求解，至少对于 2×2 矩阵是这样的。比如对于下列矩阵：

$$\begin{bmatrix} 5 & 2 \\ 9 & 2 \end{bmatrix}$$

我们怎样找到这个矩阵的特征值呢？

哈密顿–凯莱定理（Cayley-Hamilton Theorem）提供了求解思路。该定理本质上表明线性算子 A 是其特征多项式的零，即：

$$\det|A - \lambda I| = 0$$

已知矩阵 A 及其行列式，I 是单位矩阵，要求的是特征值 λ。请记住，在线性代数中，矩阵可应用到另一个矩阵或向量上，所以矩阵（至少可能）是一个算子。将已知内容代入上一个等式中就得到：

$$\det\left|\begin{bmatrix}5 & 2\\9 & 2\end{bmatrix} - \lambda\begin{bmatrix}1 & 0\\0 & 1\end{bmatrix}\right| = 0$$

然后再做一些简单的代数运算，即将 λ 与单位矩阵相乘后得到：

$$\det\left|\begin{bmatrix}5 & 2\\9 & 2\end{bmatrix} - \begin{bmatrix}\lambda & 0\\0 & \lambda\end{bmatrix}\right| = 0$$

进一步得到：

$$\det\left|\begin{bmatrix}5-\lambda & 2\\9 & 2-\lambda\end{bmatrix} - \begin{bmatrix}\lambda & 0\\0 & \lambda\end{bmatrix}\right| = 0$$
$$= (5-\lambda)(2-\lambda) - 18$$
$$= 10 - 7\lambda + \lambda^2 - 18 = 0$$
$$\lambda^2 - 7\lambda - 8 = 0$$

这里可进行因式分解（如果不能直接进行因式分解，运算就会更难一点，不过这不在本次考察范围内）：

$$(\lambda - 8)(\lambda + 1) = 0$$

这意味着我们有两个特征值：

$$\lambda_1 = 8$$
$$\lambda_2 = -1$$

对于一个 2×2 矩阵我们总能得到两个特征值。事实上，对于任何一个 $n \times n$ 矩阵，我们都能得到 n 个特征值，但它们可能不是唯一的。

有了特征值后如何计算特征向量呢？

我们知道：

$$A = \begin{bmatrix} 5 & 2 \\ 9 & 2 \end{bmatrix}$$

$$\lambda_1 = 8$$

$$\lambda_2 = -1$$

由于特征向量未知，所以我们用 $\begin{bmatrix} x \\ y \end{bmatrix}$ 表示。

现在再回想一下求解特征向量和特征值的等式：

$$Av = \lambda v$$

将其中一个特征值代入后得到：

$$\begin{bmatrix} 5 & 2 \\ 9 & 2 \end{bmatrix} \begin{bmatrix} x \\ y \end{bmatrix} = 8 \begin{bmatrix} x \\ y \end{bmatrix}$$

$$\begin{bmatrix} 5x + 2y \\ 9x + 2y \end{bmatrix} = \begin{bmatrix} 8x \\ 8y \end{bmatrix}$$

于是又得到以下两个等式：

$$5x + 2y = 8x$$

$$9x + 2y = 8y$$

现在我们取第一个方程，做一些简单运算来分离 y 值。等式两边减去 $5x$ 后得到：

$$2y = 3x$$

然后两边同时除以 2 后得到：

$$y = 3/2x$$

显然，用整数解决这个问题是很容易的（这也是我们想要的结果）。当 x=2 且 y=3 时，我们的第一个特征向量为

$$\begin{bmatrix} 2 \\ 3 \end{bmatrix}, \ \lambda_1 = 8$$

你可以使用这个方法计算出第二个特征值对应的另一个特征向量。

1.4　向量和向量空间

向量是线性代数的一个重要组成部分。我们常用向量表示数据。在线性代数中，这些向量被当作数对待，可被相加，也可被相乘。向量表示为

$$\begin{bmatrix} 1 \\ 3 \\ 2 \end{bmatrix}$$

　　这个向量只包含整数，不过向量也能包含有理数、实数，甚至是复数（复数将在第 2 章进行讨论）。向量也可以是水平的，例如：

$$\begin{bmatrix} 1 & 3 & 2 \end{bmatrix}$$

　　我们常用变量来代替向量中的数字，例如：

$$\begin{bmatrix} a \\ b \\ c \end{bmatrix}$$

　　前面部分的要点是，向量就像数字一样可被用来进行数学运算。向量和向量可以相乘，向量和标量也能相乘。标量是一个一个的数字，其名字源于它能改变向量的尺寸。比如，标量 3 和本节中出现的第一个向量相乘后得到：

$$3\begin{bmatrix} 1 \\ 3 \\ 2 \end{bmatrix} = \begin{bmatrix} 3 \\ 9 \\ 6 \end{bmatrix}$$

　　只需将标量和向量中的每个元素相乘即可。下一节将详细探讨此问题以及其他数学排列。不过，现在先来细究为何它会被称作标量。我们将这组数据视为一个向量。此外，还能将其视为一幅图。比如，之前的向量 [1, 3, 2] 就可用图 1.1 表示。

　　当向量乘以标量 3 后会怎样呢？实际上，向量的尺寸被缩放了，如图 1.2 所示。

　　虽然图 1.1 和图 1.2 看起来差不多，但细究之下还是能发现区别。图 1.2 中，x 的值变成了 9，而在图 1.1 中，x 的值仅为 3。可见向量被缩放了。使用标量（scalar）一词是由于该词按字面意思来讲就是改变了向量的尺寸。理论上来讲，向量空间是一组向量的集合，这些向量对于实数加法和乘法两种运算封闭。回顾一下之前提过的抽象代数中的群、环和域的概念。向量空间是一个群。实际上，它是一个阿贝尔群。向量可以进行加法和减法运算，还能进行第二层级运算，即乘法运算，但不能进行除法运算。请注意，第一层级的运算即加法运算是可交换的，而第二层级的运算即乘法运算不具有交换性。

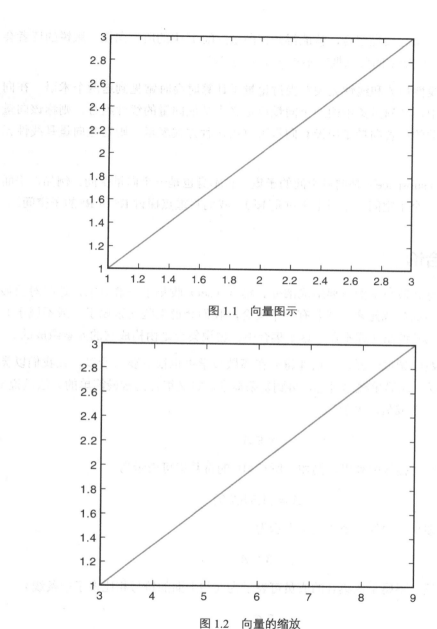

图 1.1 向量图示

图 1.2 向量的缩放

　　那么，什么是基向量（basis vector）呢？如果在某个向量空间 V 中有一组元素 E（即向量），该向量空间 V 中的每个向量都可写成 E 中元素的线性组合，则向量集合 E 被认为是一组基向量。换句话说，我们从集合 E 开始（即基向量集），通过对向量

集 E 中的向量进行线性组合，就能得到在向量空间 V 中的所有向量。敏锐的读者会推测到，一个向量空间可以拥有不止一个基向量集。

什么是线性相关和线性无关？当讨论量子计算时会时常见到这两个术语。在向量空间理论中，若向量集中的一个向量可定义为其他向量的线性组合，则称该向量集是线性相关的；若向量集中没有向量可以用这种方式表示，则这些向量是线性无关的。

子空间（subspace）是向量空间的子集，它本身也是一个向量空间。例如，平面 $z=0$ 是 $\mathbf{R}^3$ 的一个子空间（本质上来讲是 $\mathbf{R}^2$）。我们将重点探讨 $\mathbf{R}^n$ 和 $\mathbf{R}^n$ 的子空间。

1.5 集合论

集合论是离散数学的重要组成部分。集合（set）收集了一群对象，这些对象被称为该集合的成员或元素。倘若有一个集合，我们会说某些元素属于（或不属于）这个集合，或者说在（或不在）这个集合中。也说集合是由构成它的元素组成的。

和许多数学领域一样，术语和符号在离散数学中也很重要。所以，让我们以类似的方式开始，从简单概念讲起，再到复杂概念。定义集合元素最简单的方法是说 x 是集合 A 的一个成员，表示为

$$x \in A$$

集合通常在括号中列出。例如，所有 <10 的奇数集可表示为

$$A = \{1,3,5,7,9\}$$

此外，该集合中的一个成员可表示为

$$3 \in A$$

与之相反，不属于该集合的成员可表示为（与上面的符号相比多了一条线）

$$2 \notin A$$

如果集合没有全部列举，可用省略号表示。例如，所有奇数集（不仅仅是小于10 的）可表示为

$$A = \{1,3,5,7,9,11,\cdots\}$$

此外，还可用等式或公式表示集合中的元素。

集合之间可以相互关联。下面简要介绍集合与集合之间常见的关系。

- **并集**：给定两个集合 A、B，把这两个集合中的所有元素合并在一起组成的新集合叫作集合 A 与 B 的并集，记作 $A \cup B$，如图 1.3 所示，阴影部分或有集合 A 中的元素，或有集合 B 中的元素。

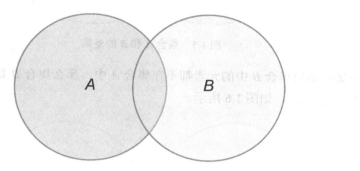

图 1.3　集合 A 和 B 的并集

- **交集**：给定两个集合 A、B，由既属于集合 A 又属于集合 B 的元素构成的集合称为集合 A 和 B 的交集，表示为 $A \cap B$，如图 1.4 所示。如果两个集合的交集为空（即两个集合没有共同元素），则称这两个集合不相交。

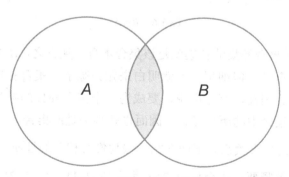

图 1.4　集合 A 和 B 的交集

- **差集**：给定两个集合 A、B，由属于集合 A 但不属于集合 B 的元素构成的集合称为集合 A 和集合 B 的差集，表示为 $A \backslash B$，如图 1.5 所示。

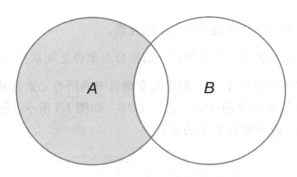

图 1.5   集合 A 和 B 的差集

- **补集**：如果集合 B 中的元素都不在集合 A 中，那么集合 B 是集合 A 的补集，表示为 $B=A^c$，如图 1.6 所示。

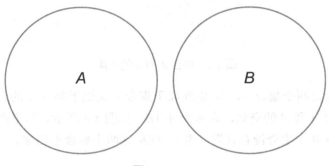

图 1.6 $B=A^c$

- **双补**：一个集合补集的补集就是该集合本身。换言之，A^c 的补集是 A。乍一看只觉得很奇怪，但细想之下就明白来龙去脉了。集合补集中的元素在该集合中找不到。因此，有理由说，要成为一个集合补集的补集，那么该集合就必须包含原集合中的所有元素，因而也就必须是原集合。

这些都是基本的集合关系。下面介绍一些与集合相关的性质。

- **元素顺序无关紧要**：集合 $\{1, 2, 3\}$ 与集合 $\{3, 2, 1\}$、$\{3, 1, 2\}$、$\{2, 1, 3\}$ 相同。

- **子集**：集合 A 可以是集合 B 的一个子集。例如，若所有 <10 的奇数构成了集合 A，所有 <100 的奇数构成了集合 B，那么，集合 A 就是集合 B 的子集，表示为 $A \subseteq B$。

- **幂集**：如你所见，集合可以有许多子集。比如集合 A 由所有 <10 的整数构成；集合 B 由所有 <10 的素数构成，集合 B 就是集合 A 的一个子集。集合 C 由所

有<10 的奇数构成，它也是集合 A 的一个子集。集合 D 由所有<10 的偶数构成，它也是集合 A 的一个子集。照此下去，集合 A 可以有任意多子集，比如，集合 $E=\{4, 7\}$，集合 $F=\{1, 2, 3\}$，等等。而一个给定集合的所有子集统称为该集合的幂集。

集合与集合之间具有一些重要性质，主要如下：

- **交换律**：集合 A 与集合 B 的交集等于集合 B 与集合 A 的交集。这也适用于集合的并集。换言之，集合的交集或并集与集合的顺序无关，表示为

$$(a)\quad A \cap B = B \cap A$$
$$(b)\quad A \cup B = B \cup A$$

- **结合律**：基本上，如果三个集合之间要么是并集，要么是交集，那么集合间的顺序就显得无关紧要，表示为

$$(a)\quad (A \cap B) \cap C = A \cap (B \cap C)$$
$$(b)\quad (A \cup B) \cup C = A \cup (B \cup C)$$

- **分配律**：分配律与结合律有些许不同，结合律中集合与集合的顺序无关紧要，分配律则不然。集合 A 与集合 B、C 的交集的并集等于集合 A、B 的并集与集合 A、C 的并集的交集，表示为

$$(a)\quad A \cup (B \cap C) = (A \cup B) \cap (A \cup C)$$
$$(b)\quad A \cap (B \cup C) = (A \cap B) \cup (A \cap C)$$

- **摩根律**：摩根律与集合的并集、交集、补集有关。该定律比前几条定律更复杂。本质上，集合 A 和集合 B 的交集的补集等于它们各自补集的并集；集合 A 和集合 B 的并集的补集等于它们各自补集的交集。表示为

$$(a)\quad (A \cap B)^c = A^c \cup B^c$$
$$(b)\quad (A \cup B)^c = A^c \cap B^c$$

以上都是集合论中的基本内容。在继续学习之前，读者应当熟悉这些知识。

1.6 小结

本章介绍了线性代数的基本性质——对你理解本书后续内容来说足够了。此外，

还介绍了线性代数中的一些高阶数学知识。如果你早就了解这些内容，完全可以跳过本章阅读后面的内容。尽管本章只是简要介绍了线性代数的基础知识，如基础代数、矩阵数学、点积、向量长度、正交性、向量范数和向量空间等，但掌握这些基本概念对于后续学习至关重要。

章节测试

复习题

1. 有一个数集，包含两种运算，但只有一种运算可逆，且该集合不一定具有可交换性，那么该集合最有可能是：

   a. 群

   b. 阿贝尔群

   c. 环

   d. 域

2. 求下列式子的结果：

$$3\begin{bmatrix}2\\1\\3\end{bmatrix}$$

   a. $\begin{bmatrix}6\\3\\9\end{bmatrix}$

   b. $\begin{bmatrix}5\\4\\6\end{bmatrix}$

   c. 18

   d. 15

3. 求以下两个向量的点积：

$$\begin{bmatrix}3\\2\\0\end{bmatrix}\begin{bmatrix}1\\3\\2\end{bmatrix}$$

   a. 11

   b. 10

c. 28

d. 0

4. 求下列行列式：

$$|A|\begin{bmatrix} 2 & 1 \\ 1 & 3 \end{bmatrix}$$

a. 8

b. 6

c. 0

d. 5

5. 求下列行列式：

$$|A|\begin{bmatrix} 1 & 2 & 3 \\ 2 & 1 & 4 \\ 3 & 1 & 2 \end{bmatrix}$$

a. 11

b. 12

c. 15

d. 10

6. 求以下两个向量的点积：

$$\begin{bmatrix} 1 \\ 2 \\ 2 \end{bmatrix} \quad \begin{bmatrix} 3 \\ 3 \\ 4 \end{bmatrix}$$

a. 65

b. 17

c. 40

d. 15

7. 求下列向量的长度：

$$\begin{bmatrix} 2 \\ 2 \\ 3 \end{bmatrix}$$

a. 4.12

b. 2.64

    c. 3.46

    d. 4.56

8. 求以下两个矩阵的积：

$$\begin{bmatrix} 2 & 3 \\ 1 & 4 \end{bmatrix} \begin{bmatrix} 3 & 2 \\ 3 & 7 \end{bmatrix}$$

    a. $\begin{bmatrix} 15 & 25 \\ 15 & 10 \end{bmatrix}$

    b. $\begin{bmatrix} 15 & 10 \\ 15 & 30 \end{bmatrix}$

    c. $\begin{bmatrix} 10 & 15 \\ 15 & 30 \end{bmatrix}$

    d. $\begin{bmatrix} 15 & 25 \\ 15 & 30 \end{bmatrix}$

9. 以下两个向量是否是正交的？

$$\begin{bmatrix} 1 \\ 0 \end{bmatrix} \quad \begin{bmatrix} 0 \\ 1 \end{bmatrix}$$

    a. 是

    b. 否

10. 写出下列矩阵的单位矩阵。

$$\begin{bmatrix} 3 & 2 & 1 \\ 3 & 5 & 6 \\ 3 & 4 & 3 \end{bmatrix}$$

## 第 2 章

复数

章节目标

学完本章并完成章节测试后，你将能够做到以下几点：

- 理解复数
- 计算共轭复数
- 用图表示复数
- 用向量表示复数
- 理解泡利矩阵

线性代数是理解量子物理学和量子计算的关键，复数亦是如此。有些作者在解释量子物理学和量子计算时试图回避复数。在某种程度上，他们是成功的，至少传达了对量子现象的普遍看法。不过，量子物理学家和量子计算研究者则必须使用复数。如果你想超越外行，也得理解复数。

2.1 什么是复数

有些读者可能会认为数学家似乎只是为了自娱自乐才发明了数字系统。事实并非如此。数字系统是出于特殊原因而发明的。回顾数字的历史有助于了解复数是如何发展的。自然而然地，我们从所谓的计数数字开始，它们都是正整数（如 1、2、3

等），即便是小孩子也能轻松掌握。各种考古研究发现了古代使用的数字。十进制数（这是你最熟悉的）的使用可追溯至公元前 3 100 年，在古埃及。而在美索不达米亚部分地区，早在公元前 3 400 年就已在使用六十进制计数系统。

不过，零却在很长一段时间内未被使用。以我们现在的思维方式来看，这似乎相当奇怪。现在，零对我们来说似乎再寻常不过了。但有史以来零的第一次使用是在公元 628 年，彼时印度数学家婆罗摩笈多（Brahmagupta）在运算中将零视为一个数字。鉴于彼时他已广泛使用零这一数字，因而零作为数字使用的历史可能还要更早些，不过他仍是有史以来将零用作数字的第一人。值得一提的是，在他之前早就有人用过零，但那时零只被用作占位符而非数字。比如，古埃及人用零记录余额，但不参与计算。

后来有了负数。现在，我们一点儿也不觉得负数很稀奇。例如，3 − 5 = −2 就是一个再寻常不过的等式了。然而，与零的使用历史相似，负数在数字使用史中也存在一段遗忘期。曾有一段时间，负数都被用作抽象概念。著名的希腊数学家丢番图（Diophantus）曾提到，一个方程如果有负数解，那么这个解就极其荒谬。大约在公元 600 年，印度人用负数表示债务。到了公元 12 世纪，负数被认为是二次方程的根。现在，负数被用于方程中就很寻常了。

随着对数字认识的不断深入，我们对新数字系统的需求也在逐步增加。有理数的出现增进了我们对数字系统的认识。这看起来可能很奇怪，但实际上有理数或分数比负数的使用时间还早。就连欧几里得（Euclid）也使用过有理数。当然，任意有理数都可以被表示为分数形式，比如：

$$\frac{1}{4} \quad \frac{3}{7} \quad \frac{2}{3}$$

那么，那些不能用分数表示的数字又该如何呢？有这么一则关于无理数的逸闻趣事：据说，希帕索斯（Hippasus）发现，根号 2 不能用分数来表示；而毕达哥拉斯（Pyhagoras）则认为数字是绝对的[①]，并不接受无理数。尽管这个故事的诸多版本不尽相同，但最终都以希帕索斯被毕达哥拉斯的忠实门徒扔进海里而告终。如今的数学家虽就某些数学问题仍讨论激烈，但却鲜有争吵到杀人的地步。

无理数与有理数合在一起，包括前面的整数、零和负数在内，构成了实数集。然后又有了虚数。你肯定知道，负数的平方为正数，例如$(-2)^2 = 4$，$(-3)^2 = 9$，$(-4)^2 =$

---

① 译者注：毕达哥拉斯"万物皆数"观点中的"数"指整数。

16。那么，负数的平方根呢？此时就遇到了难题。一个经典的例子是求−1 的平方根。显然，答案不是 1，因为 $1^2=1$；也不是−1，因为 $(-1)^2=1$。于是，虚数（imaginary number）由此诞生。"i"被定义为 $\sqrt{-1}$ 的值，表示为

$$i = \sqrt{-1}$$

虚数和实数的运算差不多。"2i"意为"$2 \times \sqrt{-1}$"。不过，虚数这个名称听起来就让人觉得这种数是捏造出来的，毫无用处。这就有点冤枉它了。其实，虚数的确存在，而且大有用途，尤其是在量子物理学和量子计算中。

实数和虚数组在一起构成了复数，比如：

$$3 + 4i$$

其中，"3"是实数，"4i"是虚数，也可表示为"$4 \times \sqrt{-1}$"。正式地讲，复数是一个包含实系数和虚数"i"的多项式，其中，$i^2+1=0$ 为真。实数（即有理数、无理数、整数等）常用的算术运算对复数也适用。

尽管从理论上来讲，数集可以用任意符号表示，但有些符号表示特定数集已达成共识，如表 2.1 所示。

表 2.1　表示数集等的符号

符　号	描　述
N	**N** 表示自然数（有时也称计数数）集，如 1、2、3 等
Z	**Z** 表示整数集，如−1、0、1、2 等。整数包括零、正整数和负整数
Q	**Q** 表示有理数（整数的比值）集。任意有理数都可表示为两个整数的比，如 3/2、17/4 和 1/5 等
P	**P** 表示无理数集，比如，$\sqrt{2}$
R	**R** 表示实数集，包括有理数和无理数
i	i 表示虚数，它的平方是负数。比如，$\sqrt{-1}=1i$

2.2　复数的代数运算

第 1 章"线性代数入门"介绍了基本代数性质，如加法和乘法的交换律与结合律等，还讨论了诸如群、环及类似代数结构等内容。本节将探讨与复数相关的基本代数运算。

我们从简单的开始。

$$(a + bi) \pm (c + bi) := (a \pm c) + (b \pm d)i$$

其中，符号"$:=$"意为"被定义为……"。因此，$(a + bi) \pm (c + di) := (a \pm c) + (b \pm d)i$ 意味着 $(a + bi) \pm (c + di)$ 被定义为 $(a \pm c) + (b \pm d)i$。再看几个例子。

$$(2 + 4i) + (3 + 2i)$$
$$= (2 + 3) + (4 + 2)i$$
$$= 5 + 6i$$

下面是一个减法的例子。

$$(1 + 2i) - (3 + 4i)$$
$$= (1 - 3) - (2i - 4i)$$
$$= -2 - 2i$$

如你所见，复数的加减运算非常简单。复数的乘法运算也很简单。我们使用你在中学就掌握的基本代数运算法则来探讨复数的乘法运算，即 FOIL（First–Outer–Inner–Last）法，如图 2.1 所示。

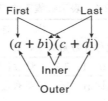

图 2.1　FOIL 法

于是：

$$(a + bi)(c + di)$$
$$= ac + abi + cbi + bdi^2$$

下面通过一些实例来帮助大家理解这一方法。

$$(2 + 2i)(3 + 2i)$$
$$= (2 \times 3) + (2 \times 2i) + (2i \times 3) + (2i \times 2i)$$
$$= 6 + 4i + 6i + 4i^2$$
$$= 6 + 10i + 4i^2$$

$$= 6 + 10i + (-4) \quad （切记 i^2 = -1）$$
$$= 2 + 10i$$

再来看一个例子。

$$(3 + 2i)(2 - 2i)$$
$$= (3 \times 2) + (3 \times (-2i)) + (2i \times 2) + (2i \times (-2i))$$
$$= 6 + (-6i) + 4i + (-4i^2)$$
$$= 6 - 2i - 4i^2$$
$$= 6 - 2i + 4$$
$$= 10 - 2i$$

在讨论复数的除法之前，我们得先掌握另一个概念：共轭复数（complex conjugate），它在本书中经常用到，好在这个概念很容易理解。两个实部相等，虚部互为相反数的复数互为共轭复数。为了方便大家理解，表 2.2 列举了一些实例：

表 2.2　共轭复数

复　　数	共轭复数
2 + 3i	2 − 3i
3 − 4i	3 + 4i
5 + 4i	5 − 4i

复数 z 的共轭复数通常表示为 $\bar{z}$ 或 z^*。因而，对于

$$z = 3 + 2i$$

有

$$\bar{z} = 3 - 2i$$

下面探讨复数的除法。首先，将复数的分子和分母同时乘以分母的共轭复数，如式 2.1 所示。

$$\frac{a + bi}{c + di} \times \frac{c - di}{c - di}$$

式 2.1　与共轭复数相乘

回想一下先前在讨论乘法时提到的 FOIL 法，运用到式 2.1 后就得到了式 2.2，如下：

$$\frac{a + bi^2}{c + di^2} \times \frac{c - di}{c - di} = \frac{ac - adi + bc - bdi^2}{c^2 - cdi + cdi - d^2i^2} = \frac{ac - adi + bci + bd}{c^2 + d^2}$$

式 2.2   复数的乘法

下面通过一个具体的例子进一步理解这一运算过程。比如，想求复数 2 + 3i 除以复数 5 + 2i 的商，将其代入式 2.2 后得到式 2.3，如下：

$$\frac{2 + 3i}{5 + 2i} \times \frac{5 - 2i}{5 - 2i} = \frac{5 \times 2 + 2 \times (-2i) + 5 \times 3i + 3i \times (-2i)}{5 \times 5 + 5 \times (-2i) + 5 \times 2i + 2i \times (-2i)}$$

式 2.3   复数的除法

当然，式 2.3 还能进一步简化。第一步简化后得到式 2.4，如下：

$$= \frac{10 - 4i + 15i - 6i^2}{25 - 10i + 10i - 4i^2}$$

式 2.4   第一步简化

进一步简化后得到式 2.5，如下：

$$= \frac{10 + 11i - (-6)}{25 - (-4)} \quad （切记 i^2 = -1）$$

式 2.5   第二步简化

最终得到式 2.6，如下：

$$= \frac{16 + 11i}{29}$$

式 2.6 复数除法的最终结果

需要注意的第一件事是，分子和分母分别与分母的共轭复数相乘后就从分母中去掉了虚部。然后就只需做一件事：将其变为 $a + bi$ 的形式。于是得到：

$$\frac{16}{29} + \frac{11}{29}i$$

至此你应该已经掌握了复数的加减乘除运算，也可以得出其共轭复数。这样，你就掌握了复数的基本代数运算了。

2.3　用图形表示复数

　　用图形表示复数往往对理解复数大有裨益。我们常用笛卡儿直角坐标系来表示复数，如图 2.2 所示。

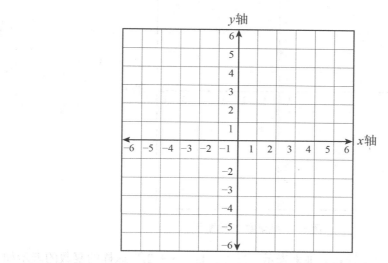

图 2.2　笛卡儿直角坐标系

　　x 轴表示实数，y 轴表示虚数，非常简单。比如，像"3"这样的纯实数就在 x 轴上表示，如图 2.3 所示。

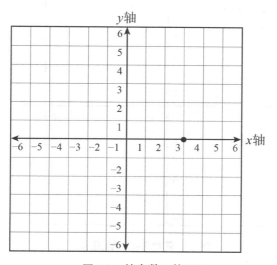

图 2.3　纯实数 3 的图示

可以想到，纯虚数就在 y 轴上表示。比如，"2i" 的表示如图 2.4 所示。

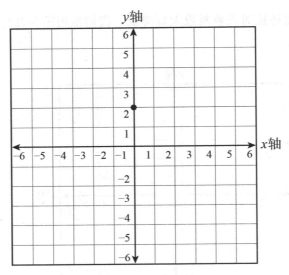

图 2.4　纯虚数 2i 的图示

至于复数，可结合 x 轴和 y 轴来表示。比如，像 "3 + 2i" 这样的复数的表示如图 2.5 所示。

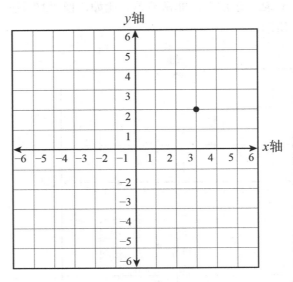

图 2.5　复数 3 + 2i 的图示

第 1 章在讲向量时用到了毕达哥拉斯定理。我们可结合这一定理来思考下列内容。对于给定复数 z，它到原点的距离为 z 的绝对值，表示为 $|z|$，计算公式为 $\sqrt{a^2 + b^2}$。如果 $z = 3 + 2i$，那么关于它到原点 (0,0) 的距离为

$$\sqrt{(3)^2 + (2)^2}$$
$$3^2 = 9$$
$$2^2 = 4$$

于是有

$$|z| = \sqrt{9 + 4}$$
$$|z| = \sqrt{13}$$
$$|z| = 3.6056$$

从图 2.5 来看，上述计算过程似乎是正确的，"3.6056"似乎就是向量 z 距原点的距离。再来看下面这个复数：

$$4 + 4i$$

如图 2.6 所示。

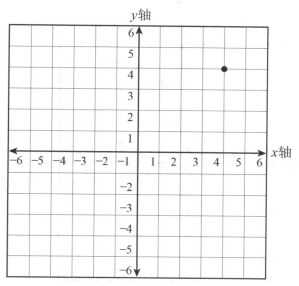

图 2.6 复数 $4 + 4i$ 的图示

现在，我们来计算$|z|$：

$$\sqrt{(4)^2 + (4)^2}$$
$$4^2 = 16$$

于是有

$$\sqrt{16 + 16} = \sqrt{32} = 5.6569$$

即$|z|=2$。

从图 2.6 来看也很直观，复数 z 到原点的距离略小于 6，的确如此。

需要注意的是，当使用 z 平面来描述复数时，这个平面就被称为复平面（complex plane）。有些资料中也将其称为阿甘特图（Argand diagram），因为用这种方式表示复数是由让·皮埃尔·阿甘特（Jean Pierre Argand）于 1806 年提出的，并广为流传。尽管早在 1797 年卡斯帕·韦塞尔（Caspar Wessel）就提出了类似的表示方法，但那时并不为人所知。这就是取名为阿甘特图而非韦塞尔图的原因。

既然已经掌握了 z 的绝对值即$|z|$的求解方法，下面就来讨论如何求解复数点与复数点之间的距离。假设有两个点，一个为复数"$3 + 1i$"，另一个为复数"$1 + 4i$"，如图 2.7 所示。

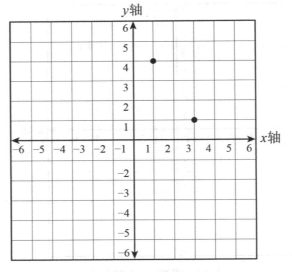

图 2.7 两点的图示

这两点之间的距离是多少呢？一般来讲，两个复数可用未知数表示为：$z_1 = a_1 + b_1i$，$z_2 = a_2 + b_2i$。于是 $z_1 = 3 + 1i$，$z_2 = 1 + 4i$。该距离就是绝对值$|(a_1 - a_2) + (b_1 - b_2)i|$，于是两点之间的距离表示为

$$\sqrt{(a_1 - a_2)^2 + (b_1 - b_2)^2}$$

这与我们之前提到过的方法类似。代入数值后得到下列等式（注意：此时我们只关注系数，并不关注 i）：

$$\sqrt{(3-1)^2 + (1-4)^2}$$
$$= \sqrt{(2)^2 + (-3)^2}$$
$$= \sqrt{4 + 9}$$
$$= \sqrt{13}$$
$$= 3.873$$

先来讨论为何要忽略虚数单位 "i"，而只讨论系数。这是因为我们只是在笛卡儿直角坐标系（x 轴、y 轴）中表示复数。你可以将 "–4" 表示为 "–4i" 或 "–4m" "–4d" 等，而坐标值并不会发生改变。下面来思考为何如此。在原点$(0, 0)$与两个复数点之间各增加一条线段，如图 2.8 所示。

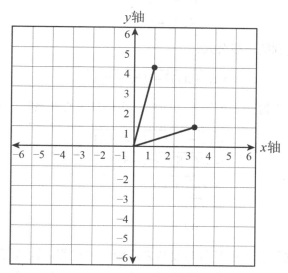

图 2.8 向量图示

图 2.8 所示看起来像是一个缺了一边的三角形，用虚线补充后得到图 2.9。

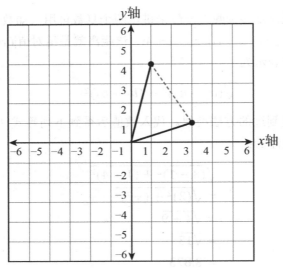

图 2.9　补足三角形

此时，你可能会想起毕达哥拉斯定理：$a^2 + b^2 = c^2$。

下面再举一个例子帮助大家理解。

$$z_1 = 7 + 3i$$
$$z_2 = 2 - 2i$$

回顾本章前面提到的一般公式：

$$\sqrt{(a_1 - a_2)^2 + (b_1 - b_2)^2}$$

代入数值后进一步得到下列等式（同样，我们只关心实系数，并不在意 i）：

$$\sqrt{(2 - 7)^2 + (-2 - 3)^2}$$
$$= \sqrt{(-5)^2 + (-5)^2}$$
$$= \sqrt{25 + 25}$$
$$= \sqrt{50}$$
$$= 7.07$$

上述两个实例展示了求解复数与复数之间距离的过程。读者还可通过本章末尾的章节测试加深印象。在探索用图形表示复数时，可以回顾一下共轭复数的概念。假设有复数"$4 + 1i$"，其图形表示如图 2.10 所示。

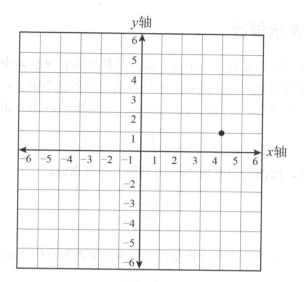

图 2.10 复数"4 +1i"的图示

复数"4 + 1i"的共轭复数为"4 - 1i"。如图 2.11 所示,共轭复数就是原复数绕实轴(x 轴)旋转后得到的。这可使我们对共轭复数有进一步的了解。共轭复数和原复数相比,实部不变,只是虚部进行了反转。

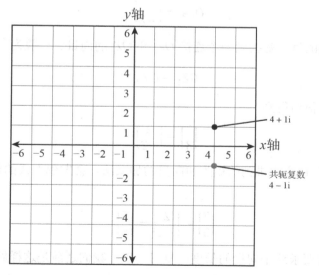

图 2.11 共轭复数的图示

2.4　用向量表示复数

现在你应该相当熟悉复数了。不过，还得掌握如何在坐标系中表示它们。尽管将复数表示为向量并不复杂，但这对后续学习至关重要。事实上，你已经使用过向量，只不过没有在坐标系中用向量表示复数而已。复数"4 + 1i"用向量表示为

$$\begin{bmatrix} 4 \\ 1 \end{bmatrix}$$

顶部的是实数，底部的为虚数"i"的系数。一般来说：

$$z = a + bi$$
$$= \begin{bmatrix} a \\ b \end{bmatrix}$$

现在回想一下，之前是如何计算复数和复数之间的距离的。比如：

$$z_1 = 7 + 3i$$
$$z_2 = 2 - 2i$$

我们将上述两个复数都视为源于原点 O 的向量，就像下面这样：

$$OZ_1 = \begin{bmatrix} 7 \\ 3 \end{bmatrix}$$
$$OZ_2 = \begin{bmatrix} 2 \\ -2 \end{bmatrix}$$

现在，我们的目标是找到一个连接 OZ_1 和 OZ_2 的向量。一般为

$$OZ_1 - OZ_2$$

代入具体数值后得到：

$$\begin{bmatrix} 7 \\ 3 \end{bmatrix} - \begin{bmatrix} 2 \\ -2 \end{bmatrix}$$

回顾一下第 1 章中讲到的矩阵和向量的加减法，会发现上式的计算非常简单。于是：

$$\begin{bmatrix} 7 \\ 3 \end{bmatrix} - \begin{bmatrix} 2 \\ -2 \end{bmatrix} = \begin{bmatrix} 5 \\ 5 \end{bmatrix}$$

现在我们需要求这个向量的长度。复习一下，我们之前是这样做的：

$$\sqrt{(a_1 - a_2)^2 + (b_1 - b_2)^2}$$

这次其实也没变，只不过向量中已经有了 a_1-a_2 和 b_1-b_2。所以，需要做的就更

简单了：

$$\sqrt{(a)^2 + (b)^2}$$

本例中即：

$$\sqrt{(5)^2 + (5)^2}$$
$$= \sqrt{50}$$
$$= 7.07$$

这和我们采用之前的方法计算得到的答案一致！当然，这很重要。只有在答案相同的前提下，两种运算方法才能同时成立。量子物理学和量子计算中常常用到向量，因此读者必须掌握这一关键内容。

向量也能很好地与图形结合使用。比如，有两个复数 z_1 和 z_2。它们形成了两个从原点到与之对应点的向量，称为 v_1 和 v_2。现在我们举一个具体的例子：z_1 为 $4 + 1i$，z_2 为 $2 + 3i$。从原点到这两个点之间的连线就分别组成了一个向量，如图 2.12 所示。

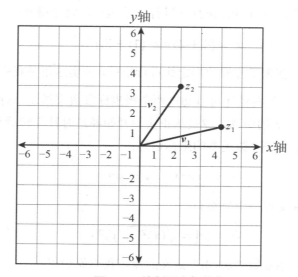

图 2.12　绘制两个复数点

向量与向量的和可根据平行四边形定律来计算。即，平行四边形四条边边长的平方和等于其两条对角线长度的平方和。你可能会说我们并没有这两条对角线。但是我们有两条边，根据这两条边，就能得到平行四边形的另两条边，如图 2.13 所示。

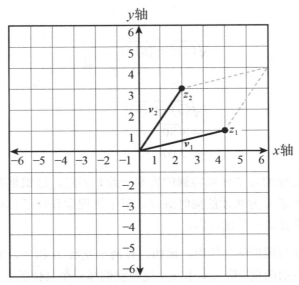

图 2.13 平行四边形定律

如果只是对向量 $z_1=4+1i$ 和 $z_2=2+3i$ 进行加法运算，就会得到：

$$x = (4 + 2)y = (1i + 3i)$$

即点 $z_3 = 6 + 4i$。依据平行四边形定律进行检验，证实这正是我们要找的那个点。

从原点到任意数 z 的向量还可以通过两个极坐标参数来描述。这两个参数分别是 r 和 θ。r 是从原点到 z 的距离，θ 是从正实轴开始经逆时针旋转后与横轴形成的夹角。下列方程提供了有关复数更多的坐标信息：

$$x = r \cos \theta \quad y = \sin \theta$$

根据毕达哥拉斯定理，很显然有

$$r = |z| = \sqrt{(x)^2 + (y)^2}$$

因此，给定一个由复数"$2 + 3i$"定义的点，我们就知道：

$$r = \sqrt{(2)^2 + (3)^2}$$
$$r = \sqrt{4 + 9}$$
$$r = \sqrt{13}$$
$$r = 3.605$$

结合基本的三角函数知识，得到：

$$\cos\theta = \frac{x}{|z|} \qquad \sin\theta = \frac{y}{|z|}$$

再运用一点简单的代数知识到毕达哥拉斯定理上就得到：

$$r\cos\theta = x \qquad r\sin\theta = y \qquad \tan\theta = \frac{y}{x}$$

现在请记住，若点 z 表示为 "$a + b$i （或更常见的 $x + y$i）"，就有：

$$z = a + b\mathrm{i}$$
$$= r\cos\theta + (r\sin\theta)\mathrm{i}$$
$$= r\,(\cos\theta + \mathrm{i}\sin\theta)$$

以后会常常碰到用弧度来表示的夹角大小。回顾一下三角学基本知识：1 弧度等于 57.3°；满圆为 360°，等同于 2π 弧度。

2.5 泡利矩阵

泡利矩阵的基础知识并不难，难的是它为何是这样的。比如，有如下 3 个 2×2 矩阵。这似乎是回到了第 1 章；但在第 1 章中，我们暂未讨论复数，这正是要在本节讨论泡利矩阵的原因。

$$\begin{bmatrix} 0 & 1 \\ 1 & 0 \end{bmatrix}$$
$$\begin{bmatrix} 0 & -\mathrm{i} \\ \mathrm{i} & 0 \end{bmatrix}$$
$$\begin{bmatrix} 1 & 0 \\ 0 & -1 \end{bmatrix}$$

泡利矩阵通常用符号 "σ" 表示，如下所示：

$$\sigma_1 = \begin{bmatrix} 0 & 1 \\ 1 & 0 \end{bmatrix}$$
$$\sigma_2 = \begin{bmatrix} 0 & -\mathrm{i} \\ \mathrm{i} & 0 \end{bmatrix}$$
$$\sigma_3 = \begin{bmatrix} 1 & 0 \\ 0 & -1 \end{bmatrix}$$

当然，这三个矩阵的表示并不复杂。它们有两个重要性质。这些矩阵既是厄米矩阵（Hermitian），又是酉矩阵或称幺正矩阵（unitary matrix）。厄米矩阵是指与其共轭转置相等的方阵。共轭转置是指对矩阵先取转置，再取复共轭。第 1 章中介绍了 3

×2 矩阵的转置，方阵也一样。回想一下，转置的符号是 "T"，于是：

$$\begin{bmatrix} a & b \\ c & d \end{bmatrix}^{\mathrm{T}} = \begin{bmatrix} a & c \\ b & d \end{bmatrix}$$

下面通过一个具体的例子来看看泡利矩阵。

$$\boldsymbol{\sigma}_1 = \begin{bmatrix} 0 & 1 \\ 1 & 0 \end{bmatrix}^{\mathrm{T}} = \begin{bmatrix} 0 & 1 \\ 1 & 0 \end{bmatrix}$$

上式为矩阵的转置，但怎样求共轭呢？回顾一下，本章前面探讨了共轭复数。

如果一个方阵的共轭转置是它的逆，那么这个方阵就是酉矩阵。换句话说，实正交矩阵是酉矩阵的特例。酉矩阵 $\boldsymbol{A}$ 的特性如下：

$$\boldsymbol{A}\boldsymbol{A}^{\mathrm{T}} = \boldsymbol{A}^{\mathrm{T}}\boldsymbol{A} = \boldsymbol{I}$$

对于如下泡利矩阵：

$$\boldsymbol{\sigma}_2 = \begin{bmatrix} 0 & -\mathrm{i} \\ \mathrm{i} & 0 \end{bmatrix}$$

可表示为

$$\boldsymbol{\sigma}_2 = \begin{bmatrix} 0+0\mathrm{i} & 0-\mathrm{i} \\ 0+\mathrm{i} & 0+0\mathrm{i} \end{bmatrix}$$

取共轭（即改变虚部的符号）后得到：

$$\boldsymbol{\sigma}_2 = \begin{bmatrix} 0-0\mathrm{i} & 0+0\mathrm{i} \\ 0-\mathrm{i} & 0-0\mathrm{i} \end{bmatrix}$$

转置后得到：

$$\begin{bmatrix} 0-0\mathrm{i} & 0+\mathrm{i} \\ 0-\mathrm{i} & 0-0\mathrm{i} \end{bmatrix}^{\mathrm{T}} = \begin{bmatrix} 0-0\mathrm{i} & 0-0\mathrm{i} \\ 0+\mathrm{i} & 0-0\mathrm{i} \end{bmatrix}$$

化简后得到：

$$\begin{bmatrix} 0 & -\mathrm{i} \\ \mathrm{i} & 0 \end{bmatrix}$$

矩阵不变。

这三个矩阵的基本性质的确不难。下面来探讨泡利矩阵为何是这样的。这三个矩阵是用物理学家沃尔夫冈·泡利（Wolfgang Pauli）的名字命名的，在泡利方程中用以描述外部电磁场和粒子自旋间的相互作用。我们目前并不会研究泡利方程，对此感到好奇的读者，可看看式 2.7。

$$\hat{H}|\Psi\rangle = \left[\frac{1}{2m}\left[(p - q\boldsymbol{A})^2 - q\hbar\boldsymbol{\sigma}\cdot\boldsymbol{B}\right] + q\Phi\right]|\Psi\rangle = i\hbar\frac{\partial}{\partial t}|\Psi\rangle$$

式 2.7　泡利方程

别怕，你现在并不需要掌握这些。通过后续几章的学习，你就能慢慢理解泡利矩阵了。

有趣的是，泡利矩阵是 2×2 厄米矩阵的向量空间的基。回顾一下第 1 章，基向量意味着所有的 2×2 厄米矩阵都能写成几个泡利矩阵的线性组合。

再介绍一个与泡利矩阵有关的数学符号，它可以将三个泡利矩阵压缩成一个表达式，如式 2.8 所示。

$$\begin{pmatrix} \delta_{a3} & \delta_{a1} - i\delta_{a2} \\ \delta_{a1} + i\delta_{a2} & -\delta_{a3} \end{pmatrix}$$

式 2.8　泡利矩阵的压缩形式

现在你已经知道 i 表示 $\sqrt{-1}$，但可能并不熟悉 δ，它表示克罗内克函数（Kronecker delta）。这个令人着迷的函数，是以数学家利奥波德·克罗内克（Leopold Kronecker）的名字命名的。克罗内克函数有两个变量，如果它们相等，则函数值为 1；否则函数值为 0，如式 2.9 所示。

$$\delta_{ij} = \begin{cases} 0 & \text{当} i \neq j \\ 1 & \text{当} i = j \end{cases}$$

式 2.9　克罗内克函数

请注意，克罗内克函数总是包含两个参数，正是它们决定了函数值。在式 2.8 中，泡利矩阵为一个表达式。回想一下，泡利矩阵有三个。如果分别用 1、2、3 代替原式中的 a，就将得到对应的一个泡利矩阵。比如，将 "$a=3$" 代入式 2.8 后将得到式 2.10：

$$\begin{pmatrix} \delta_{33} & \delta_{31} - i\delta_{32} \\ \delta_{31} + i\delta_{32} & -\delta_{33} \end{pmatrix}$$

式 2.10　带有克罗内克函数的泡利矩阵

再将克罗内克函数值代入式 2.10 就得到了式 2.11：

$$\begin{pmatrix} 1 & 0-i0 \\ 0+i0 & -1 \end{pmatrix}$$

式 2.11　将克罗内克函数值代入泡利矩阵

化简后得到：

$$\begin{pmatrix} 1 & 0 \\ 0 & -1 \end{pmatrix}$$

式 2.12　产生的泡利矩阵

　　这显然是泡利矩阵的一种。具体来说，它是泡利矩阵 σ_1。我们已经知道如何用一个表达式表示所有的泡利矩阵，还学到了一个新的函数和符号，即克罗内克函数和 δ。下面学习另一个与矩阵相关的术语。泡利矩阵有一种称为对合（involutory，注意不要和另一个英文单词"involuntary"混淆了）的性质。对合矩阵是指逆矩阵是其自身的矩阵。

　　再深入探讨一下。单位矩阵 I 和泡利矩阵构成了 2×2 复厄米矩阵的实希尔伯特空间的正交基。第 1 章讲过，正交意味着相互垂直。

　　希尔伯特空间也是一个向量空间，就像第 1 章介绍的那样。不过，希尔伯特空间是大家熟知的欧几里得二维平面和三维空间的一种推广，可扩展到任意维度，包括无限维空间。德国数学家大卫·希尔伯特（David Hilbert）在关于积分方程和傅里叶级数的研究中首次描述了希尔伯特空间。

　　本质上，希尔伯特空间是一个可推广到无限维的向量空间。

　　一般来讲，内积（inner product）差不多就是点积，具有下列三种特性：

　　1. 点积是对称的，这意味着点积的顺序无关紧要。

　　2. 在第一个参数上是线性的，这意味着给定任意标量 a、b 和任意向量 x_1、x_2、y，有 $(ax_1 + bx_2) \cdot y = ax_1 \cdot y + bx_2 \cdot y$。

　　3. 对于任意元素 x，只要它在希尔伯特向量空间中，那么它与自身的内积是正数（即内积>0）。

　　上述内容有点简单，不过足够大家理解希尔伯特空间和内积的本质属性了。对于第一条性质，我们再拓展一下。内积满足特定的条件：必须具有共轭对称性。希尔伯特空间中，两个元素的内积是其反序内积的复共轭。

　　内积是点积的推广，可使两个向量相乘产生一个标量。点积和内积的计算并无太大差别。不过，点积通常只用于实数，如果要使用复数或者在非欧几里得空间中时，常用内积。

2.5.1 泡利矩阵的代数性质

泡利矩阵具有一些有趣的代数性质。首先，泡利矩阵的行列式都是-1。回想一下第 1 章中有关方阵行列式的计算方法，即：

$$|A| \begin{bmatrix} a & b \\ c & d \end{bmatrix} = ab - bc$$

对于泡利矩阵，有：

$$\sigma_1 = \begin{bmatrix} 0 & 1 \\ 1 & 0 \end{bmatrix}$$

$$\det = (0 \times 0) - (1 \times 1) = -1$$

$$\sigma_2 = \begin{bmatrix} 0 & -i \\ i & 0 \end{bmatrix}$$

$$\det = (0 \times 0) - (-i \times i) = -1$$

$$\det = 0 - (-i^2)$$

$$\det = 0 - (1)$$

$$\det = -1$$

$$\sigma_3 = \begin{bmatrix} 1 & 0 \\ 0 & -1 \end{bmatrix}$$

$$\det = (1 \times (-1)) - (0 \times 0)$$

$$\det = -1$$

这是泡利矩阵一个有趣的性质。那么泡利矩阵的特征值和特征向量怎么求呢？再回顾一下第 1 章的内容，特征值是与线性方程组相关的一组特殊标量。给定一个矩阵 A 和标量 λ，则有：

$$Av = \lambda v$$

其中，v 和 λ 分别是矩阵 A 的特征向量和特征值。所以，对于如下泡利矩阵：

$$\begin{bmatrix} 0 & 1 \\ 1 & 0 \end{bmatrix}$$

我们希望找到某些值，使得下式成立：

$$\begin{bmatrix} 0 & 1 \\ 1 & 0 \end{bmatrix} v = \lambda v$$

先求特征值 λ，它满足以下等式：

$$\det(A - \lambda I) = 0$$

其中，A 是正在讨论的泡利矩阵。

将主对角线上的元素减去 λ 后得到：

$$\begin{bmatrix} 0 & 1 \\ 1 & 0 \end{bmatrix} \rightarrow \begin{bmatrix} 0 - \lambda & 1 \\ 1 & 0 - \lambda \end{bmatrix}$$

现在，我们求这个矩阵的行列式：

$$\det \begin{bmatrix} 0 - \lambda & 1 \\ 1 & 0 - \lambda \end{bmatrix}$$

回顾第 1 章中计算行列式的方法，即：

$$|A| \begin{bmatrix} a & b \\ c & d \end{bmatrix} = ad - bc$$

于是有：

$$(0 - \lambda)(0 - \lambda) - (1 \times 1)$$
$$= \lambda^2 - 1 = 0$$

于是：

$$\lambda^2 = 1$$

所以，$\lambda = 1$ 或 -1。

于是，泡利矩阵的特征值为 1 和 -1。你可以再试试其他的泡利矩阵。下面来求特征向量，它必须满足：

$$Av = \lambda v$$

其中，A 是原始矩阵，λ 可以是 $+1$ 或 -1。更正式的表达是，我们有两个特征值：$\lambda_1 = 1$；$\lambda_2 = -1$。我们从第二个特征值开始，于是：

$$\begin{bmatrix} 0 & 1 \\ 1 & 0 \end{bmatrix} \begin{pmatrix} x \\ y \end{pmatrix} = -1 \begin{pmatrix} x \\ y \end{pmatrix}$$

其中，$\begin{pmatrix} x \\ y \end{pmatrix}$ 就是要求的特征向量。从顶部或底部着手都无所谓。我们就从底部开始吧。

$$1x + 0y = -y$$

$$x = -y$$

于是，该泡利矩阵的特征向量就是 $\begin{pmatrix} 1 \\ -1 \end{pmatrix}$。代入检查如下：

$$\begin{bmatrix} 0 & 1 \\ 1 & 0 \end{bmatrix} \begin{pmatrix} 1 \\ -1 \end{pmatrix} = -1 \begin{pmatrix} 1 \\ -1 \end{pmatrix}$$

让我们从左边开始。用该特征向量乘以第一行得到：

$$[0 \quad 1] \begin{pmatrix} 1 \\ -1 \end{pmatrix} = (0 \times 1) + (1 \times (-1))$$
$$= -1$$

第二行也是如此：

$$[1 \quad 0] \begin{pmatrix} 1 \\ -1 \end{pmatrix} = (1 \times 1) + (0 \times (-1))$$
$$= 1$$

于是得到 $\begin{pmatrix} -1 \\ 1 \end{pmatrix}$。

我们再代入检查一下，看看左右两边的值是否相等：

$$-1 \begin{pmatrix} 1 \\ -1 \end{pmatrix} = \begin{pmatrix} -1 \\ 1 \end{pmatrix}$$

这样，我们就求出了一个泡利矩阵的特征值和第一个特征向量。下面再用同样的方法计算另一个特征向量：

$$\begin{bmatrix} 0 & 1 \\ 1 & 0 \end{bmatrix} \begin{pmatrix} x \\ y \end{pmatrix} = 1 \begin{pmatrix} x \\ y \end{pmatrix}$$

再从顶部或底部开始。比如，从底部开始，得到：

$$1x + 0y = y$$

化简后得到：

$$x = y$$

这表明 $\begin{pmatrix} 1 \\ 1 \end{pmatrix}$ 是该泡利矩阵的另一个特征向量。于是有：

$$\begin{bmatrix} 0 & 1 \\ 1 & 0 \end{bmatrix} \begin{pmatrix} 1 \\ 1 \end{pmatrix} = 1 \begin{pmatrix} 1 \\ 1 \end{pmatrix}$$

再从左边开始：

$$\begin{bmatrix} 0 & 1 \\ 1 & 0 \end{bmatrix} \begin{pmatrix} 1 \\ 1 \end{pmatrix}$$

由第一行得到：

$$\begin{bmatrix} 0 & 1 \end{bmatrix} \begin{pmatrix} 1 \\ 1 \end{pmatrix} = (0 \times 1) + (1 \times 1)$$
$$= 1$$

由第二行得到：

$$\begin{bmatrix} 1 & 0 \end{bmatrix} \begin{pmatrix} 1 \\ 1 \end{pmatrix} = (1 \times 1) + (0 \times 1)$$
$$= 1$$

最后得到 $\begin{pmatrix} 1 \\ 1 \end{pmatrix}$。

现在右边如下：

$$1 \begin{pmatrix} 1 \\ 1 \end{pmatrix}$$

显然，这和 $\begin{pmatrix} 1 \\ 1 \end{pmatrix}$ 相等，也就求出了该泡利矩阵的第二个特征向量。如果你还不太清楚，建议多练习，继续求解其他泡利矩阵的特征值和特征向量。你常常会看到另一种形式，在第 3 章 "量子计算的物理学基础" 中将进行介绍。

2.6　超越数

超越数也与复数有关，是指除代数数以外的数。那么就引出了一个问题：什么是代数数呢？代数数是非零多项式的根，包括实数和复数。

比如，π 和 e 就是超越数。不过，超越数远不止于此，它们有无穷多个。实数超越数都是无理数，但并非所有的无理数都是超越数。比如，$\sqrt{2}$ 就不是超越数，因为它是多项式方程 $x^2 - 2 = 0$ 的根。

欧拉常数是超越数中最常见的例子。莱昂哈德·欧拉（Leonhard Euler）是最早提供超越数定义的人之一，于 18 世纪提出。1844 年，约瑟夫·刘维尔（Joseph Liouville）首次证明了超越数的存在。1873 年，查尔斯·厄米特（Charles Hermite）证明了 e 是超越数。著名数学家大卫·希尔伯特提出了许多问题，其中，第七个问题表述如下：

如果 a 是 0 和 1 以外的代数数，而 b 是代数数中的无理数，那么，a^b

一定是超越数吗？

如果你误以为超越数只是满足你对数学的好奇心，而无任何实际用途的话，那就大错特错了。下面就来看一个超越数的实际应用。蔡廷常数（Chaitin's constant，有时也作 Chaitin's construction），通常用符号 Ω 表示，是由格里高里·蔡廷（Gregory Chaitin）发现并以其名字命名的。本质上来讲，蔡廷常数指一个随机构造的程序能成功运行，而在一定的时间内最终停止的概率。由于对程序的编码有无限多种可能，因而停止概率也有无数种。每种停止概率都是一个超越实数。有关蔡廷常数的详细介绍超出了本书范畴，感兴趣的读者可自行深入研究。

2.7　小结

本章先讨论了复数的基本知识，包括复数的起源。随后，探讨了如何用复数进行简单的代数运算，如何用图形、向量表示复数，后两者在量子物理学和量子计算中极为常见，故而理解这些概念非常重要。

本章有一节专门讨论了泡利矩阵，因为它也是理解量子计算的关键。继续学习之前，你需要确定已经掌握了泡利矩阵。本章还简要探讨了超越数。

章节测试

复习题

1. 求下面两个复数的和：

$$(3 + 2i)　(2 + 3i)$$

2. 求下面两个复数的积：

$$(4 + 2i)　(2 + 2i)$$

3. 求下面两个复数的积：

$$(2 + 2i)　(-2 + 3i)$$

4. 求下面两个复数的商：

$$(6 + 4i)　(2 + 2i)$$

5. 给定两个复数(3 + 2i)和(4 + 4i)，求它们之间的距离。

6. 对于克罗内克函数，下列哪项表述是正确的？

    a. 如果输入的两个数相等，则返回 1，否则返回 0。

    b. 如果输入的两个数相等，则返回 0，否则返回 1。

    c. 该函数用于计算两个复数的距离。

    d. 该函数用于计算图上两点的距离。

7. 计算下列泡利矩阵的行列式：

$$\sigma_2 = \begin{bmatrix} 0 & -i \\ i & 0 \end{bmatrix}$$

8. 从应用的角度来看，点积和内积的主要区别是什么？

9. 什么是对合矩阵？

    a. 有复数逆的矩阵。

    b. 行列式为−1 的矩阵。

    c. 是其本身逆矩阵的矩阵。

    d. 不存在逆矩阵的矩阵。

10. 求下列泡利矩阵的特征值：

$$\begin{bmatrix} 1 & 0 \\ 0 & -1 \end{bmatrix}$$

第 **3** 章

量子计算的物理学基础

学完本章并完成章节测试后，你将能够做到以下几点：

- 大致了解量子物理学

- 解释量子态

- 理解不确定性原理

- 描述量子纠缠

本书的最终目标是探索量子计算，而量子计算显然是以量子物理学为基础展开的。为了更好地理解量子计算，读者需要掌握量子物理学中的一些基本概念。本章首先概述物理学的总体面貌，然后讨论量子物理学的诞生过程。这将为我们讨论量子物理学的基本原理奠定基础。显然，量子物理学的相关知识很多，本章旨在为读者提供足够继续学习的必备知识。

需要指出的是，刚接触量子物理学的新手可能难以理解本章的许多概念，甚至需要反复阅读部分内容，但请不要惊讶，这是很正常的。对于那些已经有物理学背景的读者而言，本章内容可能会稍嫌简单，但本章旨在为新手提供一些进一步学习量子计算的必备知识，所以请别觉得本章内容多余。显然，量子物理学远比本章所讲的内容更丰富，也更深奥。但本章只是为读者提供一定的知识，以便理解本书后续涉及的概念。

3.1 量子之旅

为了更好地理解量子物理学，读者有必要了解其发展历史。19 世纪后期和 20 世纪初期有许多重要发现，每一个发现都对经典物理学提出了挑战。

不过，量子物理学中真正的问题始于如何理解光的本质。光到底是波还是粒子？这场争论可追溯到 17 世纪。艾萨克·牛顿（Isaac Newton）提出，光是粒子（particle）或微粒（corpuscle）。克里斯蒂安·惠更斯（Christian Huygens）则认为，光是类似声波或水波的一种波。在光是波这一观点上，惠更斯并不孤独，然而，牛顿的显赫声名却也给光是粒子这一观点加上了重重的砝码。量子力学从此应运而生。因为有不少事情经典物理学难以解释，比如光的本质。

微粒论和波动论这两派之间的对立持续了很长一段时间，直到人们运用实验逐渐解开了这一谜题。波往往在某种介质中传播，比如，声波通过空气传播。波动派学者提出了以太（ether，也作 aether）这个概念，认为光通过以太传播。事实上，他们认为所有的电磁波都通过以太传播。一直到 20 世纪初，以太都在物理学中占主导地位，被认为是填充空间的一种物质或介质，既是光又是重力和其他力的传输介质。事实上，物理学家试图在以太的背景下理解行星的运动。

1801 年，托马斯·杨（Thomas Young）进行了一项实验，证明了光的波动性。他用光源照射双缝光栅，在光栅另一侧放置有感光板。当光穿过两个狭缝时，接收端似乎有干涉图样，就像水波或声波那样，如图 3.1 所示。

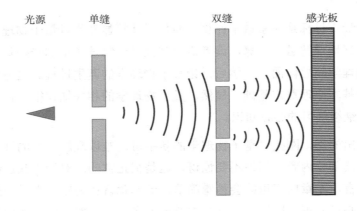

图 3.1 双缝实验

图示光源通过单缝后再到双缝，变成了两束，最后到达感光板，在感光板上显示出干涉图样。当光源远离两个狭缝时，感光板上最终形成的干涉条纹会相应地变宽。这个实验似乎解决了光是粒子还是波的问题。从实验结果来看，光显然是波而非粒子。因为如果光是粒子的话，感光板上的图案就会与狭缝的形状和大小相匹配。上述实验呈现出的干涉条纹似乎证实了光是一种波。

双缝实验的各种衍生版本使得人们对光是波还是粒子有了进一步的认识。首先，需要注意的是，当波或粒子一次一次地穿过双缝时，肯定会在感光板上表现为点或粒子。这可以通过遮挡其中某个狭缝来实现。然而，随着更多的光从狭缝穿过，感光板上显现出了波形图。将光子替换为电子和其他粒子后得出的结果与此相似。这表明，光从本质上来讲既是粒子又是波，这也适用于其他亚原子粒子，这种现象往往被称为波粒二象性。我们将在本章后面继续讨论这一特性。

量子力学中有些问题至今仍未解决，比如黑体辐射（black body radiation）研究。这个话题在 19 世纪是非常重要的。黑体（black body）是一种不透明、不反射光的物体；辐射（radiation）是指黑体内部及周围的热辐射（热量）。理想黑体可以吸收所有照射到其表面的电磁辐射。显然，这种物体是不存在的，因为没有哪种物体能吸收所有的能量。

物体被加热后就具有特定波长的热辐射，它与强度成反比。随着物体受热，温度逐渐升高，波长逐渐缩短，光线就会呈现出不同色彩。测量黑体辐射得出的结果与现行物理学理论相悖，尤其是在高频条件下。

鲍尔弗·斯图尔特（Balfour Stewart）进行了一项实验：在相同温度条件下，比较抛光板和涂上灯黑[①]（lamp-black）的表面产生的辐射。实验使用电流计和显微镜读取辐射能量值。他在论文中并未提到波长和热力学。他声称，无论表面是灯黑还是反光的，辐射的热量都那样。后人最终证明他错了。

1859 年，古斯塔夫·基尔霍夫（Gustav Kirchoff）证明了黑体释放的能量只取决于黑体的温度和吸收能量的频率。他推导出了一个相当简单的公式，如式 3.1 所示：

$$E = J(T, v)$$

式 3.1　基尔霍夫黑体能量

---

① 译者注："灯黑"用今天的话说是一种微纳米炭颗粒沉积物。

其中，E 是能量，T 是温度，v 是频率。然而，基尔霍夫并不知道函数 J 表示什么，他期待其他物理学家来解决这一难题。

19 世纪末 20 世纪初见证了诸多发明。1887 年，海因里希·赫兹（Heinrich Hertz）发现了光电效应，稍后将对此进行更详细的讨论。1900 年，马克思·普朗克（Max Planck）假设从原子系统辐射的能量是在离散元素中发生的。这些离散元素被称为量子（quanta），量子物理学（quantum physics）这一术语也源于此。普朗克由此提出了著名的量子能量公式，如式 3.2 所示：

$$\varepsilon = hv$$

式 3.2　量子能量

该公式表明，能量元素（ε）与频率（v）乘以普朗克常数（h）成正比。普朗克常数是一个非常小的数，本章后面将详细探讨。普朗克当时想推导出某个数学公式，来准确地预测观测到的黑体辐射的光谱分布，结果创造了普朗克常数和随后的公式。

此外，普朗克还定义了普朗克黑体辐射定律，如式 3.3 所示：

$$B_v(v, T) = \frac{2hv^3}{c^2} \frac{1}{e^{hv/kT} - 1}$$

式 3.3　普朗克定律

其中：

- h 是普朗克常数。
- c 是真空中的光速。
- k 是玻尔兹曼常数。
- v 是电磁辐射频率。
- T 是物体的绝对温度。

另一个用经典物理学难以解释的问题是光电效应（photoelectric effect）。本质上，当一些电磁辐射（例如光）撞击材料时，电子（或其他粒子）就会被发射出来。这似乎很容易理解。经典电磁理论（即前量子理论或相对论）认为，光强与发射电子的动能成正比。这意味着，昏暗光线产生的电子能量比明亮光线要低。然而，实验并未证明这一点。相反，实验表明频率和电子位移之间存在相关性。事实上，只要低于某个频率，电子根本就不会被发射出来。

　　爱因斯坦提出，这一光电效应是由于光是离散波包（术语为光子）的集合，而不是在空间中传播的波。爱因斯坦、普朗克等人的研究得出了现在所谓的波粒二象性。这似乎与先前托马斯·杨等人的实验结果相悖，因为他们的实验清晰地表明光是一种波。

> **注意**　对于数学基础知识扎实并且想要深入探讨相对论和量子物理学的读者，培生公司出版的由兰迪·哈里斯（Randy Harris）撰写的《现代物理》（第二版）是一个不错的选择。

　　经典物理学一直认为任何形式的能量都是一种波。然而，马克斯·普朗克通过实验证明，在某些情况下，能量可以表现得像一个物体或粒子。正是这项工作使他于 1918 年获得了诺贝尔物理学奖。

　　1923 年，路易斯·德布罗意（Louis de Broglie）在其博士论文中断言，可以通过下列公式来确定任何粒子的波长：

$$\lambda = h/p$$

其中：

- λ 是波长。

- h 是普朗克常数，即 $6.62607015 \times 10^{-34}$ J·s（焦耳秒）。1 焦耳等于以 1 瓦特功率工作 1 秒所做的功。

- p 是动量。而动量又可被定义为质量（m）乘以速度（v）。

　　如你所见，普朗克常数极小，那么不难猜到，多数情况下波长很短。本质上讲，德布罗意所做的工作与光的波粒二象性极为相似。德布罗意断言物质（即粒子）也可以表现为波。不过，由于波长较小，这种现象很难在宏观世界中看到。这就是你投掷棒球时，它的行为和粒子非常相似的原因。

　　诸多实验结果都表明物质可以表现为波，其中最著名的是戴维森–格默（Davisson-Germer）实验。20 世纪 20 年代，克林顿·戴维森（Clinton Davisson）和莱斯特·格默（Lester Germer）证实，镍金属表面散射的电子显示出像波一样的衍射图案。

　　量子物理学的核心是波粒二象性，即粒子既是微粒又是波，认为"粒子要么是波要么是微粒"的观点从本质上来讲就是错误的。这里的"粒子"指光子、电子及其他亚原子粒子，将在本章后面深入探讨。现在，你只需了解粒子这个基本概念就足够了。本节这堂简短的历史课为大家进一步探索量子物理学提供了一些背景信息。

3.2　量子物理学要点

通过上一节量子物理学简史的学习，你应该意识到了在亚原子世界中，物质既是粒子也是波，同时也应当注意到，这些粒子的能量是离散的（或者说量子化的）。下面进一步探索一下这个事实。

3.2.1　基本原子结构

在学习化学入门知识时，往往会学到这样一个原子模型：原子核中有质子和中子，电子围绕原子核运行，就像行星围绕恒星运行一样。尽管电子的实际运行方式并非如此，但这个模型为学生研究原子结构提供了便利。这种模型通常被称为玻尔模型，得名于其创造者尼尔斯·玻尔（Neils Bohr）。图 3.2 所示为氦原子的玻尔模型。

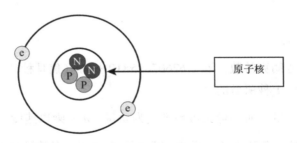

图 3.2　氦原子的玻尔模型

正如之前提到过的那样，这个模型并不太准确。首先，必须指出的是，这些电子的运动并不像行星围绕着恒星运行那般。我们所说的原子轨道实际上是一个数学函数，用于计算在原子核周围特定区域找到电子的概率。这就给我们带来了一个关于量子物理学的非常重要的事实。我们在亚原子世界中发现的很多东西都是概率性的，而非确定性的。这将在本章后面进行讨论。事实上，概率性这一概念将贯穿整本书。找到电子的概率取决于轨道和能级。轨道本身就是找到电子的概率区域；能级则是给定的整数值，如 1、2、3 和 4。

每个电子都由 4 个数来表示。第一个是 n，即主量子数，有时也被称为壳。接下

来是 *l*，即轨道量子数，有时也被称为轨道角动量量子数或角量子数（azimuthal quantum number）。*l* 的值可以是从 1 到 *n*−1 的任意数。若 *n*=2，则 *l*=1。从这个数值可以看出轨道的形状。切记！这个形状决定的是找到电子的概率区域，而非诸如行星绕恒星运行那样的轨迹。最后是 *m*，表示磁量子数，以及 m_s，即电子自旋量子数。

轨道（即 *l* 的值）用字母表示，*s*、*p*、*d* 和 *f* 分别对应 4 个轨道。*s* 轨道画作一个球形，但切记，这只是找到电子的概率区域。图 3.3 所示为 *s* 轨道。

图 3.3　*s* 轨道

这是 *l*=0 时的情况。在任何壳中都可有 *s* 亚壳或轨道。因此，可以有一个 *n*=1 的 *s* 亚壳，一个 *n*=2 的 *s* 亚壳，等等。

若 *l*=1（此时 *n* 至少为 2），对应的轨道看起来有点奇怪，它的形状就像哑铃一样，如图 3.4 所示。

图 3.4　*p* 轨道

更专业点来讲，*p* 轨道是 *l*=1 的波函数，其分布是有角度的，但不均匀，因此 *p* 轨道的分布呈哑铃形。有 3 个不同的 *p* 轨道，对应 3 个不同的 m_l 值（−1、0 和 1）。

本质上，这些轨道的方向不同。

如果波函数 $l=2$，那么对应的是 d 轨道。它的分布更奇怪，就像四叶草一样，但对于大多数 d 轨道而言，它的分布就如同一个平面上摆放的两个哑铃，如图 3.5 所示。m_l 有 5 个值：-2、-1、0、1 和 2，分别对应 5 个不同的 d 轨道。

图 3.5　d 轨道

d 轨道有时也表现为两片小叶穿过一个环面——或者更通俗地说，一个哑铃穿过一个甜甜圈，其形状会随 m_l 值变化。图 3.6 所示为形似"甜甜圈"的 d 轨道。

图 3.6　d 轨道

如果 $l=3$，对应的就是 f 轨道。该轨道有许多不同的形状，取决于对应的 m_l 值。f 轨道有 7 个 m_l 值：-3、-2、-1、0、1、2 和 3，分别对应不同的形状，如图 3.7 所示。

自旋用+1/2 或-1/2 表示。这就引出了泡利不相容原理（Pauli exclusion principle）。1925 年，沃尔夫冈·泡利（Wolfgang Pauli）提出了泡利不相容原理：在量子系统中，不能有两个费米子处于完全相同的状态。费米子（fermion）指的是那些有 1/2 整数自旋的亚原子粒子，包括电子，它也是本节重点讨论的对象。

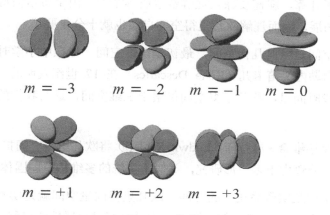

$$m = -3 \qquad m = -2 \qquad m = -1 \qquad m = 0$$

$$m = +1 \qquad m = +2 \qquad m = +3$$

图 3.7　f 轨道

　　泡利不相容原理对电子分布有一些实际意义。一个 s 亚轨道最多可以包含两个电子，这两个电子必须具有不同的自旋方向。因此，氦原子中的两个电子都在 s 亚轨道上，但自旋方向不同：一个是+1/2，另一个是-1/2。p 亚轨道上最多有 6 个成对电子，每对电子自旋方向相反。d 亚轨道上最多有 10 个电子，同样，它们也是成对的，每对电子自旋方向也是相反的。

　　本节简要介绍了原子结构，为读者了解后续内容奠定了基础。尽管本节只涵盖一些入门知识，但由于目的不在于教授化学课程，而是确保读者大致了解原子结构，因而上述内容也已足够。

3.2.2　希尔伯特空间

　　至此，我们可以与第 1 章提到的一些数学知识建立联系了。回想一下向量，尤其是长度为 1 的单位向量。向量长度的计算公式如下：

$$\|向量\| = \sqrt{x^2 + y^2}$$

　　一个给定量子系统或波粒的可能状态就用单位向量表示。当这些单位向量被用于量子态时，则称之为状态向量（state vector）。

　　所有的状态向量都属于一个被称为状态空间的向量空间。这个状态空间是一个复希尔伯特空间。描述希尔伯特空间将涉及第 1 章和第 2 章的内容。

你只需大致了解希尔伯特空间就能理解本书内容。不过，若打算进一步研究量子物理学或量子计算，就需要深入理解希尔伯特空间。由于希尔伯特空间是欧几里得空间的一种拓展，因而理解欧几里得空间自然也就十分重要了。

欧几里得空间是经典几何空间，最初是三维空间。你在中小学时多半学过。笛卡儿坐标系是由勒内·笛卡儿（René Descartes）在 17 世纪发明的，用于欧几里得空间。很长一段时间里，欧几里得空间仅限于三维空间，这与我们的日常经验非常吻合。

19 世纪，路德维希·施拉菲（Ludwig Schlafi）将欧几里得空间扩展到 n 维空间。与此同时，施拉菲致力于多边形研究，类似于传统的多维柏拉图固体。

欧几里得空间是实数系统上的空间。欧几里得向量空间就是实数上的有限维内积空间。回想一下第 2 章讲过的内容，内积是具有对称属性的点积：它在第一个参数上是线性的，并且大于零。第 1 章曾提到，两个向量的点积就是两个向量相乘[①]。

希尔伯特空间不局限于有限维度，它也可以是无限维度的；而且既可以是实数，也可以是复数（回想一下第 2 章中的复数）。每一个内积都会产生一个范数。第 1 章曾提到，向量的范数指的是非负的长度。

如果这个空间对于那个范数而言是完备的，那么这个空间就是希尔伯特空间。对于数学不那么好的读者来说，这部分内容可能有点难。所以，请允许我花一点时间细说（如果你对这部分内容很熟悉，跳过即可）。

在这种情况下，"完备性"一词表明该空间中的每个柯西元素序列都收敛于该空间中的某个元素。有些读者可能会问，什么是柯西序列，以及它为什么如此重要。柯西序列是以奥古斯丁·路易斯·柯西（Augustin Louis Cauchy）的名字命名的。顺便说一句，柯西发音为"koh-shee"。柯西序列中的元素随着序数的增加而愈发靠近，下面举个简单的例子。

$$a_n = \frac{1}{2^N}$$

为什么这是一个柯西序列呢？下面就来深入探究一下。首先，任选一个数 i，满足 $i>0$ 即可；再选一个数 N，使得 $2^{-N}<i$；然后，考虑 n 和 m 的值，使其大于 N。于是：

---

① 编者注：实际上是将前面的列向量转置后相乘。

$$|2_n - 2_m| = \left|\frac{1}{2^n} - \frac{1}{2^m}\right| \leqslant \frac{1}{2^n} + \frac{1}{2^m} \leqslant \frac{1}{2^N} + \frac{1}{2^N} = i$$

有些读者可能还是不太清楚。柯西序列的可视化图示如图 3.8 所示。

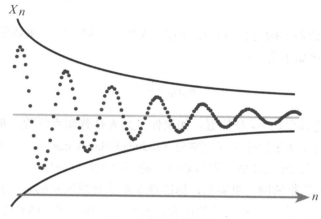

图 3.8　柯西序列图示

　　基本上，随着 n 逐渐增大，函数值最终将汇集到特定的某一点上。这应该有助于你理解柯西序列与希尔伯特空间的关系。对于只想了解量子计算基本要点的读者而言，不必过分关注柯西序列的具体细节。

3.2.3　不确定性

　　下面学习量子力学中一个较难理解的概念：海森伯不确定性原理[①]。本质上，这个原理表明，人们对亚原子粒子的某一属性了解得越多，对相关属性的了解就越少。这个原理是由沃纳·海森伯（Werner Heisenberg）在 1927 年提出的。虽然这个原理适用于科学实验的任何属性，但是通常表述为"对给定粒子的位置了解得越准确，对其动量的了解就越不准确"，反之亦然。这个理论的实际效果是说，你不可能同时知道一个粒子的位置和动量。

　　这个原理似乎不太符合我们对世界的认识。比如，当我坐在办公桌前，拿起办公室里的任意物体，就能准确地知道它的位置和动量。你可能会认为这些物体都是静止的，除非出了什么大乱子，否则它们就是静止的。但是，我们可以将这个原理应用于移动的物体。比如，我看着狗在地板上行走时，能轻而易举地准确测量它在

---

① 编者注：旧译作海森堡测不准原理。

任何时刻的位置和动量，这就是我们日常世界的运作方式。但在亚原子世界中，事物以一种违反直觉的方式运作。用通俗的话来讲，量子世界很怪异。尽管我们已经知晓许多事情，但对于部分事情，我们仍"不知道为什么"，只知道无数的实验证实了它们。

现在你对海森伯不确定性原理已经有了大致的了解，接下来我们再对这个原理做深入探讨。考虑如下公式：

$$\sigma_p \sigma_x \geqslant \frac{\hbar}{2}$$

其中，σ_p 是动量，σ_x 是位置。如果你认为 $\hbar$ 是普朗克常数，那么你快接近正确答案了。实际上，$\hbar$ 是约化普朗克常数（reduced Planck constant），即普朗克常数 h（6.626×10^{-34} J·s）与 2π 的比值。为何要做这种修改呢？在角度应用（频率、动量等）中，$360°$ 是一个完整的圆。事实上，标准频率单位赫兹表示的是一秒内一个完整的 $360°$ 循环。对于那些忘了三角关系的读者，我们再回顾一下：$360°$ 是 2π 弧度。

> **注意**　如果只想了解一定的量子物理学知识，以便理解基本的量子计算知识，那么你已经掌握了足够多有关海森伯不确定性原理的知识了。但若想要了解更多相关知识，则请继续阅读本节后续内容。

为了更好地阐释海森伯不确定性原理，下面先来讨论傅里叶变换。它被广泛用于任何可以被描述为波的函数中，包括电磁场、股票价格等。本质上，傅里叶变换是取一个函数（可以表示为波的函数），按其组成频率将其分解。

傅里叶变换有什么作用？给定某一波函数，通过傅里叶变换可以提取该函数中存在的不同频率成分。这可能过于简单化了，但这是一个很好的开端。更准确地说，傅里叶变换将时间函数转换为频率函数。下面来看傅里叶变换的数学原理。这种变换有多种形式，一种较为常见的形式如式 3.4 所示。

$$\hat{f}(\varepsilon) = \int_{-\infty}^{\infty} f(x)\, e^{-2\pi i \times \xi}\, dx$$

式 3.4　傅里叶变换

不熟悉上述公式也没关系，只是别被它表面的复杂性吓住了。下面将详细介绍每个符号代表的意义，即使你不懂微积分，也能掌握这个公式的内涵。

首先，看着很奇怪的符号"f"表示的是傅里叶变换，其上的符号为扬抑符（circumflex）。符号"ε"表示一些实数，读作艾普西隆（epsilon）。再到等号右边的符号，第一个是

对于没有微积分背景的读者来说，上述符号表示的是"积分"。精通积分可能很难，但其本质却很容易理解。积分就是将一个整体切分为一些小块后再累加。其中最典型的例子是求曲线下的面积。假设有一条曲线，如图 3.9 所示，要求该曲线下的面积。

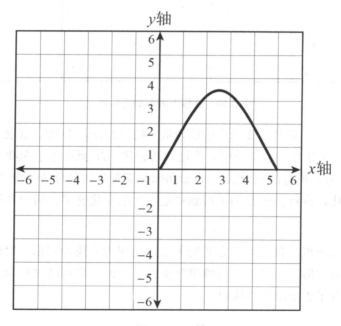

图 3.9　x/y 轴

一种方法是，不断切分得到一系列越来越窄的矩形条，然后累加这些矩形的面积，如图 3.10 所示。

随着矩形越来越窄，将所有矩形的面积累加得到的总面积将越来越接近曲线下的面积。尽管现在计算积分时不再采取这种方式，但积分的涵义正是如此。积分符号后面跟着的是要计算积分的函数。我们再回到傅里叶变换中未讲解到的符号，如

式 3.5 所示。

$$f(x)e^{-2\pi i \times \xi}$$

式 3.5　傅里叶变换的部分符号

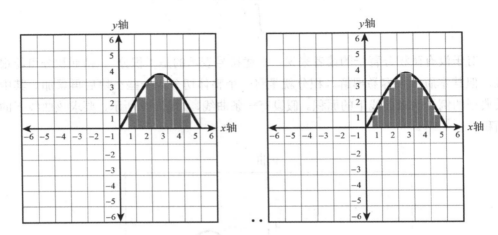

图 3.10　曲线下面积的近似解

函数 $f(x)$ 是 e（记住第 2 章中的欧拉数）的 $-2\pi i x\ \varepsilon$ 次方。选取这些特定数字的原因远远超出了本章的讨论范围。不过，请记住，2π 弧度等于 360°。最后的部分"dx"是微分符号。所有的积分法（integration）都是某些微分的积分（integral）。微分用于处理变化，进行微分是为了得到特定点上的变化速率。微分和积分互为逆运算。

这里之所以出现位置和动量之间的关系，是因为描述希尔伯特空间中两个对应正交基的波函数实际上就是彼此的傅里叶变换。至此，你可能对海森伯不确定性原理的来龙去脉有了更加深入的认识。

3.2.4　量子态

回顾一下第 1 章中的特征向量和特征值。若对于 $n \times n$ 矩阵 A，标量 λ，有

$$Av = \lambda v$$

则称 v 是矩阵 A 的特征向量，λ 是矩阵 A 的特征值。在量子力学中，量子态对应于希尔伯特空间中的向量。粒子动量等性质都与某些算子密切相关。另外，请记住，向量是矩阵。这意味着这些向量都有特征值和特征向量。在量子力学中，算子

的特征值对应于该性质的值，如动量。与该特征值对应的特征向量是一个量子态。物理学家称之为本征态（eigenstate）。

在深入探讨量子态前，我们还需要解决一个问题：为什么向量和线性代数都被用于量子物理学？这与那些没有线性代数就没有意义的结果有关。回到前面讨论过的与海森伯不确定性原理有关的位置和动量，式 3.6 表示了这种关系。

$$QP - PQ = \frac{ih}{2\pi}$$

式 3.6 位置与动量

回想一下，h 表示普朗克常数，2π 为 360°，i 表示虚数，有 $i^2=-1$。其中，h 是一个非常小的数（$6.62607004\times10^{-34}m^2\,kg/s$）。但是 $QP-PQ$ 不应该等于 0 吗？如果换作我们经常遇到的数，$QP-PQ$ 的确等于 0。比如，$4e^3-e^34=0$。这是由于乘法具有可交换性；但是，对于矩阵和向量，就不一定成立了。与（标量值的）传统乘法不同，矩阵乘法并不具有可交换性，这在第 1 章中曾用两个图阐释过。下面再用式 3.7 证实一下。

$$\begin{bmatrix} 2 & 3 \\ 1 & 4 \end{bmatrix}\begin{bmatrix} 1 & 1 \\ 2 & 3 \end{bmatrix} = \begin{bmatrix} 8 & 11 \\ 9 & 13 \end{bmatrix}$$
$$\begin{bmatrix} 1 & 1 \\ 2 & 3 \end{bmatrix}\begin{bmatrix} 2 & 3 \\ 1 & 4 \end{bmatrix} = \begin{bmatrix} 3 & 7 \\ 7 & 18 \end{bmatrix}$$

式 3.7 非交换矩阵

因此，只有将状态（例如动量和位置）表示为向量时，量子力学表示的事实才有意义。这并不是说物理学家主动选择了线性代数来描述量子态，而是这种状态最适合用线性代数来描述。

这些值可以用向量(1, 0)或(0, 1)来表示。但在量子物理学中，常用狄拉克符号（bra-ket notion）来表示。右边为右矢（ket），这是一个向量，记为 $|\psi\rangle$；左边为左矢（bra），记为$\langle\phi|$。没错，这是尖括号。

左矢和右矢合成了一个词"braket"或"bracket"。这种符号是由保罗·狄拉克（Paul Dirac）引入的，因而常被称为狄拉克符号，也常用 $a|\psi\rangle$ 表示。

量子态有系数，这些系数都是复数（若不清楚复数的概念，请再复习一下第 2 章内容），而且都与时间有关，这意味着它们会随时间变化。下面再进一步，将注意力转回海森伯不确定性原理和波粒二象性。它们讨论的量子物体（因为缺少更好的术语称谓，暂且这样称呼）都处于不同状态的叠加态，用 Φ_n 表示，而数字 P_n 则表示随机选择的系统处于 Φ_n 状态下的概率。

上述内容有助于读者更好地理解量子态，而量子态对于后面将要讨论的量子比特（quantum bit）或量子位（qubit）十分重要。量子计算中另一个十分重要的事实是，测量或观察一个状态会改变这个状态。这与你在日常生活中的发现截然相反。不管人们多么希望自己在称体重时体重有所变化，但在实际称重时，体重都不会因测量而改变。

本节简要介绍了量子态。这对于你理解后续章节即将讨论的量子位而言足够了。请记住，量子物理学的诸多现象都与直觉相悖。如果你觉得书中某些内容看着有点怪，那么恭喜你，这其实是一个好现象，表示你的确理解了。

3.2.5　量子纠缠

量子纠缠或许是迄今为止量子物理学中最奇特的现象。事实上，阿尔伯特·爱因斯坦（Albert Einstein）曾将其称为"幽灵般的超距作用"。本节无法解释量子纠缠的"原因"，因为迄今为止无人可知。谁要是能充分解释这一点的话，无疑他就是诺贝尔奖候选人。尽管如此，许多实验还是确认了其真实性。

量子纠缠始于以如下方式产生的两个粒子：一个粒子的量子态与另一个粒子有着千丝万缕的联系。在继续探讨之前，有一点非常重要，你必须意识到，即量子纠缠并不是一些理论概念，它已在无数独立的实验中得到了严格验证。

如果纠缠对中的一个粒子呈顺时针自旋，则另一个粒子将呈逆时针自旋。阿尔伯特·爱因斯坦、鲍里斯·波多尔斯基（Boris Podolsky）和内森·罗森（Nathan Rosen）在 1935 年的一篇论文中将这个过程描述为后来所谓的 EPR 悖论。爱因斯坦坚称，这意味着我们对量子物理学的理解肯定存在一些问题。EPR 悖论涉及一个思想实验或思维实验[①]。在该实验中，人们假设存在一对相互纠缠的粒子。论文提出的问题是，如果这些粒子纠缠到了状态互补的程度，那么改变一个粒子的状态时，另一个粒子的状态也会瞬间改变。从本质上讲，这意味着第一个粒子状态的信息会瞬间传输到第二个粒子。相对论告诉我们，没有什么比光速跑得更快。或者说，第二个粒子的状态必须在对任一粒子进行测量之前就被设定好。这就与理论和实验都相悖，实验

---

① 译者注：思想实验或思维实验是在想象的领域而不是在实验室里进行的实验，旨在检验至少用现有的科学设备无法检验的思想、理论和假设，常用于探索无法经验性检验或观察的复杂课题。

表明粒子在被测量之前处于叠加态，直到测量时波函数坍缩成单一状态。于是，悖论产生了。

EPR 悖论在物理学领域引起了巨大争论。1951 年，大卫·博姆（David Bohm）[1]发表了一篇论文，提出了 EPR 思想实验的一种变体，用本书之前探讨过的数学公式来表达如式 3.8 所示：

$$S_x = \frac{\hbar}{-2}\begin{bmatrix}0 & 1\\1 & 0\end{bmatrix}, \ S_y = \frac{\hbar}{-2}\begin{bmatrix}0 & -i\\i & 0\end{bmatrix}, \ S_z = \frac{\hbar}{-2}\begin{bmatrix}1 & 0\\0 & -1\end{bmatrix}$$

式 3.8 自旋矩阵

上式中带横杠的 h 和矩阵分别是之前讨论过的约化普朗克常数和泡利矩阵。S_x、S_y 和 S_z 分别是 x 轴、y 轴和 z 轴上的自旋。博姆接着使用这种简单的数学表示方法来研究两个纠缠粒子的状态。然而，尽管存在明显悖论，许多实验还是证实了量子纠缠的存在。

2013 年，研究人员创造了两对纠缠光子，并证明了纠缠光子的极化是相关的，且与时空距离无关。虽然我们不知道其缘由，但这又是一个证明量子纠缠真实存在的实验。一直到 2015 年，证实量子纠缠的确存在的实验仍在持续。

相互纠缠的粒子一般不被视为单个粒子，而是作为一个整体来处理。整个系统的状态是每个局部成分的总和或叠加。粒子纠缠的方式多种多样。比如，亚原子粒子的衰变就是其中的一种。我们发现，如果将两个纠缠的粒子分开，先测量其中一个粒子的性质，比如自旋，再测量另一个粒子的性质时，就会发现这两个粒子是互补的。它们相互纠缠。

对于量子纠缠有几种不同的解释，但没有一个被证实。全面研究量子纠缠超出了本章乃至本书讨论的范围，但请记住，量子纠缠的实在性已被实验多次证实。不过，我们可以简要回顾有关量子纠缠的一些理论解释，即使是那些在物理学界可能已经失宠的解释。

隐变量假说（hidden variables hypothesis）认为，粒子实际上存在一些隐变量，使得其性质（比如自旋）在分离的那一瞬间就被决定了。这意味着非局域性的确不存在，只有一些并不知晓的变量。爱因斯坦就同意这种观点。不过，至今仍未有实验提供支持。

---

[1] 也译作戴维·玻姆。

我们也知道，量子纠缠是自发的。例如，在多电子原子中，电子壳总是由纠缠的电子组成。所以，纠缠不仅是物理学家对自然进行实验的结果，也是大自然真实运作的方式。

3.3　小结

本章涉及一些难以理解的内容，但若要深入了解量子计算，就必须充分理解这些内容。因此，在继续学习后面的内容前，先要完全理解本章内容。某些读者，尤其是那些没有数学或物理背景的读者，可能还需要多次复习本章，甚至还要再回顾前两章的内容。

量子物理学通史对于入门者了解背景知识十分重要。这段历史中，最重要的两个概念是黑体辐射和波粒二象性。大致理解希尔伯特空间有助于理解后续内容。此外，理解海森伯不确定性原理也很重要。量子态是本章的关键内容。理解量子态及对应符号表示的意义对于理解量子计算至关重要。量子位本质上是存储在量子态中的数据。

第 6 章"量子理论基础"将深入探讨量子力学。在学习第 6 章之前，读者应当大致理解本章内容。本章与前面的两章为后续学习奠定了基础，掌握这些内容对深入理解量子物理乃至量子计算大有裨益。

章节测试

复习题

1. 下列对于光的描述中，哪个选项最恰当？

    a. 光是粒子或微粒。

    b. 光是波。

    c. 光既不是粒子，也不是波。

    d. 光既是粒子又是波。

2. 量子物理学中为何使用"量子"这个术语？

    a. 粒子具有特定的能量态，而非连续的状态。

  b. 粒子的能量可以量化。

  c. 粒子的状态可以量化。

  d. 物理学是高度数学化的（即可量化的）。

3. 以下哪个选项是对泡利不相容原理的最佳描述？

  a. 两个费米子无法同时占据同一亚轨道。

  b. 两个费米子在同一个量子系统中无法占据同一量子态。

  c. 两个费米子无法同时占据同一能级。

  d. 两个费米子无法同时占据同一轨道。

4. 下列有关 p 亚轨道电子的描述中，哪个选项最佳？

  a. 无论哪种形状，最多都只能有 6 个电子。

  b. 最多有 6 个电子，但它们可以处于任何位形。

  c. 最多有 6 个电子，但它们的自旋方向必须相同。

  d. 最多有 6 个电子，且都是成对的，每对的自旋方向都相反。

5. 什么是柯西序列？

  a. 序列收敛于向量空间中的某个元素

  b. 量子态序列

  c. 量子纠缠的序列

  d. 定义向量空间的向量序列

6. 什么类型的数学函数提取了波函数中的频率？

  a. 泡利不相容原理

  b. 柯西序列

  c. 傅里叶变换

  d. 积分

7. 下列关于特征状态的描述中，哪个选项最佳？

  a. 它是特征值的别称。

  b. 它是特征值和特征向量的组合。

  c. 它是特征向量的当前状态。

  d. 它是对应于某种运算的特征向量。

8. 符号⟨ϕ|表示什么？

   a. 狄拉克符号的右矢（ket）部分

   b. 狄拉克符号的左矢（bra）部分

   c. 粒子的当前状态

   d. 波函数

9. 下列方程式表示什么？

$$B_v(v, T) = \frac{2hv^3}{c^2} \frac{1}{e^{hv/kT} - 1}$$

   a. 普朗克黑体辐射

   b. 基尔霍夫黑体能量

   c. 柯西序列

   d. 傅里叶变换

第 **4** 章

量子计算的计算机科学基础

我猜阅读本书的大多数读者都或多或少了解计算机。如若不然，那就很令人惊讶了。你可能觉得没有必要花费一整章来介绍计算机科学基础知识，但请你先问自己一个简单的问题：什么是计算机科学？它是编程吗？或者是网络设计？又或者是机器学习？这些科目都与计算机科学相关，并且往往能在计算机科学学位课程中找到。不过，计算机科学更基础，它更关注如何设计算法，而不是如何用特定语言编写算法。计算理论的目的在于如何使用特定算法或计算模型高效地解决问题，这也是计算机科学的关键。计算复杂性是计算机科学中另一个重要内容。这些主题也涵盖于大多数计算机科学学位的课程，但可能不包括在如计算机信息系统、软件工程、商业计算等计算机相关学位的课程中。因此，许多读者可能对这些主题没有足够的了解，而那些研究过这些主题的读者也可能需要稍微复习一下。

说得更清楚一点，计算机科学是对计算和信息的研究。有人说，计算机科学的核心可以用这样一个问题来总结：怎样才能有效实现自动化？

显然，仅此一章的内容并不能取代计算机科学的学位课程，甚至抵不上一门计算机科学课程。但本章的目的与先前学过的其他章节大致相同，只是确保读者有足够的知识储备来继续阅读本书后续内容，从而掌握量子计算。

你可能会认为计算机科学肇始于 20 世纪中期，但事实上，那时它早就成为社会的重要组成部分了。早在 1672 年，戈特弗里德·莱布尼茨（Gottfried Leibniz）发明了一种称为踏式计算器①（Stepped Reckoner）的机械计算器。不过，大多数科学历史学家都认为查尔斯·巴贝奇（Charles Babbage）才是计算机科学之父。巴贝奇生活在 1791 年到 1871 年，他发明了第一台机械计算机。他从差分机（difference machine）这一概念开始，但最终失败了；后来，他将研究对象转向了分析机（analytical machine）。到了 20 世纪 40 年代，计算机才开始像我们今天熟知的那样。例如，1946 年由美国陆军弹道研究实验室建成的 ENIAC 计算机是第一台电子通用数字计算机。ENIAC 计算机在 30 秒内就能计算完一个轨迹，而人类则需花费 20 个小时，它的计算能力显而易见。

显然，从那时起，计算机和计算机科学得到了飞速发展。这当中有许多子领域，理论计算机科学就是其中之一。数据结构、算法和计算理论与本书的目标更相关，这些内容将在本章进行探讨。信息论也与量子计算有关，第 5 章 "信息论基础" 将专门探讨这个主题。此外，本章还涉及计算机架构。

4.1 数据结构

数据结构是存储数据的一种正式方式，同时也定义了数据的处理方式。这意味着，对任何给定的数据结构下定义时都必须详细说明数据是如何存储的，以及这种特定数据结构传输数据的方法有哪些。有许多定义明确的数据结构用于多种情形。不同的数据结构适用于不同的应用程序。本节将讨论几种较为常见的数据结构。数据结构是计算机科学的基础。

量子计算机为实现计算机科学提供了一种不同的方式，不过它仍属于计算机科学。这意味着像数据结构这样的基本知识仍然很重要。因此，理解经典的数据结构将有助于理解量子计算。

---

① 译者注：也译作 "步进计算器"。

4.1.1 列表

列表是最简单的数据结构之一。它由一组有序元素构成，每个元素可以是一个数字、另一个列表等。列表通常表示如下：

(a, b, c, d, ...)

许多其他的数据结构都是对这个基本概念的某种扩展。列表可以是同质的，也可以是异构的。这表明，列表中元素的类型可以相同，也可以不同。如果你有集合论的背景，那么你对这些内容应该很熟悉。列表就是一个集合。

在大多数编程语言中，最常见的列表就是数组，而数组往往是同质的（也就是说，数组中的所有元素具有相同的数据类型）。值得一提的是，一些面向对象的编程语言提供了一种称为集合的列表类型，它是异构的（即该列表中元素的数据类型可能是不同的）。

要将数据添加到列表中，只需将这个数据追加到列表末尾或根据索引号将其插入到指定位置。若要删除数据，则需要引用一个特定的索引号并获取该数据。而这恰好是列表最主要的弱点之一：列表可能很快就会变得混乱。这是因为，可以插入数据到列表中的任何位置，也可以从任何位置删除数据。即使列表是排好序的，随机插入数据也会导致信息熵（informational entropy）。

使用列表的理想场景是，只需存储数据，且数据在进出存储空间时的顺序并不重要。尤其是当想要能在存储空间中的任何一点上随意增删数据，而非按照特定顺序时，列表就是一种再合适不过的数据结构。

最常见的列表类型是链表。链表中的每一节点都链向下一节点。还有双向链表（double-linked list），其每一节点都与相邻节点链接。图 4.1 所示为单链表的基本结构。

图 4.1　单链表的基本结构

下面是一个简单链表的代码。

```c
struct node {
  int data;
  int key;
  struct node *next;
};
//insert link at the first location
```

```
void insertFirst(int key, int data) {
  //create a link
  struct node *link = (struct node*) malloc(sizeof(struct node));

  link->key = key;
  link->data = data;

  //point it to old first node
  link->next = head;

  //point first to new first node
  head = link;
}
int length() {
  int length = 0;
  struct node *current;

  for(current = head; current != NULL; current = current->next) {
    length++;
  }

  return length;
}
```

4.1.1.1 队列

队列是一种特殊列表，常被简单实现为数组。队列存储数据的方式与列表相同，但对数据的处理方式有所差异。队列在增删数据时比列表更正式。在队列中，数据按照先进先出（first-in, first-out，FIFO）的原则处理。通常会有一些数字指针来指明最后一个输入数据的位置（通常称为队尾）和最后一个提取数据的位置（通常称为队首）。将数据插入到队列中称为入队，从队列中删除数据称为出队。队列结构如图4.2 所示。

图 4.2 队列

显然，队首和队尾也必定朝某个方向移动，这往往通过简单的增量法（C、C#、Java 语言中的++运算符）来实现。这表明，图 4.2 中的队列正在朝右移动。队列是一种实现起来相对简单的数据结构。以下是以类（class）实现队列的类 C 语言伪代码。

```
class Q
{
    stringarray[20]; // this queue can hold up to 20 strings int head, tail;
            void enqueue(string item)
            {
                stringarray[head] = item; head++;
            }
            string dequeue()
            {
                return stringarray[tail]; tail++
            }

}
```

在队列中，数据要按顺序依次增删，这与在列表中极为不同。在列表中，数据可以在任何位置上进行增删，而在队列中，这总是发生在序列中的下一个位置上。不过，处理队列时常常会遇到以下两个问题。第一，如何处理到达队尾的情形。通常的做法是创建一个所谓的循环队列（circular queue）。当队首（或队尾）到达队列末端时，数据又从头开始。回顾图 4.2，队首或队尾到达队列末端时，简单地重新定位回队列开端。在上述代码示例中再添加如下伪代码即可：

```
if (head==20) head = 0;
```

以及

```
if (tail == 20 ) tail = 0;
```

第二，如果队首添加新数据的速度快于队尾处理数据的速度，将会怎样？如果编码不当，队首就会超过队尾，同时队列中未被处理的节点会被覆盖。于是，这些数据将丢失，并且永远不会被处理。这表示，添加的新数据将会占据队列中存有尚未处理的数据的空间，而这些未处理的数据将丢失。解决这一问题需要在队首即将赶上队尾时停止增添新的数据。此时，可通过向用户发送一条"队列已满"的消息来进行沟通。

当然，除循环队列外，还有一种做法，那就是有界队列（bounded queue）。有界队列是一个只能包含有限数据的队列。当达到这个界限时（即到达队列末端时），队列就满了。显然，队列的这种实现方式在某种程度上是受限的，而且，与无界队列（即无限队列，如循环队列）相比，有界队列更不常见。

队列是一种非常有效的数据结构，日常生活中的许多情形下，你都会见到。比如，使用打印机时就常常遇到队列。当有多个打印任务等待处理时，打印机通常使用队列来保存这些任务。当然，打印机也会遇到循环队列。队列超载时，你会收到一条"打印队列已满"的消息。程序设计中，当使用的数据顺序与保存的数据顺序相同，想以先进先出的方式有序处理数据时，队列就是一种理想的数据结构。

4.1.1.2　栈

栈（stack）是一种数据结构，它是一种特殊的列表，其元素只能在栈顶（top）添加或删除，如图 4.3 所示。将数据插入栈中，称为入栈（push）；从栈中删除数据，称为出栈（pop）。在此情形下，最后放入的元素最先被删除，也称后进先出（last in, first out，LIFO）原则。栈可以类比作日常生活中的一叠盘子。最后放入的元素最先出栈，所以栈并不需要指针（pointer）。

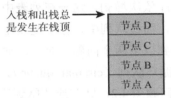

入栈和出栈总是发生在栈顶

节点 D
节点 C
节点 B
节点 A

图 4.3　栈

这种特殊数据结构的潜在问题在于处理数据时实行 LIFO 原则。假如栈中已经积累了许多数据，那么要想获取最先放在栈中的数据，就必须处理完后续放进栈中的所有数据。因此，栈主要用于短时间内存储少量数据。临时存储区域中就能找到栈。这里有必要比较一下 LIFO 和 FIFO 原则。FIFO 数据结构要求第一个输入的数据最先输出，栈与此有些相似，但出栈和入栈发生在列表的不同端，如图 4.4 所示。

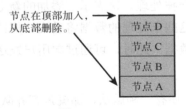

节点在顶部加入，从底部删除。

节点 D
节点 C
节点 B
节点 A

图 4.4　FIFO

如前所述，某些计算机内存结构和 CPU 寄存器常常会用到栈。不过，对于很多的标准数据处理任务，栈结构遵循的后进先出原则使得它并非最佳选择。例如，如果网络打印机使用栈而不是队列，那么它就总会试图先处理最后一项任务。随着新任务的不断添加，发送至打印机的第一项任务完全有可能需要等待数小时甚至数天才完成。这显然令人难以接受。

以下是包含全部操作的完整栈类代码。

```
class MyStack
{
  void push(int data) {
    if(!isFull()) {
      top = top + 1;
      stack[top] = data;
    } else {
      printf("Could not insert data, Stack is full.\n");
    }
  }
  int pop(int data) {

    if(!isempty()) {
      data = stack[top];
      top = top - 1;
      return data;
    } else {
      printf("Could not retrieve data, Stack is empty.\n");
    }
  }
  bool isfull() {
    if(top == MAXSIZE)
      return true;
    else
      return false;
  }
  int peek() {
    return stack[top];
  }
}
```

4.1.1.3　链表

链表这一数据结构，其每一节点都有一个指针（或链接）指向下一节点或上一节点，但并不同时指向两者（稍后将讨论的双向链表则可以同时指向两者）。这可能非常有用，因为当出于某种原因移走某一节点时，可以知道链表中的下一节点。给定链表中的任意一个节点，就能够知晓其下一节点或上一节点，但不能同时获得。

链表存在一个问题，如果不实现为依次按顺序处理数据（如遵循先进先出的方式），链表的任何地方将都能增删数据（这就与列表相同）。也就是说，插入或删除数据时，必须调整邻近节点的指针。例如，请思考图 4.5。

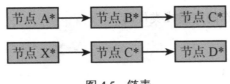

图 4.5   链表

方框中的每一节点（B*、C*等）都是指向链表中下一节点的指针。"*"表示法与 C/C++中用来表示指针的方法相同。请注意，当 X 节点被插入到 A 节点和 B 节点之间时，A 节点的指针也必须同时被更改，以使其指向 X 节点而非 B 节点。同样，删除某一节点时，也会发生类似情况。不过，若数据总是按顺序依次增删，例如遵循先进先出原则，受影响程度将降到最低。

4.1.1.4   双链表

双链表（也叫双向链表）这种数据结构，其每一节点都有一个指针（或链接）指向前一节点和后一节点。它是链表的一种合理的进化。双链表是很高效的，因为任一节点都能链接到前一节点和后一节点。实际上，双链表的源代码与链表完全相同，只不过前者有两个指针：一个指向前一节点，另一个指向后一节点。

注意，还有一种特殊的双链表结构，称为双循环链表，其第一个节点和最后一个节点相互链接。单链表和双链表都可以成为双循环链表。想要遍历双循环链表，可以从任意节点开始，并沿任意方向搜索，直至返回原始节点。换一种方式来看，双循环链表可被视为既没有起点又没有终点的链表。这种类型的列表对管理缓冲区很有用。

双链表的循环链接版（即双向循环链表）是打印机缓冲区的理想选择。这种数据结构可让打印机缓冲区中的每个文档都知晓自己两侧的文档。这是由于它有一个双链表（每一节点都有一个指向前一节点和后一节点的指针），并且最终节点又链接回最初节点。这种数据结构提供了一条完整的数据链。

无论使用哪种方法来实现双链表（双循环链表等），它都与链表一样复杂。插入或删除数据时，指向待插入或待删除数据的其他节点指针也需同步更新。双链表和单链表的唯一区别是，在双链表中插入或删除某一节点时，前后节点对应的指针也需同步更新，而非只更新前一节点或后一节点中的指针。双链表如图 4.6 所示。

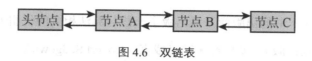

图 4.6　双链表

4.1.2　二叉树

另一种有趣的数据结构是二叉树（binary tree）。二叉树是一种有序的数据结构，每个节点最多有两个子节点。子节点常被称为左右节点。例如，在图 4.7 中，"科学"这个节点就分别有一个左子节点"物理"和右子节点"生物"。

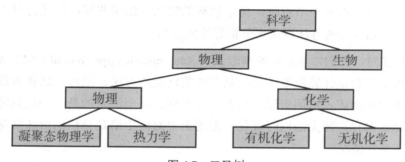

图 4.7　二叉树

二叉树的一种常见用法是二叉查找树。从图 4.7 可以看出，二叉树的每一节点都存在与该父节点相关的子节点。这正是二叉树的用武之地（即当数据间存在很强的父子关系时）。

二叉树是一种数据结构，而二叉查找树是可供检索的有序二叉树，又称二叉排序树。实际上，树结构种类繁多，二叉树只是其中较为常见的一种。

4.2　算法

开始研究算法前必须先定义什么是算法。算法是解决问题的一种系统方式。苹果派的菜谱也是一种算法。照着菜谱做，就会得到期望的结果。算法是计算机编程的常规组成部分，也是计算机科学不可分割的一部分。事实上，正是算法证明了量子计算机会破坏网络安全和密码学。彼得·肖尔（Peter Shor）开发了肖尔算法，该算法证明了量子计算机可以在多项式时间内将整数分解为质数因子。我们将在本书后面部分详细讨论肖尔算法。此外，其他量子算法也将一并探讨，在第 16 章 "使用 Q#" 和第 17 章 "使用量子汇编语言" 会涉及量子算法的编写。如果你想深入地了解算法，培生公司（本书的出版商）还出版了一些与算法相关的优质书籍，包括：

- 《算法》（第四版），罗伯特·塞奇威克（Robert Sedgewick），普林斯顿大学

- 《算法分析导论》（第二版），罗伯特·塞奇威克，普林斯顿大学

仅有某个可完成任务的算法是不够的。计算机科学致力于寻求最有效的算法。因此，分析给定算法的有效性也很重要。如果某种算法达到了预期效果，那么该算法就是有效的。但真正的问题在于这种算法的工作效果如何。如果对一个包含十个节点的列表进行排序，由于涉及的数据量较小，因而排序时间显得并不那么重要。但当该列表包含一百万个节点时，排序耗费的时间及选用的算法就显得至关重要。好在有一些明确定义的方法可用来分析算法的优劣。

分析算法时，我们常考虑它的渐近上界（asymptotic upper bound）和下界。渐近分析是一种用于衡量计算机基于算法复杂性的性能的方法。通常，这种方法以算法实现时耗费的时间或占用的资源（内存）为指标。需要注意的是，一般只能优化时间消耗或降低内存，而无法同时优化。渐近上界对应于给定算法的最坏情况，渐近下界则对应最佳情况。

某些算法分析师倾向于使用平均情况；但是，了解最佳情况和最坏情况有时非常有用。简单来说，渐近上界和下界都必须在给定参数范围内，而你必须做好最坏的打算。

渐近上界和渐近下界之间出现这种差异的原因与集合的初始状态有关。如果将排序算法应用于一个处于最大无序程度的集合上，则该排序算法运行所需的时间就是渐近上界。另一方面，如果该集合非常接近已排序，则可能接近或达到渐近下界。

大 O 表示法（Big O notion）是正式评估某种算法有效性的最常用方法。该方法是对算法执行的度量，通常是在给定问题大小 n 的情况下求所需的迭代次数。排序算法中，n 表示需要排序的节点数。算法 $f(n) = O(g(n))$ 表示它小于 $g(n)$ 的某个常数倍数，称 $f(n)$ 以 $g(n)$ 为界。称一个算法是 $2N$ 的，表示它必须执行两倍于列表节点数的迭代。大 O 表示法本质上度量了一个函数的渐近上界。

大 O 表示法由数学家保罗·巴赫曼（Paul Bachmann）在其 1892 年发表的著作《解析数论》（Analytische Zahlentheorie）中首次提出，而经另一位数学家埃德蒙·兰道（Edmund Landau）推广，因而有时也被称为兰道符号。

小 O 表示法（Ω）与大 O 表示法相对，表示算法的渐近下界，它给出了算法的

最佳情况，以及算法完成所需的最短时间。

西塔表示法（Θ）结合了大 O 表示法和小 O 表示法，给出了算法的平均情况（这里取算术平均）。我们将重点关注西塔表示法，通常也称之为大 O 运行时间（Big O running time），它更接近算法真实执行时的情景。

了解了如何分析算法复杂度和有效性以后，下面来看一些广为研究的排序算法，并运用上述分析工具。本节挑选的排序算法都非常常见。如果上过算法分析课，你肯定遇到过它们。

4.2.1 排序算法

排序算法容易理解，而且很常见，所以常用来引导大家步入算法研究领域。排序算法种类繁多，下面将介绍其中最常用的一些。当然，你也可以自行探讨其余算法。以下是本节中未涉及的一些排序算法：

- 归并排序法
- 梳排序法
- 堆排序法
- 希尔排序法
- 桶排序法
- 基数排序法

4.2.1.1 快速排序法

快速排序法是一种非常常用的算法。这种算法是递归的（recursion），这表明它只是重复地调用自己，直到列表完成排序为止。有些书中甚至会将快速排序法称为合并排序法（merge sort）的一种更有效版本。在有些情形下，快速排序法与合并排序法的时间复杂度相同（$n \ln n$）；然而，不同之处在于，这也是它的最佳情况。它还有一个时间复杂度 $O(n^2)$，表明它的最坏情况是相当低效的。因此，数据量大的列表可能难以接受最坏情形。

该递归算法包括 3 个步骤（这与合并排序法的步骤极其相似）。

步骤 1： 从数组中挑出一个元素作为"基准点"（pivot point）。

步骤 2：以基准点为分割点，将数组分成两部分。一部分大于基准点，另一部分小于基准点。显然，基准点就在其中。

步骤 3：对原数组的两部分递归地重复该算法。

有趣的是，快速排序法的有效性受所选基准点的影响较大。最坏的情况是，序列已排序，所选的基准点是该序列最左侧的元素，此时该算法的时间复杂度为 $O(n^2)$。如果待排序的数据不是随机的，那么建议随机选择一个基准点，而非直接使用最左侧的元素。只要基准点是随机选择的，快速排序法的时间复杂度就是 $O(n \log n)$。以下是快速排序法的源代码，应该会对读者理解该算法有帮助。

```
void quicksort(int number[25],int first,int last){
  int i, j, pivot, temp;

  if(first<last){
    pivot=first;
    i=first;
    j=last;

    while(i<j){
      while(number[i]<=number[pivot]&&i<last)
        i++;
      while(number[j]>number[pivot])
        j--;
      if(i<j){
        temp=number[i];
        number[i]=number[j];
        number[j]=temp;
      }
    }

    temp=number[pivot];
    number[pivot]=number[j];
    number[j]=temp;
    quicksort(number,first,j-1);
    quicksort(number,j+1,last);

  }
}
```

4.2.1.2　冒泡排序法

冒泡排序法是最古老、最简单的排序算法。说它简单，是指从编程的角度来看，这种排序法很容易实现。不幸的是，它也是最慢的一种，它的时间复杂度为 $O(n^2)$。

这意味着处理数据量大的列表时，速度很慢。与大多数排序法一样，冒泡排序法的最佳情况（渐近下界）是 $O(n)$。

冒泡排序法的工作原理是将列表中的每个节点与相邻节点相比，必要时互换节点顺序。这种算法重复地走访要排序的列表，直至没有需要交换的元素为止（换句话说，当列表中所有元素顺序都正确就完成了排序）。这会使得较小的元素慢慢"浮"到列表顶端，而越大的元素慢慢"沉"到列表底端，故名"冒泡排序法"。

冒泡排序法通常被认为是使用效率最低的排序算法。最佳情况（列表已排序）下，该算法的时间复杂度稳定在 $O(n)$。而一般情况下，该值是 $O(n^2)$。

尽管冒泡排序法是可用算法中较慢的一种，但该算法极为常见，因为它很容易实现。对算法效率和算法分析缺乏深入理解的程序员很多会采用冒泡排序法。

至此，我们学习了两种常见的排序算法，想必你对算法和算法分析有了大致的了解。

4.2.1.3　欧几里得算法

欧几里得算法（Euclidean algorithm）是用于计算两个整数的最大公约数（greatest common devisor）的一种方法。听上去这似乎微不足道，但如果数字很大，则不然。欧几里得算法包含一系列步骤，每一步的结果是下一步的输入。假设 k 是记录算法执行步数的整数，从零开始。那么，初始时 $k = 0$，后续步骤依次对应 $k = 1$、$k = 2$、$k = 3$，等等。

第一步后的每一步都从前一步运算剩下的两个数开始：$r(k-1)$ 和 $r(k-2)$。你将注意到，每一步剩下的数都小于上一步剩下的数，因此，$r(k-1)$ 小于 $r(k-2)$。这是有意为之，同时也是该算法运行的核心。第 k 步的目的是寻找商 $q(k)$ 和余数 $r(k)$，使其满足以下方程：

$$r(k-2) = q(k) \times r(k-1) + r(k)$$

上式中，$r(k) < r(k-1)$。换言之，将较小的数（$r(k-1)$）的若干倍从较大的数（$r(k-2)$）中减去，直到余数小于 $r(k-1)$。

这个文字解释可能仍不太清楚，下面举例说明：

令 a=2322，b=654，则

2322 = 654×3+360   （也就是说，360 是余数）

于是可得最初的两个整数"2322"和"654"的最大公约数，gcd(2322, 654)，等于 gcd(654, 360)。

这仍然不够简便，再次使用这个算法后得到：

654 = 360×1+294   （余数是 294）

于是得到 gcd(654, 360) = gcd(360, 294)。

不断运行该算法，直至运算结束：

360 = 294×1+66   gcd(360, 294) = gcd(294, 66)

294 = 66×4+30   gcd(294, 66) = gcd(66, 30)

66 = 30×2+6   gcd(66, 30) = gcd(30, 6)

30 = 6×5   gcd(30, 6) = 6

因此，gcd(2322, 654) = 6。

这个过程非常方便，可用来求解任意两个数的最大公约数。

基于种种原因，欧几里得算法非常重要。它不仅与密码学有关（本书后续将详细介绍），也是递归算法的经典例子。本书后续还将深入探讨该算法。

4.3 计算复杂性理论

计算复杂性理论（computational complexity theory）主要研究计算问题，并根据计算问题的难度对其进行分类。这与前面讨论过的算法分析密切相关。反过来，计算难度又是由待解决的问题所耗费的资源来决定的。最著名的问题可能是 P 与 NP 的关系问题。P 指可以在多项式时间内解决的问题，而 NP 则是可以在多项式时间内验证答案（如果有的话）的问题，但在多项式时间内并没有解决的方法。简单地说，P 表示计算机在多项式时间内可解决的问题，而 NP 则是在多项式时间内不可解但可检验的问题。这个问题很简单，P 和 NP 问题探寻的是其答案可被计算机快速验证的问题是否也可被计算机快速解决。那么，P 等于 NP 吗？如果 P 等于 NP，那么对于所有的 NP，在多项式时间内都有一种方法可以进行求解；只不过我们尚未发现这种方法。现今，大多数数学家都认为 P 并不等于 NP，不过至今仍未有人能够证明。这是千禧年大奖难题[1]之一。更多有关千禧年大奖难题的信息，可以访问 http://www.broadview.com.cn/44842/0/1。

计算复杂性理论和算法分析不太关心寻求某一具体问题或特定实例的解决方法，而是旨在寻找一个可应用于整类问题的解决方案。因此，某个问题的计算复杂性相当重要。下面将介绍计算复杂性的一些指标。由于本书后续将花费大量篇幅在量子算法上，因而大致了解计算复杂性非常重要。下面几个小节给出了计算复杂性的几种度量指标。

4.3.1　圈复杂度

圈复杂度或循环复杂度（cyclomatic complexity）是由托马斯·麦凯布（Thomas McCabe）于 1976 年提出的。其定义为给定代码中线性独立路径的数量。如果代码中不包含分支节点（如 if、switch 等判断语句），那么这段代码的圈复杂度为 1。这段代码中只有一条线性独立路径。这是一个有向图[2]，其中节点是程序或函数的基本模块，边负责连接这些节点。圈复杂度的定义如下：

$$C = E - N + 2P$$

其中，E 为图的边数，N 为图的节点数，P 为连接组件数。

麦凯布只整合了图论中最基本的元素；但是，将问题表述为图之后，图论就能发挥重要作用。换句话说，将该定义扩展到图论中的其他元素，如加权节点和边、节点的关联函数，甚至更复杂的图论（如谱图），都不再是过于艰巨的任务。不过，鉴于本章侧重于复杂度，因此，了解复杂度的研究方法才与本章内容密切相关。

4.3.2　霍尔斯特德度量指标

霍尔斯特德度量指标是由莫里斯·霍尔斯特德（Maurice Halstead）于 1977 年提出的用于衡量软件复杂度的指标，如表 4.1 所示。

---

[1] 译者注：千禧年大奖难题（Millennium Prize Problems）又称世界七大数学难题，是由美国克雷数学研究所（Clay Mathematics Institute, CMI）于 2000 年 5 月 24 日公布的七个数学猜想。

[2] 译者注：有向图（directed graphs）指的是每条边都由两个顶点组成有序偶对的图。或者指每条边都是有向边的图。

表 4.1　霍尔斯特德度量指标

指　　标	值
n_1	求异算子（distinct operator）的数量
n_2	求异操作数（distinct operand）的数量
N_1	算子出现的总次数
N_2	操作数出现的总次数
n_1^*	潜在算子的数量
n_2^*	潜在操作数的数量

霍尔斯特德运用这些指标提出了如下计算软件复杂度的基本公式：

程序长度（**program length**）：$N = N_1 + N_2$

程序词汇表长度（**program vocabulary**）：$n = n_1 + n_2$

代码量（**volume**）：$V = N \times \log_2 n$

程序难度（**difficulty**）：$D = \dfrac{n_1}{2} \times \dfrac{N_2}{n_2}$

编程工作量（**effort**）：$E = D \times V$

虽然这些数学公式很简单，但理解这些概念大有裨益。例如，程序长度等于算子出现的总次数加上操作数出现的总次数。这种计算软件复杂度的方法紧握程序中重要内容的本质，抓的是活动发生的点（算子和操作数）。编程工作量的计算也相当有效：代码量乘以程序难度。反过来，基于算子和操作数的程序难度计算公式也能预测它。

4.4　编码理论

编码理论是计算机科学中另一个重要内容，旨在研究各种代码并提高运算效率。编码类型主要有以下 4 种：

- 检错码（error control）

- 数据压缩（data compression）

- 线性编码（line coding）

- 保密编码（cryptographic coding）

错误检测和纠正是计算机科学领域的核心内容，包括网络通信。检测错误的方法很多,其中最容易理解的两种方法分别是校验和(checksum)与循环冗余检验(cyclic redundancy check, CRC)。校验和是数据项的和,通常使用模算术(modular arithmetic)。接收方可以重新计算该和,并将其与发送方计算出的数据相比,以检测错误。循环冗余检验(CRC)与此类同。通常,CRC 基于多项式除法得到的余数。

数据压缩很常见,它指的是对数据进行压缩,解压时仍完好无损。你可能用过一些数据压缩的算法——如 WinZip、7-Zip 或 RAR。数据压缩主要有两种类型。一种是无损的,顾名思义,压缩过程中并不会丢失任何一点数据。另一种则是有损的。一种流行的无损算法是 Lempel-Ziv 压缩法。尽管会丢失部分位数据,但丢失的这部分无关紧要。JPEG、MPEG 和 MP3 格式使用的是有损类型的数据压缩。

线性编码是用于表示传输线上的数据的一种模式。例如,如果计算机使用典型的电缆连接网络,那么数据就必须表示为电压模式。在光纤电缆中,数据必须用光波表示。

保密编码是更改数据的过程,以便只有使用正确的密钥才能恢复。密码算法主要有两个分支:对称和非对称。对称算法使用相同的密钥进行加密和解密,例如 AES、Serpent、Blowfish 和 RC4;非对称算法在加密和解密时使用的密钥不同,例如椭圆曲线加密技术(Elliptic Curve Cryptography)、RSA 和 NTRUEncrypt。

上述几种迥然不同的编码方法都隶属于编码理论。理解如何高效地编码和解码信息是大多数计算机操作的关键。当然,如果没有线性编码技术是不可能实现网络通信的。同样,如果没有数据压缩编码技术,也就不可能实现多媒体技术。

4.5　逻辑门

逻辑门在计算机科学中扮演着重要角色,是量子计算的关键。传统计算机中,逻辑门通常由晶体管或类似物体来实现,它们对输入执行一个基本的逻辑运算以产生输出。请记住,经典的计算机只能理解 1 和 0。因此,二进制数及二进制运算是这些计算机的基本工作方式。你可能会用计算机执行三角函数或微积分运算,但在此之前,这些内容必须先分解为众多二进制的数学步骤。

学习逻辑门之前,我们先简要讨论一下基本的二进制运算。许多读者可能已经熟悉这些内容了,如若不然,请仔细阅读,因为这些内容对于理解经典计算机的逻辑门而言非常重要。二进制计数系统是从戈特弗里德·莱布尼茨(Gottfried Leibniz)

发展起来的。他和艾萨克·牛顿（Isaac Newton）分别在自己的国度里独自研究并发现了微积分。我们感兴趣的三项运算分别是与（AND）、或（OR）和异或（XOR）。

4.5.1 与

要执行与运算，需要取两个二进制数并对同一个二进制位进行比较。如果两位数在同一个二进制位都为 1，则结果也为 1，否则就为 0，如下所示。

```
1 1 0 0
1 0 0 1
1 0 0 0
```

4.5.2 或

或运算检验的是任意两个二进制数在同一个二进制位下，其中的一位或两位是否包含 1。若至少有一位包含 1，则运算结果为 1，否则就为 0，如下所示。

```
1 1 0 0
1 1 0 1
1 1 0 1
```

4.5.3 异或

异或运算检验的是任意两个二进制数在同一个二进制位下，是否只有其中的一位（而不是两位）包含 1。如果只有一位包含 1，另一位不包含 1，则运算结果为 1，否则就为 0，如下所示。

```
1 1 0 1
1 0 0 1
0 1 0 0
```

术语异或指的是"专门或"（exclusively OR），而非"和"/"或"。异或运算的有趣性质之一在于它具有可逆性。如果将第二个数与异或后得到的数进行异或运算，将得到第一个数；同样，如果将第一个数与异或后得到的数进行异或运算，将得到第二个数，如下所示。

```
0 1 0 0
1 0 0 1
1 1 0 1
```

20 世纪 30 年代，日本电气股份有限公司（NEC）一位名叫中嶋章（Akira

Nakashima）的工程师发明了开关电路理论（switching circuit theory），该理论使用只有两个数值的布尔代数。这也常被视作现代逻辑门的开端。逻辑门中使用的符号标准最初是 ANSI/IEEE Std 91-1984，之后是其修订版 ANSI/IEEE Std 91a-1991。

4.5.4 逻辑门的应用

与门使用二进制与运算实现了一个真值表。先考虑 ANSI/IEEE 标准下的与门图示（如图 4.8 所示）可能有助于理解。

图 4.8 与门

两个输入通过与门后得到一个输出。参照一个很简单的真值表可以完成，如表 4.2 所示。

表 4.2 与门真值表

A 输入	B 输入	输　出
1	1	1
1	0	0
0	0	0
0	1	0

因此，与门所做的工作是将两位数据作为输入，对其执行二进制与运算，最后输出结果。

或门与此非常相似。使用 ANSI/IEEE 标准图示如图 4.9 所示。

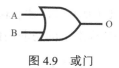

图 4.9 或门

两个输入处理得到一个输出。这也是通过真值表（详见表 4.3）来完成的，就像在上一个表中看到的那样，只不过此处使用的是二进制或运算而不是与运算。

表4.3　或门真值表

A 输入	B 输入	输　出
1	1	1
1	0	1
0	0	0
0	1	1

当然，也有异或门用于执行异或运算。异或门有时也称 EOR 门或 EXOR 门。图 4.10 展示了 ANSI/IEEE 标准下的异或门图示。

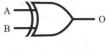

图 4.10　异或门

两个输入最终只有一个输出。与你在前两个表中看到的类似，异或门也是通过真值表来完成的，只不过此时使用的是二进制异或运算而不是与运算、或运算罢了（详见表 4.4）。

表4.4　异或门真值表

A 输入	B 输入	输　出
1	1	0
1	0	1
0	0	0
0	1	1

与门、或门和异或门是三种简单的逻辑门，它们基于三种不同的二进制运算；不过，它们有许多衍生版本，较为常用的是与非门（NAND gate，NOT-AND gate）。基本上，只有当所有的输入都是 1（真）时，才会输出 0（假）。许多系统都会使用与非门。图 4.11 展示了 ANSI/IEEE 标准下的与非门图示。

图 4.11　与非门

本质上讲，与非门的真值表（即"全 1 为 0，有 0 为 1"）同与门相反，详见表 4.5。

表 4.5 与非门真值表

A 输入	B 输入	输 出
1	1	0
1	0	1
0	0	1
0	1	1

与非门非常重要，因为任何布尔函数都可以使用与非门的某些组合来实现。具有该性质的另一种门是或非门（NOR gate，NOT-OR gate）。图 4.12 展示了 ANSI/IEEE 标准下的或非门图示。

图 4.12 或非门

本质上讲，或非门的真值表（即"全 0 为 1，有 1 为 0"）同或门相反，详见表 4.6。

表 4.6 或非门真值表

A 输入	B 输入	输 出
1	1	0
1	0	0
0	0	1
0	1	0

与非门和或非门都可用以创建任意的布尔函数，因而被统称为通用门（universal gate）。

你可能很想知道 1 和 0 是如何在电路中实现的。一种常用的方法是用高电平表示 1，低电平表示 0。那么，你就可以明白，数学运算最终如何被简化为流经逻辑门的电流，再执行二进制运算。

阿达玛门（Hadamard Gate）是量子计算机使用的较常用的逻辑门之一。我们将在后面的章节中更详细地讨论这些逻辑门。此处对阿达玛门做一个简要介绍，与经典逻辑门做对比。阿达玛门作用于单个量子位，是量子傅里叶变换的单量子位版本，通常由式 4.1 中的阿达玛矩阵表示。

$$H = \frac{1}{\sqrt{2}} \begin{bmatrix} 1 & 1 \\ 1 & -1 \end{bmatrix}$$

式 4.1　阿达玛矩阵

阿达玛矩阵是以数学家雅克·阿达玛（Jacques Hadamard）的名字命名的。这种矩阵是方阵，且任意两行都是正交的。在量子计算中，这种矩阵用来表示阿达玛门。

4.6　计算机架构

计算机架构是指设计和描述计算机系统的方式。指令集架构是计算机架构的重要组成部分。我们使用诸如 C++和 Java 等编程语言来编写程序，而计算机上也有用于低级运算的指令集。如果你看过汇编语言（assembly language），那么你已经见过与微处理器上实际的计算机指令非常接近的东西。汇编程序（assembler）负责将汇编代码翻译成机器代码，汇编这一术语也由此得名。

计算机架构包含诸多子课题。指令集架构（Instruction Set Architecture，ISA）是在中央处理单元中实现的架构模型。指令集架构定义了数据类型、寄存器、寻址、虚拟内存和计算机的其他基本特征。指令集架构的分类方法繁多，最常见的两种是复杂指令集（complex instruction set，CISC）和精简指令集（reduced instruction set，RISC）。复杂指令集处理器拥有诸多专门指令，而精简指令集处理器可执行的指令较少。于是，这就带来了另一个问题：什么是指令？指令是对处理器应做什么的一种简单陈述。通常涉及将少量数据块移入或移出中央处理器（CPU）中的寄存器。例如，在基本算术中会用到两个寄存器的内容，然后将结果存储在一个寄存器中。还有一些流程控制操作，例如分支到另一个位置（包括条件分支），以及调用其他代码块。

汇编代码是直接为 CPU 编写代码的一种编码方式。汇编代码往往比诸如 Java、Python、C 语言等其他编程语言所写的代码要长得多。因为程序员必须指明命令的每一步操作。为了对比汇编语言与其他编程语言的差异，请看以下例子。C 语言中的"Hello, World!"代码如下：

```
printf("Hello, World!");
```

Java 中如下：

```
System.out.println("Hello, World!");
```

而在汇编语言中则写成下面这样：

```
        global      _start

        section     .text
_start:  mov        rax, 1          ; system call for write
        mov        rdi, 1          ; file handle 1 is stdout
        mov        rsi, message    ; address of string to output
        mov        rdx, 13         ; number of bytes
        syscall                    ; invoke system to write
        mov        rax, 60
        xor        rdi, rdi        ; exit code 0
        syscall                    ; invoke system  to exit
        section    .data
message: db         "Hello, World", 10    ; note the newline at the end
```

可见，汇编语言明显比其他编程语言复杂。这是由于使用汇编语言时，程序员必须与特定的 CPU 寄存器打交道。不过，使用汇编语言编程可以让你很好地理解 CPU 架构。

微体系结构或微架构（microarchitecture）旨在解决处理器的实际组织方式。这是处理芯片的一项计算机工程，通常会产生如图 4.13 所示图表。

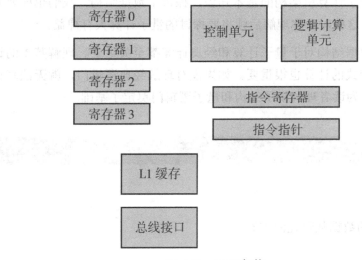

图 4.13　CPU 架构

图 4.13 所示是一个非常简化的 CPU 架构，但对于了解微架构大有用处。其思想是设计各种处理路径。从图 4.13 中，我们只能看到 CPU 的总体概况。内存的布局类似，主板的各种组件（包括总线）也是如此。总线（bus）是计算机内部数据传输的

通信路径。

设计计算机时，需要考虑诸多因素，比如功率需求、容量和延迟。计算机性能通常由每个周期的指令数（也称每个时钟的指令数）来衡量。这是每个时钟周期可执行指令的平均数值。时钟信号在高电平和低电平之间来回振荡，因此需要使用算术平均值来度量。将每个周期的指令数乘以时钟频率（每秒的周期数，以赫兹为单位），最终得到处理器每秒处理的指令数。

这与量子计算有关；正如我们将在后续章节看到的那样，如何设计量子计算机是量子计算的关键内容之一。本书后续（尤其是第 8 章"量子架构"）将重点讨论绝热量子计算（adiabatic quantum computing）和基于门的量子计算。这两种架构对量子计算的发展具有重要意义。

4.7 小结

本章概述了计算机科学中的一些基本概念。本章最重要的内容即逻辑门有助于你理解量子计算。随后是算法。继续学习之前，请确保你已经掌握了逻辑门和算法。此外，我们还回顾了计算机架构的基本知识，探讨了数据结构。我们也简要介绍了计算复杂性理论。这些对于你理解后续将要探讨的量子计算大有裨益。

算法分析和数据结构对于量子计算和经典计算都至关重要。理解基本的计算机架构对理解任何形式的计算也很重要。如果没有理解经典逻辑门，就无法真正理解量子逻辑门。本章为读者理解量子结构和量子逻辑门奠定了基础。

章节测试

复习题

1. 列表结构的数据从哪儿添加？

    a. 按顺序

    b. 顶部

    c. 任何位置

    d. 底部

2. 队列的数据是怎样添加的？

　　a. 按顺序

　　b. 顶部

　　c. 任何位置

　　d. 底部

3. 下列哪种算法分析法对应该算法的最佳情况？

　　a. 小 O 表示法

　　b. 大 O 表示法

　　c. 西塔表示法

　　d. 圈复杂度

4. 下列哪种算法分析法对应该算法的平均情况？

　　a. 小 O 表示法

　　b. 大 O 表示法

　　c. 西塔表示法

　　d. 圈复杂度

5. 下列哪种排序算法最慢？

　　a. 冒泡法

　　b. 快速排序法

　　c. 合并排序法

　　d. 视实现情况而定

6. 下列哪种逻辑门电路在计算机中最常用？

　　a. NAND

　　b. OR

　　c. AND

　　d. XOR

7. 下列符号表示哪一种逻辑门？

    a. NAND

    b. NOR

    c. AND

    d. XOR

8. 下列哪种逻辑门满足"只有当所有的输入都为真（1）时，输出结果为假（0）"？

    a. AND

    b. OR

    c. XOR

    d. NAND

9. NOR 和 NAND 门为何被统称为通用门？

    a. 它们使用广泛。

    b. NOR 和 NAND 门不是通用门，XOR 门才是通用门。

    c. 它们可以用来创建任意的布尔函数。

    d. 所有的计算机架构都使用了它们。

10. ＿＿＿＿＿＿＿＿定义了数据类型、寄存器、寻址、虚拟内存和计算机的其他基本特征。

    a. 复杂指令集

    b. 微架构

    c. 指令寄存器

    d. 指令集架构

第 5 章

信息论基础

章节目标

学完本章并完成章节测试后，你将能够做到以下几点：

- 了解基本的信息论

- 计算信息熵

- 辨识信息多样性

信息论是计算机科学的核心，在量子计算中也很重要。1948 年，克劳德·香农（Claude Shannon）在他的论文《通信的数学理论》（A Mathematical Theory of Communication）中开创了信息论。香农主要关注信号处理、数据压缩等内容。不过，从那时起，信息论就在不断发展壮大。信息论的重点在于量化和传递信息。信息论与数据压缩、机器学习、复杂性科学等领域密切相关。

本章将采取稍有不同的介绍方法，先介绍理解信息论所必备的概率论和集合论的相关基础知识。很多读者或许已经熟练掌握了这些内容，那么于他们而言，这些内容只不过是巩固复习罢了。但如果你是新手，对概率论和集合论尚无基本的了解，那么掌握该部分内容对于理解信息论就非常重要。

这些主题对于理解量子计算非常重要。但人们常常认为读者已经非常熟悉这些内容了，这种情况司空见惯。首先，概率是非常重要的，因为正如你在本书中看到的那样，量子物理在很大程度上具有概率性而非确定性。其次，信息论对于理解计算的任何方面都很重要，包括量子计算。

5.1 基本概率

信息论和概率之间密切相关，就连信息熵的计算公式也用到了概率。因此，大致了解概率对于充分理解信息论是非常重要的。不过，对于大多数有基础的读者而言，本节内容可能仅供巩固复习。

第一项任务是定义概率。简单说，概率是感兴趣的部分的数量除以总数后得到的比率。比如，假设有一副由 52 张牌组成的牌组，包含 4 套花色，每套花色 13 张牌，那么抽到某一种花色的概率即为 13/52，或 1/4，等于 0.25。概率值总是在 0 至 1 之间。概率为 0 表示绝对不会发生某事。例如，假如全部抽出上述四种花色中的某一种（包含 13 张）后，再抽到这种花色的概率就变为了 0。概率值为 1 表示该事件是确定事件。比如，假如将除红桃外的其余花色全部抽出后，抽到红桃的概率就是 1。事件 A 的概率指该事件发生的可能性大小。下一小节将探讨概率的一些基本规则。

5.1.1 基本概率规则

任何事件的概率值都在 0 到 1 之间，或表示为 $0 \leqslant P \leqslant 1.0$。

事件的补集（complement of an event）指的是该事件不发生。从一副牌中挑出一张红桃的概率很容易计算，而这张牌不是红桃的概率就是它是红桃的补集的概率。一个事件的补集的概率等于 1 减去该事件的概率，或者说，$P(A^c) = 1 - P(A)$。这表明，如果某个事件 A 发生的概率是 0.45，那么该事件的补集的概率即为 1 – 0.45，即 0.55。

事件的并集（union of event）的规则与事件的补集相关。它适用于两个不互斥事件。事件的并集发生的概率是事件 A 的概率加上事件 B 的概率减去两个事件的交集的概率，可用式 5.1 表示。

$$P(A \cup B) = P(A) + P(B) - P(A \cap B)$$

式 5.1   不互斥事件的并集

这与第 1 章"线性代数入门"讨论的集合论非常相似。这里的并集、交集等术语与集合论中的含义相同。

对于两个互斥事件（mutually exclusive events）A、B，事件的并集发生的概率为两个事件的概率的和，如式 5.2 所示。

$$P(A \cup B) = P(A) + P(B)$$

式 5.2　互斥事件的并集

那么两个独立事件同时发生，即它们的交集的概率呢？两个独立事件的交集发生的概率为事件 A 的概率乘以事件 B 的概率，如式 5.3 所示，注意这只适用于两个事件是独立事件。如果一个事件依赖于另一个事件，则会用到不同的规则。

$$P(A \text{ 且 } B) = P(A) \times P(B)$$

式 5.3　两个独立事件的概率

因此，若两个事件相互独立，事件 A 的概率为 0.45，事件 B 的概率为 0.85，则两个事件都发生的概率为 0.45×0.85=0.3825。

独立事件指的是各事件发生的概率之间没有任何关联。换言之，如果两个事件满足以下条件，则为独立事件（反过来，若两个事件是独立事件，则下列语句为真）：

$$P(A \mid B) = P(A)$$
$$P(B \mid A) = P(B)$$

条件概率是指在给定其他事件发生的情况下，某个事件发生的可能性。假定事件 B 已经发生，那么事件 A 在事件 B 已经发生的情况下的概率等于事件 A 与事件 B 的交集发生的概率除以事件 B 发生的概率，如式 5.4 所示。

$$P(A|B) = \frac{P(A \cap B)}{P(B)} = \frac{P(B|A)P(A)}{P(B)}$$

式 5.4　条件概率

这条规则显然不是指事件 B 必须因事件 A 而发生，而是指事件 A 发生后会影响事件 B 发生的概率。比如，如果天气很冷，那么我很有可能会穿夹克，但这并不意味着，如果天气很冷，我就必须穿夹克。

以上是一些基本的概率规则。如你所见，信息论受到概率论的影响。同时也如前几章中讨论过的那样，量子物理学具有概率性而非确定性，因而也与概率论密切相关。

5.2　集合论

概率通常会用到集合论。因此，讨论概率前，我们先回顾一下集合论中的一些基本概念。第 1 章简要介绍了集合论，本节将深入探究。集合（set）囊括了一组对象，这些对象称为该集合中的成员或元素。倘若有一个集合，我们会说某些元素属于（或不属于）这个集合，或者在（或不在）这个集合中。我们也会说集合是由其元素组成的。

和许多数学领域一样，术语和符号在集合论中也很重要。所以，让我们以类似的方式开始探讨集合论，先从简单概念讲起，再到复杂概念。定义集合元素最简单的方法是说 x 是集合 A 的一个成员，表示为

$$x \in A$$

集合中的元素通常在括号中列出。例如，所有<10 的奇数集可表示为

$$A = \{1,3,5,7,9\}$$

而集合中的一个成员可表示为

$$3 \in A$$

否定形式表示为一条直线穿过该符号，如：

$$2 \notin A$$

如果集合中的元素未完全列出，可用省略号表示。例如，整个奇数集（不仅仅是小于 10 的）可表示为

$$A = \{1,3,5,7,9,11,\dots\}$$

也可用等式或公式表示集合中的元素。集合之间可以相互关联；集合与集合间的常见关系简要介绍如下。

并集是集合论中的一个关键概念。给定两个集合 A、B，由这两个集合中的所有元素合在一起组成的新集合叫作集合 A 与 B 的并集，记作 $A \cup B$，如图 5.1 所示。

元素 a, b, c 都在集合 A 中，元素 f, g, h 则在集合 B 中，元素 d, e 既在集合 A 中，又在集合 B 中。从 a 到 h 的所有元素都在集合 A 和 B 的并集中。

两个集合重合的部分是这两个集合的交集。给定两个集合 A、B，由既属于集合

A 又属于集合 B 的元素构成的集合称为集合 A 和 B 的交集，表示为 $A \cap B$，如图 5.2 所示。

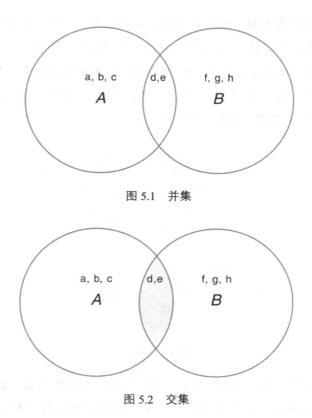

图 5.1　并集

图 5.2　交集

只有元素 d 和 e 在集合 A 和 B 的交集中。

如果两个集合的交集为空（即两个集合没有共同元素），则称这两个集合不相交。假设有一副纸牌，红桃中没有一张牌与梅花相同。因此，这两个集合不相交。补集与此相关，记为 A'，指的是由在全集 U 中，但却不在集合 A 中的所有元素构成的集合，也表示为 A^c。

还有双补集的问题：一个集合的补集的补集就是该集合。换言之，A^c 的补集是 A。乍一看可能觉得奇怪，但一想到补集的定义就明白了。集合补集中的元素在该集合中找不到。因此，有理由说，要成为一个集合补集的补集，那么该集合就必须包含原集合中的所有元素，因而也就必须是原集合。

比较两个集合也很有趣，这涉及一个被称为"差集"的集合。给定两个集合 A、

B，由属于集合 A 但不属于集合 B 的元素构成的集合称为集合 A 和 B 的差集，表示为 $A \backslash B$。

上面讨论了集合论中的一些基本术语，接下来介绍一些与集合相关的性质。集合中顺序无关紧要：集合 $\{1, 2, 3\}$ 与集合 $\{3, 2, 1\}$、$\{3, 1, 2\}$、$\{2, 1, 3\}$ 相同。

子集也是集合论中的常见内容。集合 A 可以是集合 B 的一个子集。例如，若所有 <10 的奇数构成了集合 A，所有 <100 的奇数构成了集合 B，那么，集合 A 就是集合 B 的子集，表示为 $A \subseteq B$，如图 5.3 所示。

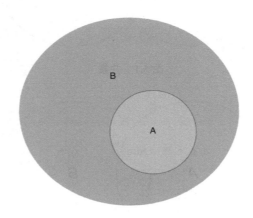

图 5.3　子集

集合可以有许多子集。比如，集合 A 由所有 <10 的整数构成；集合 B 由所有 <10 的素数构成，集合 B 就是集合 A 的一个子集。集合 C 由所有 <10 的奇数构成，它也是集合 A 的一个子集。集合 D 由所有 <10 的偶数构成，它也是集合 A 的一个子集。照此下去，集合 A 可以有很多的子集，比如，集合 $E=\{4, 7\}$，集合 $F=\{1, 2, 3\}$，等等。给定集合的所有子集统称为该集合的幂集。

集合与集合之间具有一些重要性质，主要如下：

- **交换律**：集合 A 与集合 B 的交集等于集合 B 与集合 A 的交集。这也适用于集合的并集。换言之，集合的交集或并集与集合的次序无关，表示为

$$\text{(a)} \quad A \cap B = A \cap B$$

$$\text{(b)} \quad A \cup B = A \cup B$$

- **结合律**：基本上，如果三个集合之间要么全是并集，要么全是交集，那么集

合间的顺序无关紧要，表示为

(a)　$(A \cap B) \cap C = A \cap (B \cap C)$

(b)　$(A \cup B) \cup C = A \cup (B \cup C)$

- **分配律**：分配律与结合律有些许不同，结合律中集合与集合的顺序无关紧要，分配律则不然。集合 A 与集合 B、C 的交集的并集等于取集合 A、B 的并集与集合 A、C 的并集的交集，表示为

(a)　$A \cup (B \cap C) = (A \cup B) \cap (A \cup C)$

(b)　$A \cap (B \cup C) = (A \cap B) \cup (A \cap C)$

- **摩根律**：摩根律与集合的并集、交集和补集有关。该定律比前几条定律更复杂。本质上，集合 A、B 的交集的补集等于其各自补集的并集；集合 A、B 的并集的补集等于其各自补集的交集。表示为

(a)　$(A \cap B)^c = A^c \cup B^c$

(b)　$(A \cup B)^c = A^c \cap B^c$

以上是集合论中的基本知识。结合概率论，你就有深入探讨信息论的基础了，下面几节将介绍信息论。

5.3　信息论

克劳德·香农（1916.4.30—2001.2.24）常被称为信息论之父，他既是数学家，又是工程师。香农那篇具有里程碑意义的论文最终被扩展成了一本书——《通信的数学理论》（The Mathematical Theory of Communication）。这本书是与沃伦·韦弗（Warren Weaver）合著的，于 1963 年出版。

香农在他的原始论文中提出了一些基本概念，这些概念在今天看来可能再简单不过了，尤其是对于有工程学或数学背景的读者而言。然而在当时，从未有人试图量化信息或传递信息的过程，正是香农首次量化了如图 5.4 所示的信息概念。

- **信息源**：产生信息的源。信源是发信者。

- **发射器**：将信源产生的信息转换成适合在信道中传输的信号。

- **信道**：传输信号的媒介。

- **接收器**：将信号转换回传输的原始信息。

- **信宿**：最终收到或获得信息的人或机器。

图 5.4　信息概念

除这些概念外，香农还提出了通信中的一些重要定理，如 5.3.1 和 5.3.2 节所述。

5.3.1　定理 1：香农的信源编码定理

这个定理可以简单地表述如下：不可能把数据压缩到码率比信源的香农熵还小，否则几乎可以肯定信息将丢失。码率（code rate）是电信和信息论中的一个术语，指的是有用数据的占比。这与纠错码（error correction code）有关。纠错很重要，它与量子计算有关，稍后将介绍。

信息论中，熵（entropy）是与随机变量有关的对不确定性的度量。信源编码定理在压缩数据时非常重要。这个定理表明，如果以码率小于信息内容的方式压缩数据，那么部分信息可能会丢失。

5.3.2　定理 2：有噪信道编码定理

这个定理可以简单地表述如下：信道中存在给定程度的噪声污染时，仍可能在几乎不出错的情况下通过信道传输离散数据（数字信息），达到可计算的最大速率。该定理解决了给定信道上的噪声问题。无论是无线电信号还是通过电缆传输的网络信号，在传输过程中通常都有噪声。香农的有噪信道编码定理本质上表明，即使有噪声，也仍然可以传递数字信息。但必定有一个可计算的最大速率，该速率与信道中存在多少噪声有关。

5.3.3　信息熵

信息熵是信息论的重要组成部分。香农那篇里程碑式的论文中有一整节（题为"选择、不确定性和熵"）以非常严谨的方式探讨了这个话题。熵在信息论中的含义与在物理学中不同。信息论中，熵是量化信息内容的一种方式。人们在理解这个概念时往往存在两大困难，下面就来逐一解决。第一个问题在于混淆了信息熵和热力学熵。你在初中物理课中可能学过热力学熵，它通常被用来描述系统中无序的程度。紧随其后的通常是对热力学第二定律的讨论，该定律指出，在一个封闭的系统中，熵会逐渐增大。换言之，如果能量不变，那么这个封闭系统将随时间的推移变得更加无序、混乱。在继续讨论信息熵之前，你需要牢牢把握住一点：信息熵和热力学熵根本不是一回事，应将物理学课程中学过的熵的定义暂时忘掉。

第二个问题是，尽管许多参考文献都以不同方式解释了"熵"这个概念，但似乎有一些概念相互矛盾。本节将简要介绍描述信息熵的一些常见方法，以便大家对这些看似完全不同的解释有一个完整的理解。

信息论中，熵指的是给定信息中的信息量。这很简单，易于理解，并且如你所见，本质上这个定义可能与你之前遇到过的其他定义相同。信息熵有时也被描述为通信所需的比特数。这个定义只是说明，当传递一条包含某些信息的消息时，若使用二进制格式表示，则表示包含多少位信息。消息完全有可能包含一些冗余，甚至是已经拥有的数据（根据定义，这些数据不是信息）。因此，传递信息所需的比特数可能小于消息中的总比特数。

另一个对你而言听起来可能很奇怪的事情是，许多文献都将熵描述为对信息中不确定性的度量。这听起来有点像之前建议你忘掉的热力学熵定义——这可能会让一些读者感到困惑。我将信息熵定义为"对信息中不确定性的度量"和"通信所需的比特数"。这两者怎么可能都对呢？事实上，这两个定义的确讲的是同一回事。让我们来研究一下最有可能让你感到震惊的定义：熵是对不确定性的度量。该定义可能会让你以这种方式进行思考：只有不确定性才能提供信息。举个例子，如果我现在告诉你，你正在阅读这本书，这并不会给你提供任何新的信息。你已经知道，这个问题的不确定性绝对为零。但是，你即将阅读的剩余章节内容对你而言是不确定的。你不知道会遇到什么，至少不完全清楚。因此，这就存在某种程度的不确定性，从而产生了信息。更直接地说，不确定性就是信息。如果你已经确定某个事实，那么就没有任何信息会传达给你。新信息显然要求你收到的信息具有不确定性。因此，对消息中不确定性的度量就是对消息包含的信息的度量。

接下来讨论信息熵的一个更数学化的定义。思考式 5.5。

$$H = -\sum_i p_i \log_2(P_i)$$

式 5.5　香农熵

上式中，符号"p_i"表示正被检查的字符串中出现第 i 类符号的概率。符号"H"表示香农熵，其值取以 2 为底的对数[1]，单位为比特。这个公式可以用来计算给定消息中的信息熵（即香农熵）。

独立的两个变量或两条信息的联合熵（joint entropy）为其各自熵的和，如式 5.6 所示。

$$H(X,Y) = -\sum_{x,y} p(x,y)\log_2 p(x,y)$$

式 5.6　联合熵

如果这两个变量不是独立变量，而是变量 Y 依赖于变量 X，那么此时就不是联合熵，而是条件熵（conditional entropy），如式 5.7 所示。

$$H(X|Y) = -\sum_{x,y} p(x,y)\log_2 p(x|y)$$

式 5.7　条件熵

互信息（mutual information）指的是一个随机变量中包含的另一个随机变量的信息量。X 相对于 Y 的互信息如式 5.8 所示。

$$I(X;Y) = \sum_{x,y} p(x,y)\log\frac{p(x,y)}{p(x)p(y)}$$

式 5.8　互信息

微分熵（differential entropy），有时也称连续熵（continuous entropy），是香农熵的扩展，用于度量随机变量对连续概率分布的平均"意外"。请记住，信息是消息中的不确定性或"惊喜"的程度。不幸的是，香农的公式实际上是不正确的。为了产生离散点的极限密度（limiting density of discrete points，LDDP），需要对香农公式进行调整，如式 5.9 所示。

---

① 编者注：后续未明确指出的情况下对数的底均为 2。

$$\lim_{N \to \infty} H_N(X) = \log(N) - \int p(x)\log\frac{p(x)}{m(x)}\mathrm{d}x$$

式 5.9　离散点的极限密度（LDDP）

　　理解上述公式需要用到一些基本的微积分知识。如果你还记得第 4 章"量子计算的计算机科学基础"中简要介绍的积分知识，那么即使是只学过一学期微积分的读者也都能明白上述极限。

　　如前所述，信息论发展自克劳德·香农。另一种信息类型是费希尔信息（Fisher information），它是一种度量可观察随机变量 X 携带的关于模型 X 的分布的未知参数 θ 的信息量的方法。

> **注意**　费希尔信息涉及的数学知识超出了本章介绍的内容。感兴趣的读者可访问下列网址获取更多信息：http://www.broadview.com.cn/44842/0/2。

　　很明显，信息论和信息熵都是较为广泛的话题。在不同情形下有不同公式来量化信息。重要的是，掌握信息论的基本知识，从而可以继续学习后续有关量子信息论的内容。

　　表 5.1 总结了本节中与信息论有关的公式。

表 5.1　信息论公式

概　　念	公　　式
香农信息熵	$H = -\sum_i p_i \log_2(P_i)$
联合熵	$H(X,Y) = -\sum_{x,y} p(x,y)\log_2 p(x,y)$
条件熵	$H(X\|Y) = -\sum_{x,y} p(x,y)\log_2 p(x\|y)$
互信息	$I(X;Y) = \sum_{x,y} p(x,y)\log\frac{p(x,y)}{p(x)p(y)}$
微分熵	$\lim_{N \to \infty} H_N(X) = \log(N) - \int p(x)\log\frac{p(x)}{m(x)}\mathrm{d}x$

　　感兴趣的读者可访问以下网址获取更多信息：http://www.broadview.com.cn/

44842/0/3。

5.3.4 信息多样性

对于不同的应用，信息多样性指标也不同。香农-韦弗指数（Shannon-Weaver index）就是其中之一，它有时也被称为香农多样性指数。这个同名的香农多样性指数是由克劳德·香农提出的，用于量化给定文本字符串中的信息内容。香农对电子通信传输最感兴趣。在研究信息论时，消息中的信息内容被称为信息熵。公式如式5.10 所示。

$$H' = -\sum_{i=1}^{n} p_i \ln p_i$$

式 5.10　香农-韦弗指数

上式中，p_i 表示第 i 类符号在总字符串中所占的比例。H' 表示香农多样性指数（也被称为香农-韦弗多样性指数），如式 5.11 所示。

$$H = -\sum_{i=1}^{S} p_i \ln p_i$$

式 5.11　香农-韦弗指数（第 2 种形式）

式 5.11 中，S 表示被研究的群落中发现的个体物种的数量。p_i 仍然表示第 i 类符号在总字符串中所占的比例。还有诸多辛普森多样性指数的变体，较为常见的 4 种变体分别为：贝格-派克指数（Berger-Parker index）、逆辛普森指数（Inverse Simpson index）、优势度指数（Dominance index）和基尼-辛普森指数（Gini-Simpson index）。

哈特利熵（Hartley entropy）是由拉尔夫·哈特利（Ralph Hartley）于 1928 年提出的，因而早于香农在信息论方面的工作。通常也被简称为哈特利函数。如果从有限集合 A 中随机抽取一个样本，则在知道结果后揭示的信息可由哈特利函数给出，如式 5.12 所示。

$$H_0(A) := \log_b |A|$$

式 5.12　哈特利熵

式 5.12 中，$|A|$ 表示 A 的基数。如果对数函数的底为 2，那么不确定性单位就被称为 "香农"。如果是自然对数，那么单位就是 "nat"。哈特使用以 10 为底的对数，

为了纪念哈特利，该信息单位被称为"哈特利"。与香农-韦弗指数、辛普森指数一样，哈特利熵也是度量给定数据集中多样性的一种方法。

接下来要讨论的是雷尼熵（Rényi entropy），它是哈特利熵、香农熵、碰撞熵（collision entropy）和最小熵（min-entropy）的推广，如式 5.13 所示。

$$H_\alpha(X) = \frac{1}{1-\alpha} \log\left(\sum_{i=1}^n p_i^\alpha\right)$$

式 5.13　雷尼熵

在式 5.13 中，X 是一个带有可能结果的离散随机变量（$1, 2, \cdots, n$），对应的概率为 p_i，其中 i 的取值范围为 1 到 n。由于这种度量方式常被用于信息论中，所以对数通常以 2 为底，阶数 α 的取值范围为 $0 < \alpha < 1$。

碰撞熵基本上是雷尼熵的一种特例，其中 $\alpha = 0$，X 和 Y 相互独立且同分布。碰撞熵的公式如式 5.14 所示。

$$H_2(X) = -\log_p(X = Y)$$

式 5.14　碰撞熵

最小熵是雷尼熵中最小的，总是小于或等于本节前面讨论过的标准香农熵。

雷尼熵是对数据集中多样性的一种度量方式，在量子信息中也很重要，可以用来度量量子纠缠。与其他多样性指标一样，这可能有助于充分理解两个或多个网络节点之间的数据流。

度量信息熵的另一种重要方法是吉布斯熵（Gibbs entropy），它将在下一节"量子信息论"中直接使用。吉布斯熵通过微观状态的分布来描述系统的状态。这个公式实际上很简单，如式 5.15 所示。

$$s = k_b \sum_{1^1} p_i \ln p_i$$

式 5.15　吉布斯熵

对于式 5.15 中的许多符号，你应该已经很熟悉了。一个新的符号是 k_b，即玻尔兹曼常数。玻尔兹曼常数与气体中粒子的平均动能有关。在本例中，它与给定系统中的粒子有关。

5.4 量子信息论

前面介绍了信息论，下面该讨论量子信息论了。本节将讨论量子信息论涉及的部分内容，其余内容将在后续章节（包括下一章）探讨量子算法及相关主题时酌情介绍。

量子位目前暂未深入探讨。本书第 6 章"量子理论基础"、第 7 章"量子纠缠与量子密钥分发"和第 10 章"量子算法"将详细探讨量子位。我们暂时称这些为比特的量子版本，并且它们具有概率性而非确定性。量子非隐形传态理论（no-teleportation theory）指出，任意量子态（一个量子位的状态）不能转换为经典的比特序列。这里面，"隐形传态"一词用得有点不恰当。部分原因归结于第 3 章"量子计算的物理学基础"中讨论过的海森伯不确定性原理。

非隐形传态理论与不可克隆定理（no-cloning theory）密切相关。不可克隆定理指出，无法创建任意未知量子态的相同副本。换句话说，无法复制一个未知状态的量子位。为了更好地理解这一点，请将其与经典比特相比。假如已知某个或某些比特的地址，当然就能在不知道内容的情况下制作一个相同的副本。但是，换成量子位却不行。

经典信息论中有信息熵这种度量方式，量子信息论中也有量子信息熵。最常见的可能是冯·诺依曼熵（von Neumann entropy），它是经典吉布斯熵的扩展，如式 5.16 所示。

$$s(p) = -\mathrm{tr}(p \ln p)$$

式 5.16 冯·诺伊曼熵

p 表示密度矩阵，它描述了量子系统的状态。切记：量子系统是概率性的；因此，密度矩阵描述了系统的统计状态。tr 表示迹，在线性代数中是主对角线上（从矩阵的左上角到右下角）元素的总和。量子信息论中，冯·诺伊曼熵被应用于各种不同场景，尤其是被用来描述纠缠熵（entropy of entanglement）。第 7 章将详细探讨量子纠缠。

另一个类似的例子是条件相对熵（conditional relative entropy）。这是度量两个量子态是否可区分的一个指标。状态由矩阵表示，公式如式 5.17 所示。

$$s(A|\mathrm{B})\boldsymbol{p}$$

式 5.17　条件相对熵

式 5.17 中 $\boldsymbol{p}$ 表示的含义与冯·诺依曼熵中相同，均为密度矩阵。

希望深入研究该主题的读者，可参阅以下资源：

http://www.broadview.com.cn/44842/0/4

http://www.broadview.com.cn/44842/0/5

http://www.broadview.com.cn/44842/0/6

5.5　小结

信息论对于理解量子计算相当重要。本章首先介绍了基本的概率论和集合论，然后带领读者了解了信息论，在这里又用到了概率论和集合论。本章最重要的内容是如何计算概率和信息熵。你会发现，接下来即将讨论的量子计算中，还会用到这些概念。此外，我们还介绍了量子信息论的一些基本概念。

章节测试

复习题

1. 假设有两个独立事件 A 和 B，事件 A 发生的概率为 0.5，事件 B 为 0.2，那么两者同时发生的概率是多少？

   a. .7

   b. .1

   c. .6

   d. 1

2. 若事件 A 和事件 B 互斥，事件 A 发生的概率为 0.25，事件 B 为 0.3，那么事件 A 或 B 发生的概率是多少？

   a. .55

   b. .075

    c. .475

    d. .3

3. 若事件 A 和 B 不互斥，事件 A 发生的概率为 0.25，事件 B 为 0.3，那么事件 A 或 B 发生的概率是多少？

    a. .55

    b. .075

    c. .475

    d. .3

4. 假设集合 $A=\{1, 3, 5, 7, 9\}$，则数字 4 应表示为？

    a. $4 \in A$

    b. $4 \notin A$

    c. $4 \cup A$

    d. $4 \cap A$

5. 若集合 A 表示所有的水果，集合 B 表示所有的红色食物，下列哪项表述最适用于苹果？

    a. 集合 A 与集合 B 的并集

    b. 集合 A 与集合 B 的交集

    c. 集合 B 是集合 A 中的一个元素

    d. 集合 A 和集合 B 不相交

6. 当 3 比特的数据通过 6 类电缆发送时，发射器是什么？

    a. 电缆

    b. 发出信息的计算机

    c. 电流

    d. 开关

7. 下列哪个定理从本质上表明，即使有噪声，也能传递数字信息？

    a. 信息熵

    b. 信源编码定理

    c. 有噪信道编码定理

    d. 雷尼熵

8. 对于两个独立变量或两条独立信息，如何计算它们的联合熵？

   a. 将两个熵相加

   b. 将两个熵相乘

   c. 先将两个熵相加，再除以条件熵

   c. 先将两个熵相乘，再除以条件熵

9. 下面这个公式表示什么？

$$H(X,Y) = -\sum_{x,y} p(x,y) \log p(x,y)$$

   a. 联合熵

   b. 冯·诺依曼熵

   c. 雷尼熵

   d. 香农熵

10. ＿＿＿＿＿＿＿＿＿＿＿＿＿描述了量子系统的状态。

   a. 非隐形传态定理

   b. 不可克隆定理

   c. 迹

   d. 密度矩阵

## 第 6 章

量子理论基础

学完本章并完成章节测试后，你将能够做到以下几点：

- 使用狄拉克符号

- 理解哈密顿算符

- 掌握波函数及波函数坍缩

- 意识到薛定谔方程的重要性

- 了解量子退相干及其对量子计算的影响

- 大致了解量子电动力学

- 了解量子色动力学的基本知识

本章介绍的内容与量子理论有关，部分内容已在第 3 章"量子计算的物理学基础"中简要介绍过了。读者须牢牢掌握第 1 章到第 3 章的内容，才能继续本章的学习。首先要解决的问题是，量子理论到底是什么？实际上，量子理论是包括诸如量子场论、量子电动力学（quantum electrodynamics，QED）在内的诸多理论，某些物理学家甚至将处理夸克的量子色动力学（quantum chromodynamics）也视为量子理论。本章旨在巩固读者在第 3 章中学过的知识，同时简要介绍一些量子理论。

明确本章目的比以往任何时候都更重要。本章将涉及许多数学知识，有些内容可能超出了某些读者的能力范围。不过，除非你想在量子物理学或量子计算领域深耕，否则只需大致了解这些数学方程式及其代表的含义即可，无须像数学家那样完全理解这些公式。所以当你遇到某些太难的数学问题时，只需多复习几次，确保大致了解即可继续前进。同样，本书后续章节（例如使用量子位、Q#等量子工具）也会涉及许多数学公式，你仍可按此方式阅读，无须深入了解这些公式。

6.1 量子力学进阶

第 3 章介绍了量子物理学中的一些基本概念，本节将在此基础上稍稍进行扩展。1932 年，沃纳·海森伯因"开创量子力学"而获得诺贝尔物理学奖。我不确定量子力学的问世是否可以只归功于某一个人，但海森伯的确和其他致力于量子力学的人们一样值得称赞。

为海森伯赢得诺贝尔奖的成果是《运动与机械关系的量子理论重新诠释》（Quantum-Theoretical Re-interpretation of Kinematic and Mechanical Relations）。这篇论文介绍了许多量子物理学基本概念，但涉及的数学运算相当复杂，因而此处不会详细探讨。不过，感兴趣的读者可参阅以下资源：

http://www.broadview.com.cn/44842/0/7

http://www.broadview.com.cn/44842/0/8

http://www.broadview.com.cn/44842/0/9

6.1.1 狄拉克符号

狄拉克符号曾在第 3 章简要讨论过，由于它对理解量子物理学和量子计算至关重要，因而我们再详细回顾一下。量子态的确是向量，这些向量包括复数。不过，向量的细节往往可以忽略，而采用向量表示，这种表示法就被称为狄拉克符号或狄拉克表示法（Dirac notation），亦或括号表示法（bra-ket notation）。

左矢"bra"用"$\langle V|$"表示，右矢"ket"用"$|V\rangle$"表示。使用"bra"和"ket"这两个术语是有意为之的，意为尖括号。但这到底意味着什么呢？左矢"bra"描述了某个线性函数，将向量空间 V 中的每个向量映射到复平面上的某个数。狄拉克符号实际上是复向量空间上的线性算子，是量子物理学和量子计算中表示状态的一种标准方式。线性代数中的向量与经典物理学中的向量稍有不同：经典物理学中，向

量表示像速度一样的量，有大小和方向；而量子物理学中，向量（线性代数向量）用来表示量子态。因此，为了避免与经典物理学中的概念混淆，采用了不同的表示方法。重要的是要记住，本质上它们都是向量。因此，第 1 章"线性代数入门"中的知识也适用于本章。

6.1.2 哈密顿算符

有必要介绍一下哈密顿算符。哈密顿算符是量子力学中的一个算子，表示给定系统中所有粒子的动能和势能的总和（即总能量）。哈密顿算符可以用 H、$<H>$ 或 $\hat{H}$ 来表示。哈密顿算符的谱为测量系统总能量时所有可能结果的集合。哈密顿算符是以威廉 • 哈密顿（William Hamilton）的名字命名的。正如你所推测的那样，可以使用不同的方法来表示。比如，式 6.1 为简化版的哈密顿算符。

$$\hat{H} = \hat{T} + \hat{v}$$

式 6.1   哈密顿算符（简化版）

上式中，$\hat{T}$ 表示动能，$\hat{v}$ 表示势能。T 是 p（动量）的函数，而 V 是 q（特殊坐标）的函数。上述公式只是表明哈密顿算符是动能和势能的总和，过于简单，对于读者理解并无太大帮助。式 6.2 给出了一个更好的公式，它表示了一个只有一个质量为 m 的粒子的一维系统，这样有助于理解哈密顿算符。

$$H_{\text{operator}} = -\frac{-\hbar^2}{2m}\frac{\partial^2}{\partial x^2} + v(x)$$

式 6.2   哈密顿算符（详细版）

我们仔细研究一下上述公式。最简单的部分是 $v(x)$，它表示势能。x 是空间坐标。符号 m 也很容易理解，表示质量。$\hbar$ 是第 3 章学过的约化普朗克常数，即普朗克常数除以 2π：$h/(2\pi) = (6.626 \times 10^{-34}\,\text{J}\cdot\text{s})/2\pi$。$\partial$ 表示偏导数，某些读者可能较为熟悉。但即使不熟悉导数和偏导数也无妨，无须掌握这部分内容也能继续阅读本书。不过，了解导数和偏导数的概念还是有必要的。此外，表示哈密顿算符的公式还有许多，读者可自行参阅下列网址中的内容：http://www.broadview.com.cn/44842/0/10。

本质上，函数的导数是函数的输出相对于输入的变化率。一个经典的例子是计算物体的位置相对于时间的变化，这就是速度。偏导数是多变量函数针对某个变量计算而得的。

现在你应该大致了解了哈密顿算符。先前讨论的情况只涉及单个粒子，在多个粒子的系统中（大多数系统就是如此），系统的哈密顿算符是诸多单个哈密顿算符的总和，如式 6.3 所示。

$$\hat{H} = \sum_{n=1}^{N} \hat{T}_n + \hat{V}$$

式 6.3　哈密顿算符（另一种形式）

让我们再深入探讨一下哈密顿算符。任何算子都可以写成矩阵形式。回想一下第 1 章中讨论过的线性代数。哈密顿算符的特征值是系统的能级。就本书宗旨而言，读者并不需要深入理解这一点，不过至少应当开始意识到线性代数为何对量子物理学非常重要。

值得一提的是，哈密顿算符和拉格朗日算符（Lagrangian）之间的关系也很有趣。有必要先对拉格朗日算符下个定义。1788 年，约瑟夫-路易斯 •拉格朗日（Joseph-Louis Lagrange）创立了拉格朗日力学，本质上是对经典力学的一种重新表述。拉格朗日力学用到了包含粒子坐标、时间及时间导数的拉格朗日函数。

哈密顿力学中，系统由一组正则坐标（canonical coordinates）表示。这种坐标是相位空间（或相空间，phase space）上的一组坐标，可用来描述任何给定时间点的系统。事实上，拉格朗日算符可以推导出哈密顿算符。不过，本章并不会深入探讨这一推导过程，感兴趣的读者可参阅以下网址了解更多信息：

http://www.broadview.com.cn/44842/0/11

http://www.broadview.com.cn/44842/0/12

http://www.broadview.com.cn/44842/0/13

6.1.3　波函数坍缩

物理学中，波函数是对量子系统的量子态的一种数学描述，通常用希腊字母普西表示，小写形式（ψ）或大写形式（Ψ）均可。波函数是量子系统自由度的函数。在这样的系统中，自由度表示描述系统状态的独立参数的数量。例如，光子和电子具有一个自旋值，则这两种粒子的离散自由度为 1。

波函数是可能状态的叠加，更确切地说，叠加的本征态与环境相互作用后坍缩成单一本征态。第 1 章讨论过特征值和特征向量，物理学家所说的本征态实际上就是特征向量。

波函数可以通过加法运算或乘法运算（通常和你在第 2 章学过的"复数"相乘）来形成新的波函数。回想一下第 1 章讨论过的点积；内积是点积的另一种称谓，有时也称标量积（scalar product）。回想一下内积或点积的计算公式，这很简单，如式 6.4 所示。

$$\sum_{i=1}^{n} X_i Y_i$$

式 6.4　内积/点积

两个波函数的内积是两个波函数叠加后物理状态的一种度量方式。

于是我们就进入了量子力学中另一个重要话题：玻恩定理（Born rule，Born law），它是由马克斯·玻恩（Max Born）提出的，有时也被称为玻恩假设（Born postulate）。该假设给出了测量某个量子系统时得到某种结果的概率。其最简单的形式是在某一点上找到某个粒子的概率。这种一般性的描述对于继续阅读本书而言已经足够了；不过，如果你想深入了解，那就接着往下看。具体而言，玻恩定理指出，如果与自伴算子（self-adjoint operator）A 对应的某些可观测量（如位置、动量等）是在带有归一化波函数|Ψ)的系统中被测量的，那么最终结果将是 A 的特征值之一。这一点应该有助于你进一步理解量子物理学的概率特性。

鉴于有些读者可能不太熟悉自伴算子，下面简要介绍一下。第 1 章曾讲过，矩阵常被用作算子或运算符。在一个有限维的内积复向量空间里，自伴算子就等于自己的伴随算子，它是从向量到自身的线性映射。请注意，此处的向量空间是复向量空间。这使我们想到了厄米矩阵（Hermitian）。回想一下第 2 章，厄米矩阵指等于其自身共轭转置的方阵。共轭转置是指先对矩阵取转置，再取复共轭。复希尔伯特空间里的每个线性算子也有一个伴随算子，有时称为厄米伴随算子（Hermitian adjoint）。

自伴算子常应用于泛函分析（functional analysis）领域；不过，量子力学中，诸如位置、动量、自旋和角动量等可观测物理量也是由希尔伯特空间里的自伴算子表示的。

现在是讨论玻恩定理的一个不错的时机。该定理指出了对量子系统进行测量将得到特定结果的概率。更具体地说，在特定点找到特定粒子的概率密度与该点处粒子波函数的模的平方成正比。再详细一点，玻恩定理指出，如果在具有归一化波函数的系统中测量对应于自伴算子的可观测量，则最终结果将是该自伴算子的特征值之一。尽管玻恩定理还有诸多细节，但上述内容也已足够。不过，感兴趣的读者可参阅以下资料：

http://www.broadview.com.cn/44842/0/14

http://www.broadview.com.cn/44842/0/15

现在我们再回到波函数的坍缩。波函数是可能的本征态的叠加，与环境相互作用后坍缩成单一本征态。那么，这种与环境的相互作用是什么呢？这是量子物理学中常被误解的一点。与环境的常见相互作用是测量（measurement），物理学家通常将其描述为观察（observation）。这导致许多人将智能观察（intelligent observation）作为量子物理学的必要条件，从而误认为其是所有现实的必要条件。但这种表述不准确，量子物理学也不是这样教的。

所谓"观察"实际上是与环境的相互作用。进行测量时，这就是导致波函数坍缩的一种相互作用。

测量会导致波函数坍缩，这对量子计算影响重大。测量粒子时，它的状态就会被改变。正如你将在后续章节看到的那样（尤其是第 8 章"量子架构"和第 9 章"量子硬件"），这是量子计算必须考虑的问题。

波函数可以表示为某个可观测量（如位置、动量、自旋等）的本征态的线性组合。回想一下，本征态就是第 1 章学过的特征向量。使用前面讨论过的狄拉克表示法表示波函数，其形式如式 6.5 所示。

$$|\Psi\rangle = \sum_i c_i \phi_i$$

式 6.5　波函数

这个公式并不像它看起来那般复杂。希腊字母普西（Ψ）表示波函数；Σ 表示求和；ϕ_i 表示各种可能的量子态，i 用于列举可能的状态，如 ϕ_1，ϕ_2，ϕ_3 等；c_i 的值（即 c_1，c_2，c_3 等）都是概率系数。字母 c 常用来代表这些系数，因为这些系数用复数表示。

再回顾一下第 1 章的内容，如果两个向量是正交的（即相互垂直），并且都具有单位长度（即长度为 1），那么它们就是幺正的。狄拉克符号 $\langle\phi_i|\phi_j\rangle$ 就形成了一个正交特征向量基，通常表示为

$$\langle \phi_i | \phi_j \rangle = \delta_{ij}$$

符号 δ 表示克罗内克函数（Kronecker delta），它有两个变量。如果两个变量相等，则函数值为 1；否则函数值为 0，如式 6.6 所示。

$$\delta_{ij} = \begin{cases} 0 & \text{若 } i \neq j \\ 1 & \text{若 } i = j \end{cases}$$

式 6.6　克罗内克函数

下面再讨论一下波函数坍塌的实际过程。请记住，对于任何可观测量，波函数都是坍塌前特征基的线性组合。当存在某种环境相互作用时，例如对可观测量进行测量时，波函数就会坍缩为其中一个基的本征态。这可描述为下面这个极为简单的公式：

$$|\Psi\rangle \rightarrow |\phi_i\rangle$$

但它会坍缩到哪个状态呢？这就是量子力学涉及的概率性问题了。我们可以说，它会以玻恩概率即 $P_k = |c_k|^2$（这在本章前面部分讨论过）坍缩到某个特征态 $|\varphi_k\rangle$。c_k 是特征态的概率振幅。测量后，所有其他可能的不是 k 的特征态都坍缩为 0（从数学上讲，$c_i \neq k = 0$）。

测量已被视为与环境有关的一种交互类型。量子计算面临的挑战之一是，环境并不是唯一的交互类型。粒子之间也会产生相互作用。事实上，诸如宇宙射线之类的东西也能与粒子的量子态相互作用，这就是量子退相干或量子去相干（decoherence）。

6.1.4　薛定谔方程

薛定谔方程在量子物理学中非常重要，它描述了量子系统的波函数。埃尔温·薛定谔（Erwin Schrödinger）于 1926 年提出薛定谔方程（Schrödinger's equation），并因此荣获 1933 年诺贝尔物理学奖[①]。下面先仔细观察薛定谔方程以便有个大致了解，然后再讨论这个方程表示的含义。薛定谔方程有许多版本，我们先来讨论与时间相关的这个版本，如式 6.7 所示。

---

① 译者注：1933 年诺贝尔物理学奖由埃尔温·薛定谔和保罗·狄拉克共享。薛定谔发现了原子理论的有效新形式——波动力学，狄拉克创立了相对论性的波动力学方程——狄拉克方程。

$$i\hbar\frac{\partial}{\partial t}|\Psi(t)\rangle \rightarrow \hat{H}|\Psi(t)\rangle$$

式 6.7　薛定谔方程

不要觉得这个公式很难。这个公式使用的符号我们都已经讨论过了，下面再来复习一下。

鉴于我们讨论的是与时间相关的薛定谔方程，大多数读者应该清楚 t 表示时间。请记住，∂ 符号表示偏导数。因此，我们可以在分母中看到关于时间的偏导数。再回顾一下第 3 章及本章前面的内容，可知 $\hbar$ 表示约化普朗克常数，即 $(6.626\times10^{-34}\ \text{J·s})/2\pi$。$\Psi$ 在本章前面曾探讨过。你可能还记得 $\hat{H}$ 表示哈密顿算符，它是系统中粒子的总能量。

探讨薛定谔方程的含义前，我们先讨论该方程的另一种形式，如式 6.8 所示。

$$\frac{\partial^2\Psi}{\partial x^2}+\frac{8\pi^2 m}{h^2}(E-V)\Psi = 0$$

式 6.8　另一种形式的薛定谔方程

你已经知道 ∂ 表示偏导数，∂^2 表明这是一个二阶导数（即导数的导数）。对于那些没有扎实微积分基础或者想不起来的读者，不知道 ∂^2 也没关系，因为二阶导数实际上很常见。一阶导数表示某个函数的变化速率。二阶导数则表示一阶导数的变化速率。最常见的二阶导数是加速度。速度指位置的变化相对于时间的变化，是一阶导数。而加速度则是速度的变化，是二阶导数。ψ 表示波函数，你应该很熟悉了。另一个很熟悉的符号是 h，即普朗克常数。请注意，在薛定谔方程中出现的是普朗克常数 h，而不是约化普朗克常数 $\hbar$。E 表示动能，V 表示系统的势能，X 表示位置。

请记住，亚原子世界中存在波粒二象性问题。我们可以运用薛定谔方程计算波函数是如何随时间变化的。

6.2　量子退相干

量子退相干是一个非常重要的内容，事实上，量子退相干对量子计算至关重要。退相干与前一节介绍过的波函数直接相关。回想一下，波函数是量子系统中量子态的一种数学表示。只要各状态之间存在明确相位关系，该系统就具有相干性。另外，回想一下，粒子与环境的相互作用会导致波函数坍缩。如果能够完全孤立某个量子系统，使其与环境之间不存在任何相互作用，那么该系统就能一直保持相干性。但是，只有当与环境发生相互作用时才能测量这个系统；此时，数据才能被提取。

　　状态之间有明确的相位关系是什么意思呢？首先，我们必须讨论什么是相空间。相空间是动力学系统理论中的一个概念，是一个表示系统所有可能状态的空间。每个状态对应于相空间中的唯一一点。系统的每个参数都代表一个自由度。反过来，每个自由度都可以表示为一个多维空间里的轴。一维系统中是一条相位线，二维系统中则是相位平面。

　　p 和 q 这两个值在相空间中非常重要。经典力学中，p 通常表示动量，q 表示位置。量子力学中，由于相空间是一个希尔伯特空间，因此 p 和 q 为该希尔伯特空间中的厄米算子。虽然动量和位置是最常见的可观测量，常被用来定义相空间，但也可使用其他可观测量，如角动量和自旋。

　　我们再复习一遍，厄米算子也被称为自伴算子。请记住，我们讨论的是矩阵或向量，所以算子本身就是矩阵。量子力学中的大多数算子都是厄米算子。这种算子具有一定特性。它们的特征值总是实数，但特征向量或特征函数可能包含复数。如果一个厄米算子出现在内积中，那么它可以被"翻转"到另一边，如下所示：

$$\langle f|Ag\rangle = \langle Af|g\rangle$$

　　厄米算子的特征函数形成了一个"完备集"。该术语表示任何函数都可以写成特征函数的某种线性组合。

　　一般来说，如果处理的是非相对论模型，系统相空间的维数是自由度数乘以无系统粒子数。非相对论时空的概念相当简单。相对论时空使用 n 维空间和 m 维时间。非相对论时空将其融合成一个单一的连续体。换句话说，它只是忽略了相对论的影响。这在亚原子层面是完全合理的，因为相对论效应本质上与此无关。

　　因此，当系统与环境相互作用时，每个环境自由度都为系统的相空间贡献了另一个维度。最终，系统解耦。实际上，这可以用一个称为"维格纳准概率分布（Wigner quasi-probability distribution）"的公式来表示。这个公式有时也被称为维格纳-威尔分布（Wigner-Ville distribution）或维格纳函数（Wigner function）。关于该公式的细节介绍超出了本书的范畴，读者对其大致了解即可。1932 年，尤金·维格纳（Eugene Wigner）首次引入这个公式来检验对经典力学的量子修正。目的是将我们在薛定谔方程中讨论过的波函数与相空间中的概率分布联系起来。

　　式 6.9 所示为维格纳分布。

$$W(x,p) \stackrel{\text{def}}{=} \frac{1}{\pi\hbar} \int_{-\infty}^{\infty} \Psi^*(x+y)\Psi(x-y)e^{2ipy/\hbar}\,\mathrm{d}y$$

式 6.9　维格纳分布

至此，你不应该被上述那个看起来很复杂的公式吓倒了。因为这个公式使用的大部分符号先前已经讨论过。不过，我们再来简要探讨一下。显然，W 表示维格纳分布，x 通常表示位置，p 表示动量，但它们可以是任何一对值（如信号的频率和时间等）。ψ 是波函数，$\hbar$ 是约化普朗克常数。本书前面章节曾讨论过 $\int$，它表示积分。就本书而言，读者不必掌握维格纳分布的数学推理过程，只需大致了解即可。

经典力学中，谐振子的运动完全可以用相空间中的一个点来描述，粒子的位置为 x，动量为 p。但在量子物理学中则并非如此。回想一下我们在第 3 章中讨论过的海森伯不确定性原理。你无法同时精确地知道粒子的位置和动量，但通过测量粒子的位置和动量，或测量这些处于相同量子态粒子的位置和动量的线性组合，就能得到与可观测量（x 和 p）相关的概率密度，而概率密度又可用维格纳函数来表示。我们的目的是了解退相干。维格纳分布显示了解耦过程，因为它显示了各种状态的概率。

6.3　量子电动力学

对于一本入门书而言，探讨量子电动力学可能过于超纲。不过本书旨在让读者对量子电动力学有一个概括性的理解，因而这个目的完全可以实现。量子电动力学是适用于电动力学的相对论量子场论，这是第一个使量子力学和相对论彼此不矛盾的理论。量子电动力学对带电粒子的现象提供了数学描述。

我们先定义量子场论（quantum field theory，QFT）。量子场论结合了经典场论、狭义相对论和量子力学。现在你应该已经了解了量子力学。因此，下面将简要介绍经典场论和狭义相对论。

经典场论运用场方程描述一个或多个场如何与物质产生相互作用。举个易于理解的例子：天气模式。给定时间内的风速可以用向量来描述。每个向量都描述了空气在特定点的方向和运动。给定时间点、特定区域内所有诸如此类的向量汇集后就形成了向量场。我们希望这些向量会随时间的变化而变化。这就是经典场论的本质。麦克斯韦提出的电磁场方程是最早且较为严格的场论之一。

你可能熟悉狭义相对论（special reality）。如果忘了也没关系，我们再复习一下。本质上，狭义相对论中有两个重要概念。其一，物理定律恒定不变；不存在特权参考点（privileged reference points）。其二，真空中光速恒定不变。

量子电动力学的发展始于人们对光与电子相互作用的研究。彼时，电磁场是唯一已知的场，因此显然要从它着手。"量子电动力学"这个术语是由保罗·狄拉克于1927年在他的论文《发射和吸收辐射的量子理论》（The quantum theory of the emission and absorption of radiation）中提出的。

经典电磁学将两个电子之间的力描述为由每个电子位置产生的电场。这个力可用库仑定律（Coulomb's law）来计算。而量子场论则将虚拟光子交换时产生的电子之间的力可视化了。

量子电动力学是描述光与物质相互作用的基本理论。为了使这个理论的数学基础更稳固，常用相对论运动方程来描述提供电磁场源的带电粒子。更具体地说，克莱因-戈登方程（Klein-Gordon equation）用来处理整数自旋，狄拉克方程用来处理自旋[①]。下面简要探讨一下这些方程。

要记得本书的目的，你不必完全掌握这些方程式及其推导过程，只需有个大致了解即可。

克莱因-戈登方程（如式6.10所示）是一种相对论波动方程，实际上与薛定谔方程有关，所以你可能觉得有点熟悉。

$$\frac{1}{c^2}\frac{\partial^2}{\partial t^2}\Psi - \nabla^2\Psi + \frac{m^2c^2}{\hbar^2}\Psi = 0$$

式6.10　克莱因-戈登方程

现在想必你已经熟悉上述公式中大部分符号所表示的含义了。不过，我们再来复习巩固一下。Ψ表示波函数，$\hbar$表示约化普朗克常数，m表示质量。先前已讨论过二阶导数和偏微分方程，此处不再赘述。c表示光速，单位是米每秒（m/s）。此时，你可能已经看出这与爱因斯坦著名的$E = mc^2$之间存在某种联系。符号"∇"还未讲过。实际上，它常出现在量子物理学中，表示拉普拉斯算子（Laplacian），有时也称拉普拉斯算符，用$\nabla\nabla$或∇^2表示。你可能不知道什么是拉普拉斯算子。它是一个二阶微分算子，指的是梯度的散度。在这里，梯度（gradient）这个术语是向量微积分项，

---

① 译者注：后者指1/2自旋。

指的是几个变量的标量值函数 f，即向量场。向量场中某个点上的拉普拉斯算子就是这个向量，其分量是函数 f 在 p 点上的偏导数。

希望这个笼统的解释不会让你一筹莫展。再提一下，你并不需要完全掌握本章介绍的所有数学知识，只需有个大致思路即可。那么，此处读者需要大致了解什么呢？克莱因-戈登方程是一个描述场运动的相对论波函数，它随时间和空间变化。

用于研究量子自旋的狄拉克方程也是一个相对论波函数，它描述了电子和夸克等粒子。需要注意的是，电子和夸克是构成普通物质的粒子，被称为费米子。下一节"量子色动力学"将探讨与夸克相关的更多内容。自旋数表示一个粒子完成一次旋转时有多少个对称面。因此，1/2 自旋意味着粒子必须旋转两次（即 720°）才能回到原始位置。质子、中子、电子、中微子和夸克等的自旋均为 1/2，了解这些知识就足够继续阅读本书的其余内容了。不过，某些读者可能还想了解更多与此相关的数学知识。为了不让他们失望，式 6.11 给出了狄拉克方程，也是保罗·狄拉克最初提出的那个形式。

$$\left(\beta mc^2 + c\sum_{n=1}^{3}\alpha_n p_n\right)\Psi(x,t) = i\hbar\frac{\partial\Psi(x,t)}{\partial t}$$

式 6.11　狄拉克方程

你又见到这些熟悉的符号了——偏微分符号、约化普朗克常数、波函数。同时，从式 6.11 中也看到了 mc^2，可能大多数读者已经意识到了这两个符号分别表示质量和光速，就像在 $E = mc^2$ 中那样。x 和 t 分别表示空间坐标和时间坐标。进行累加的 p 值（如 p_1、p_2、p_3 等）是动量的分量。α 和 β 表示 4×4 矩阵，因为它们有四个复分量（即使用了复数）。物理学中，这样的物体被称为"双旋子"（bispinor）。

对量子电动力学进行广泛的数学分析后，我们再回到量子电动力学的基本事实中来，以此结束本节内容。顾名思义，电动力学与电有关。而量子电动力学提供了光和物质如何进行相互作用的相对论解释。它被用于从根本上理解带电粒子之间的相互作用，是量子物理学中非常重要的组成部分。

6.4　量子色动力学

严格来讲，人们可以在不太了解量子色动力学的情况下研究量子计算。不过，鉴于量子色动力学是构成物质结构的基础理论，读者应大致了解这部分内容。量子色动力学主要研究夸克（quark）和胶子（gluon）之间的强相互作用。夸克是构成强子（hadron）的粒子，即质子（proton）和中子（neutron）。人们曾一度认为质子和中子是基本粒子，后来发现质子和中子是由夸克组成的。坦白地讲，夸克这个名字有点异想天开，不过我们可以不用太关注这个名字的字面义。夸克具有电荷、质量、自旋等性质。三个夸克可以组成一个质子或中子。夸克有 6 种类型，它们的名字也很独特，被称为"味"（flavor），分别是：上（u）、下（d）、奇（s）、粲（c）、底（b）及顶（t），如图 6.1 所示。

第一代	第二代	第三代
u 上	**c** 粲	**t** 顶
d 下	**s** 奇	**b** 底

图 6.1　夸克的 6 种类型

1968 年斯坦福直线加速器中心最早证明了夸克的存在。从那时起，已知的夸克类型共 6 种。因此，夸克并不是理论假设，而是经过数十年多次实验证实真实存在的构成强子的物质。例如，一个质子由两个上夸克和一个下夸克组成。胶子负责调节夸克与夸克之间产生的力，从而使它们结合在一起。

另一个奇思妙想的术语是"色荷（color charge）"，它与"可见光的频率不同，颜色不同"毫无关系。"色（color）"这个术语，以及红、绿、蓝这三个所谓的颜色词，只是用来分辨夸克所带的不同电荷而已，并非夸克真的有颜色。不过"色（color）"这个术语已经产生了深远的影响。这就是为什么关于夸克和胶子之间相互作用的研究被称为色动力学。

量子色动力学有两大特性：夸克禁闭或称色禁闭（color confinement）和渐近自由现象（asymptotic freedom）。色禁闭是一种物理现象，由于强相互作用力，带色荷的夸克被限制和其他夸克在一起。夸克之间的作用力随距离的增加而增加。分离夸克需要耗费许多能量，能量越多，夸克被分隔后相隔的距离就越远。即使能量足够多，也不能发现单独存在的夸克，因为这些夸克会自发地产生一个"夸克-反夸克对"，而原来的强子就会变成两个强子。

第二个性质稍微复杂一点。简单来说，渐近自由现象意味着夸克和胶子之间的相互作用强度随着距离的减小而减小。这似乎有点违反直觉。不过正如我刚刚提到过的，这很复杂。发现这一特性的科学家分别是：戴维·格罗斯（David Gross）、弗兰克·维尔切克（Frank Wilczek）和戴维·波利策（David Politzer），他们也因此荣获 2004 年诺贝尔物理学奖。

6.5 费曼图

学习本章时，某些读者可能会对所涉及的数学知识感到很吃力，本节将要介绍的费曼图可能会对此有所帮助。费曼图是由理查德·费曼（Richard Feynman）创建的，用以将表示亚原子粒子行为的数学公式可视化。这是一种更简单的方法，至少可以捕捉正在发生的事情的本质。我们先看费曼图用到的一些图表符号（见表 6.1），再来看这些符号是如何协同运作的。

表 6.1 费曼图使用的符号

描　述	符　　号
直线表示费米子（即电子、正电子、夸克等），箭头指向自旋方向	$f \longrightarrow f$
反费米子也用直线表示，箭头指向自旋方向，主要的区别是符号 f 上有一根短横线	$\bar{f} \longleftarrow \bar{f}$
波浪线表示光子	γ

因此，如果你想绘制两个自旋相反的电子发生碰撞后产生了一个光子，则可以使用图 6.2 所示费曼图来表示。

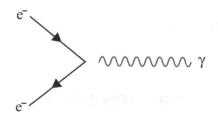

图 6.2　电子碰撞的费曼图

本节只是简要介绍了费曼图。当你了解更多有关量子的相互作用后，就会发现这些图大有用处。

6.6 小结

本章探讨的许多概念实际上是对第 3 章的延伸，以及对第 1 章部分内容的实际应用。许多读者可能觉得本章较难，强烈建议你多读几次，因为有些内容对于理解量子计算至关重要。狄拉克符号在量子计算中应用广泛，请务必掌握。哈密顿算符在量子计算中也发挥着重要作用。量子退相干实际上是阻碍量子计算进步的一大障碍。为了充分理解退相干，你需要了解波函数及相关方程。本章还简要介绍了量子电动力学和量子色动力学，以完善你对量子理论的基本认识。不过，这两部分内容对于理解量子计算来说并不那么重要。

章节测试

复习题

1. 为何约化普朗克常数会用到 2π ？

    a. 2π 表示原子半径。

    b. 2π 弧度表示 $360°$ 。

    c. 2π 解释了量子波动。

    d. 2π 是爱因斯坦宇宙常数的导数。

2. 量子力学中，希腊字母 ψ 代表什么含义？

    a. 哈密顿算符

    b. 约化普朗克常数

    c. 波函数

    d. 叠加态

3. 确定粒子在某一点的概率时，下列哪项最适合？

    a. 玻恩定理

    b. 哈密顿算符

    c. 约化普朗克常数

　　d. 波函数

4. 下列有关波函数坍缩的描述中，哪项最佳？

　　a. 各种可能的量子态被合并成单个量子态。

　　b. 各种概率被合并到一个基于观察者的单一现实中。

　　c. 狄拉克符号$\langle\phi_i|\phi_j\rangle$构成了一个正交特征向量基。

　　d. 基于与环境的相互作用，可能的特征态叠加后合并成了单一特征态。

5. 使用克罗内克函数时，若输入的两个特征态相同，则输出值为？

　　a. 特征态的和

　　b. 1

　　c. 特征态的叠加

　　d. 0

6. 薛定谔方程是用来描述什么的？

　　a. 本征态的叠加

　　b. 本征态

　　c. 波函数

　　d. 哈密顿算符

7. 下列哪项与退相干过程中发生的解耦密切相关？

　　a. 哈密顿算符

　　b. 薛定谔方程

　　c. 维格纳函数

　　d. 克莱因·戈登方程

8. 下列哪项是与量子电动力学相关的波函数，描述了电场随时间和空间变化时的运动？

　　a. 哈密顿算符

　　b. 薛定谔方程

　　c. 维格纳函数

　　d. 克莱因·戈登方程

9. 双旋子是什么？

　　a. 一个具有复分量的 4×4 矩阵

　　b. 两个特征态的叠加

　　c. 狄拉克方程的积

　　d. 维格纳函数的积

第 **7** 章

量子纠缠与量子密钥分发

章节目标

学完本章并完成章节测试后，你将能够做到以下几点：

- 理解量子纠缠

- 掌握量子态

- 运用量子密钥交换协议

量子纠缠这个概念难以理解，因为它与人们的直觉背道而驰，经过了诸多实验才证实了其正确性。但量子纠缠是量子物理学的关键内容之一，本章将讨论该话题。另一个与此相关的内容是量子密钥分发（quantum key distribution，QKD）。本章将介绍与量子密钥分发有关的基础知识及应用。

7.1 量子纠缠

量子纠缠（quantum entanglement）是量子物理学中较为奇特的现象之一，它对量子密钥交换意义重大，因此必须掌握。量子纠缠这个概念相对简单，但理解"怎样"和"为什么"则复杂得多。本质上，当一对粒子（或一组粒子对）相互作用或粒子对中每个粒子的量子态联系（或纠缠）在一起时，就会发生量子纠缠。这意味着某个粒子的极化、动量、自旋或其他特性的测量与纠缠粒子的特性紧密相关。比如，当测量某个相互纠缠光子的偏振（极化）时，就会发现另一个光子的偏振与此恰恰相反——据我们所知，粒子之间的这种关联不受距离影响。量子纠缠的本质即纠缠粒子的性质（如动量、自旋、极化等）完全相关。这就使得测量纠缠粒子对中的任意一个粒子都会导致波函数坍缩，同时这两个粒子现下就有一个确定的状态了。图 7.1 为粒子的量子纠缠简化示意图。

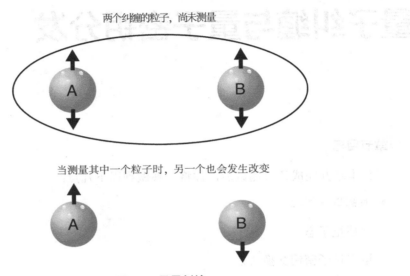

图 7.1　量子纠缠

为什么这两个粒子会纠缠在一起呢？回想一下，前几章详细探讨了波函数。量子纠缠就是爱因斯坦所说的"幽灵般的超距作用"。基于这一点及与此相关的现象，爱因斯坦认为量子力学一定是不完备的。他与鲍里斯·波多尔斯基（Boris Podolsky）和内森·罗森（Nathan Rosen）合著了一篇后来被称为 EPR 悖论的论文。

该论文题目为《能认为物理现实的量子力学描述是完备的吗？》（Can Quantum-Mechanical Description of Physical Reality Be Considered Complete?）。爱因斯坦、波多尔斯基和罗森三人认为量子力学不完备，量子理论中还存在没有解决的其他现实元素。对此，他们提出了一个思想实验。该实验中，有一对处于纠缠状态的粒子（选择什么样的粒子无关紧要）。如果测量其中某个粒子的状态（比如动量），那么第二个粒子在测量前就能预测其测量结果。一个纠缠粒子对另一个纠缠粒子的瞬时效应令人不安，因为相对论告诉我们，没有什么能比光速更快，而相互纠缠的粒子似乎能瞬间传递信息，比光速还快。EPR 悖论本质上是相互纠缠的第二个粒子要么与第一个粒子瞬时通信（因而违反了相对论），要么在测量前就已经有了一个确定的状态，这又违反了量子力学。量子纠缠的另一个术语是称粒子处于单态（singlet state）或共同态（common state）。

EPR 悖论引发了量子力学中的非局域性（nonlocality）概念：如果两个纠缠粒子可以在任何距离上瞬间相互影响，那么量子态就不局限于任何一个粒子。如果细细揣摩，就会发现这不仅违反直觉，也与经典物理学相悖。

EPR 悖论推动了理论物理学的发展。1961 年，大卫·博姆（David Bohm）提出了 EPR 思想实验的一种变体。该实验中，可能的测量结果只存在于离散的范围中。以下是与博姆实验有关的更多信息：

http://www.broadview.com.cn/44842/0/16

http://www.broadview.com.cn/44842/0/17

EPR 悖论的一种答案是，假设存在一些我们根本没有发现的"隐变量"（hidden variable）。实际上有许多"局部、隐变量"理论。每种理论都假设存在一些潜在的、无法访问的变量，这些变量解释了量子纠缠与/或量子力学的概率性。

为了理解博姆对 EPR 悖论的修正，假设有一对相互纠缠的粒子，自旋为 1/2，处于单态，如式 7.1 所示。

$$\frac{1}{\sqrt{2}}(|\uparrow\rangle \otimes |\downarrow\rangle - |\downarrow\rangle \otimes |\uparrow\rangle)$$

式 7.1　单态

同样，$|\uparrow\rangle$ 和 $|\downarrow\rangle$ 是自旋态空间的标准正交基。测量其中一个粒子沿给定轴的自旋，可以得到"向上"或"向下"的结果。如果沿给定轴测量两个粒子的自旋，那么根据量子理论可以预测这两个粒子的自旋相反。如果同时对两个空间上相互分离的粒子进行此类测量，则局域性或定域性（locality）要求某一侧的测量触发的任何干扰都无法影响另一侧测量结果。换言之，非局域性在量子理论中是一种"不完备性"，而且的确存在一些隐变量可以解释明显的非局域性。确保两侧结果完美相关的唯一方法是使每个粒子都带有一个预先存在的确定值。

这就引入了量子力学中的一个重要定理：贝尔不等式（也称贝尔定理）。1964 年，约翰·贝尔（John Bell）提出了一种方法以检测隐变量是否存在。为了直观地理解贝尔不等式，我们假设有两个纠缠在一起的光子。贝尔意识到，在不引起非局域性的情况下，解释量子纠缠对中完美相关性的唯一方法是必须预先假设存在某些值。深入研究贝尔定理之前，应当知晓该定理本质上证明了量子物理学与各种"隐变量"理论并不相容。这就使得隐变量作为可感知的非局域性这种解释不成立。

实际上，从直觉上理解贝尔不等式相当简单：假设隐变量会严格限制后续可能测量值的相关性（这些可能值可从纠缠粒子对中获得），但实验结果却未证明这一点。

为了进一步理解贝尔定理，我们再回顾一下式 7.1 中看到的量子单态粒子。此外，我们进一步假设这些粒子相隔一定距离。测量两个粒子时会使得它们彼此之间要么相关，要么不相关。如果测量反平行方向的纠缠粒子的自旋时，将自旋作为感兴趣的性质，结果总是完全相关的。垂直方向上测量时，相关性概率为 50%。下面两组数据说明了平行和反平行两种情况。

粒子对

反平行	1	2	3	4	...	n	
粒子 1, 0°	+	−	+	+	...	−	
粒子 2, 180°	+	−	+	+	...	−	
相关性	(+1	+1	+1	+1	...	+1)	/ n = +1
平行	1	2	3	4	...	n	
粒子 1, 0°	+	−	+	+	...	−	
粒子 2, 0° 或 360°	−	+	+	−	...	+	
相关性	(−1	−1	−1	−1	...	−1)	/ n = −1

但还有其他角度呢？事实证明，相关性是该角度的负余弦。请注意，许多文献还讨论了该粒子对的正交情况，包括 90° 和 270° 角。

下面再仔细审视贝尔定理。假设有随机变量 Z_α^i，$i = 1, 2$，$\alpha = a, b, c$ 且值均为 ±1。如果这些随机变量完全反相关（即对于所有的 α，$Z_\alpha^1 = -Z_\alpha^2$），则有如下公式：

$$P(Z_a^1 \neq Z_b^2) + P(Z_b^1 \neq z_c^2) + P(z_c^1 \neq Z_a^2)$$

式 7.2   贝尔不等式

如你所见，这是一个不等式（也被称为贝尔不等式）。下面先来描述这些变量，以便读者能更清楚地理解贝尔不等式。a、b 和 c 分别表示三个轴，任意两轴之间的夹角是 $2\pi/3$。带有轴下标的 Z 值表示给定轴的自旋。因此，Z_a^1 表示轴 a 的自旋。P 表示概率。因此，方程的第一部分是说 $Z_a^1 \neq Z_b^2$ 的概率是多少。

由于三个值为 ±1 的随机变量 Z_a^1 不能全部不一致，所以事件 $\{Z_a^1 = Z_b^1\}$、$\{Z_b^1 = Z_c^1\}$ 和 $\{Z_c^1 = Z_a^1\}$ 的并集等于全样本。因此，它们的概率和必须大于或等于 1：

$$P(Z_a^1 = Z_b^1) + P(Z_b^1 = Z_c^1) + P(Z_c^1 = Z_a^1) \geqslant 1$$

但是由于 $Z_\beta^1 = -Z_\beta^2$，所以 $P(Z_\alpha^1 = Z_\beta^1) = P(Z_\alpha^1 \neq Z_\beta^2)$。

不等式左边三项必须等于 1/4，才能重现量子预测。然而，由于 1/4 + 1/4 + 1/4 = 3/4 < 1，所以无法匹配完整的量子预测集。

请记住，贝尔不等式与总概率有关。有时用图形来表述更容易理解。假设有各种概率，比如 $Z_a^1 \neq Z_b^2$，而不是普通行为发生的概率，比如是否下雨，以及这种天气某人是否会外出，该场景如图 7.2 所示。

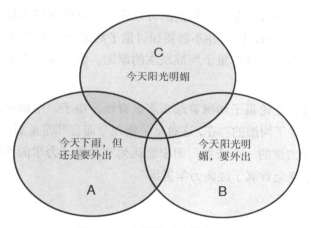

图 7.2　贝尔不等式的简化表述

这些重叠的概率可以用公式计算出来，如式 7.3 所示：

$$P(A \cap B) \leqslant P(A \cap C)P(\bar{C} \cap B)$$

式 7.3　贝尔不等式（简化解释）

在式 7.3 中，$\bar{C}$ 的值不等于 C 的值。

用更简单的术语来说，若局域性成立且隐变量负责观察量子力学中的明显非局域性，那么贝尔不等式本质上预测了我们应当看到的某些测量结果。但在某些情况下，我们并未看到这些结果。因此，隐变量不能解释所观察到的现象，量子力学的确也涵盖非局域性。

虽然量子力学的预测违反直觉，你可能也同意爱因斯坦、波多尔斯基和罗森的观点（EPR 悖论），但这些预测已多次被实验所证实。利用自旋或极化，我们已经在不同的位置测量了量子纠缠对，发现其中某个粒子的变化的确会引起另一个粒子的变化。有一些实验已经证实了量子纠缠和 EPR 悖论，其中的一些如下：

http://www.broadview.com.cn/44842/0/18

http://www.broadview.com.cn/44842/0/19

http://www.broadview.com.cn/44842/0/20

http://www.broadview.com.cn/44842/0/21

理论物理学家投入了大量精力试图理解量子纠缠是如何运行的。例如，由于量子纠缠，时间是一种涌现现象。人们当然可以花很多时间来思考这样那样的想法。但鉴于本书是一本入门书，因而并不需要探讨量子纠缠发生的原因。我们是幸运的，因为尽管现在有诸多理论探讨量子纠缠发生的原因，但实际上没有人真正知晓为何会发生量子纠缠。

必须强调的是，无论量子纠缠看起来多么奇怪，电子、中微子、光子甚至分子等实验已经证实了量子纠缠的存在，这对量子物理学而言非常重要。薛定谔曾言，"我不想将这称为量子力学的一个特性，而宁愿认为它是量子力学的终极特性，正是量子纠缠使量子力学完全背离了经典力学思维"。

7.2　诠释

虽然人们可以在不考虑量子力学含义的情况下研究量子计算机，但这可能会是一个错误，因为可能会错过量子力学中一些有趣的现象。因此，本节将为你介绍一些较为有名的诠释。

首先，重要的是要理解为什么需要诠释。回想一下量子力学的两大主要特点。第一点就是我们在上一节中讨论过的量子纠缠。正如我们讨论的那般，EPR 悖论源于量子纠缠。如何使两个相距很远的粒子同步呢？许多人假设这两个粒子中存在隐变量，这些值已被预先确定好了，因而不用解释这个假定的悖论。但贝尔不等式最终表明隐变量并不存在。那么我们又如何解释量子纠缠呢？

第二点，我们只能以一定的概率而非确定概率知晓量子测量的结果。这对宇宙的基本运作方式意味着什么？必须强调的是，我们从无数实验中知道了量子力学是如何工作的（至少在特定的细节层面上已经知道），但却不知道量子力学"为什么"能工作。因此，人们提出了各种诠释，以寻求量子力学的原因。

此外，还需回答另一个基本的问题：经典世界是如何从量子基础中产生的？显然，日常世界中并未表现出波粒二象性、量子纠缠等量子现象，因此物理学家旨在探索如何为一切事物提供量子基础。毕竟，所有东西都是由具有量子力学行为的粒子构成的原子组成的，但我们最终会推导出经典行为。

7.2.1　哥本哈根诠释

要想理解量子纠缠，就需要讨论量子力学的哥本哈根诠释。哥本哈根诠释是由沃纳·海森伯和尼尔斯·玻尔于 1925 年至 1927 年历经两年多时间提出的。这种诠释认为量子系统在测量前并没有确定的性质。因此，人们只能预测给定量子系统具有某个特定值的概率。尽管这种观点遭受了一些批评，但这也许是对于我们从量子力学中获取到的数据最广泛的解释。

哥本哈根诠释认为，不存在可以用来解释量子态和量子纠缠的隐变量。在这个观点中，波函数 ψ 表示系统状态，以及在观测前已知或可能知道的所有信息。哥本哈根诠释也涉及前面提到过的海森伯不确定性原理。人们无法同时知晓一个粒子的精确位置和动量。量子系统的测量会导致波函数坍缩为所测量的可观测量的特定本征态。

这种观点导致了可谓臭名昭著的薛定谔的猫思想实验，你可能对此很熟悉。在这个实验中，一只猫被放在一个密闭盒子里，里面装有一个有毒气的小瓶。小瓶要么开着，猫死掉；要么关着，猫还活着。假如这个小瓶被当作亚原子粒子，那么在被测量之前，它只是一个尚未坍缩的波函数。这表明，盒子在被打开前，猫处于一种叠加态，既不生也不死。盒子被打开后，测量或观察时，波函数坍缩，此时猫要么活，要么死。如果你还想了解更多内容，请查阅以下文献：

http://www.broadview.com.cn/44842/0/22

http://www.broadview.com.cn/44842/0/23

http://www.broadview.com.cn/44842/0/24

http://www.broadview.com.cn/44842/0/25

7.2.2 多重世界诠释

这种对量子力学的诠释可能是迄今为止我们所讨论过的最奇异的了。多重世界诠释（或称多世界诠释、多世界解释）的本质是，任何时候进行量子测量，各种可能的结果都会在某个平行宇宙（alternate universe）中发生。这是休·埃弗雷特（Hugh Everett）于 1957 年首次提出的，有时也被称为埃弗雷特诠释。这种诠释认为存在许多（也许无限多）不同的量子宇宙。

例如，若测量光子的偏振，就能得到某个特定值。测量前，光子处于所有可能状态的不确定叠加态。

7.2.3 退相干历史诠释

量子力学有多种诠释，但没有一种像哥本哈根诠释和多重世界诠释那样广为人知，不过其他诠释仍值得探讨。退相干历史（有时称为一致历史）诠释是对哥本哈根诠释的一种概括。在这种诠释中，量子测量的各种可能性被分配给了系统的其他历史。这样，每一个独立的历史本质上都以一种经典的方式表现。这种诠释并不关注波函数坍缩。

让我们用一种更严格的数学方式来构建这种诠释。假设有不同的退相干历史，H_i 表示一个特定的（i）历史。以下是在不同时刻被指定为的命题 P_{ij}（j 是时间标签）：

$$H_i = P_{i,1}, P_{i,2}, \cdots, P_{i,n}$$

这就将我们带到了命题。给定命题 $P_{i,1}$ 在 $t_{i,1}$ 时刻为真，依此类推。

这被称为一个同质历史。相比之下，异质历史有多个"或"关系的时间命题（即一个或另一个为真）。这一理论通常被称为一致历史。我们已经讨论了"历史"部分，但还未讨论"一致"部分。这就引出了式 7.4。

$$\hat{C}_{H_i} := T \prod_{j=1}^{n_i} \hat{P}_{i,j}\left(t_{i,j}\right) = \hat{P}_{i,n_i} \ldots \hat{P}_{i,2} \hat{P}_{i,1}$$

式 7.4　一致历史

这个公式并不像看上去那样难。第一个符号"$\hat{C}_{H_i}$"表示一致的历史。你已经知

晓 "P" 表示某个特定时间里某件事为真的命题。"T" 表示这些因子是根据 $t_{i,j}$ 的值按时间顺序排列的。

7.2.4 客观坍缩理论

与哥本哈根诠释不同，客观坍缩理论（objective collapse theory）认为波函数及波函数坍缩是独立于观察者或测量而存在的。当达到某个特定阈值时，就会坍缩。观察者或测量者并不发挥特殊作用。

薛定谔方程在各种坍缩理论中得到了补充。还有一些附加项会导致自发坍塌及定位波函数。这些模型中，波函数被定位在空间中，以至于本质上它表现得像一个根据牛顿物理学移动的点。这类理论不少，都是为了解决所谓的测量问题。这是我们在本章和前几章中都曾讨论过的术语。粒子的状态在测量前是不确定的。这些理论试图回避薛定谔的猫问题。

表 7.1 总结了与测量问题有关的四种诠释。

表 7.1 与测量问题有关的四种诠释

诠释类型	描 述
哥本哈根诠释	量子系统在测量前并无明确的性质
多重世界诠释	任何时候进行量子测量，各种可能的结果都会在某个平行宇宙中发生
退相干历史诠释	在这种解释中，量子测量的各种可能性被分配给系统的其他历史。这样，每一个独立的历史本质上都以一种经典的方式表现出来。这种诠释并不关注波函数坍缩
客观坍缩理论	波函数及波函数坍缩的确独立于观察者或测量值而存在。当达到某个特定阈值时，就会发生坍缩。观察者或测量者并不发挥特殊作用

7.3 量子密钥交换

量子密钥交换（quantum key exchange，QKE）也称量子密钥分发，是指利用量子力学来产生一个共享密钥。使用量子力学的优点之一在于对量子系统进行任何测量都会改变其状态。因此，如果双方正在使用量子密钥分发，有第三方试图拦截该通信，则将检测到该操作。

7.3.1 BB84 协议

查尔斯·本内特（Charles Bennett）和吉列斯·布拉萨德（Gilles Brassard）于 1984 年提出了一种安全密钥交换协议，该协议以发明者的姓氏首字母及协议制定的年份命名，即 BB84 协议。该协议使用常见的虚拟角色名"Alice"和"Bob"作为发送方和接收方。假设 Alice 想与 Bob 交换密钥。Alice 从两串比特序列（a、b）开始；每串位长为 n。这两串比特序列被编码为 n 个量子位数的张量积。

回想一下第 1 章曾探讨过的向量点积。假设有如下两个列向量：

$$\begin{bmatrix} 1 \\ 2 \\ 1 \end{bmatrix} \begin{bmatrix} 3 \\ 2 \\ 1 \end{bmatrix}$$

它们的点积为：$1\times3+2\times2+1\times1=8$。

两个向量空间的张量积一般是将这些元素两两相乘。比如，下面是张量积的表示方法：

$$\begin{bmatrix} 1 \\ 2 \\ 1 \end{bmatrix} \otimes \begin{bmatrix} 3 \\ 2 \\ 1 \end{bmatrix}$$

图 7.3 所示为其运算过程。

图 7.3　张量积

于是我们得到了：1×3、1×2、1×1、2×3、2×2、2×1、1×3、1×2 和 1×1，但下一步并不是将它们简单相加；而是使其组合成一个新向量，如式 7.5 所示。

$$\begin{bmatrix} 1\times3 \\ 1\times2 \\ 1\times1 \\ 2\times3 \\ 2\times2 \\ 2\times1 \\ 1\times3 \\ 1\times2 \\ 1\times1 \end{bmatrix}$$

式 7.5　张量积（第 2 步）

这将产生一个新的向量，如式 7.6 所示。

$$\begin{bmatrix} 3 \\ 2 \\ 1 \\ 6 \\ 4 \\ 2 \\ 3 \\ 2 \\ 1 \end{bmatrix}$$

式 7.6　张量积（第 3 步）

下面回到 BB84 协议。Alice 首先选择两种基态中的任意一种：正交态或直线态，再将字符串 a、b 编码为张量积。a_i 和 b_i 一起提供了 4 个量子位态的感应（induct），如式 7.7 所示。

$$|\Psi_{00}\rangle = |0\rangle$$
$$|\Psi_{10}\rangle = |1\rangle$$
$$|\Psi_{01}\rangle = |+\rangle = \frac{1}{\sqrt{2}}|0\rangle + \frac{1}{\sqrt{2}}|1\rangle$$
$$|\Psi_{11}\rangle = |-\rangle = \frac{1}{\sqrt{2}}|0\rangle - \frac{1}{\sqrt{2}}|1\rangle$$

式 7.7　量子位态 BB84

Alice 基于比特值和基态发送一个光子偏振态。其中，基态可以是直线的，也可以是正交的。比如 0 在直线基中被编码为垂直极化状态，1 在对角线基中被编码为 135°。"+"符号一般用于直线基，"×"用于对角线基。Alice 将指定状态的光子传给 Bob，再从随机位阶段重复这一过程。Alice 负责记录发送的光子的状态、基和时间。

由量子力学可知，不存在某种测量可以区分这 4 种不同的偏振态，因为它们并不都是正交的。唯一可能的是在任意两个正交态（一个标准正交基）之间进行测量。例如，在直线基上测量得到水平或垂直的结果。如果光子是水平的或垂直的，那么测量准确，但如果光子是 45°或 135°的，那么直线测量会随机返回水平态或垂直态。

由于 Alice 对这些比特进行了编码，所以 Bob 无法知道 Alice 使用了何种基。因此，Bob 必须随机选择一个基进行测量，要么是直线基，要么是对角线基。这是针对

Bob 接收到的每个光子进行的操作，结果、使用时间、测量基都被一并记录下来。Bob 测完所有光子后，会通过传统信道告知 Alice。Alice 发送每个光子使用的基，Bob 传回测量每个光子使用的基。Bob 和 Alice 都丢弃了彼此使用的不同的基。事实证明，丢掉的比特数平均是原比特数的一半，剩下的一半被用于加密密钥。Alice 和 Bob 通过比较剩余比特的预定子集来核实是否有窃听者。如果第三方获取了有关光子偏振的信息，就会导致 Bob 的测量发生误差。因为对光子的测量改变了它。Alice 采取的步骤大致如下：

步骤 1： Alice 从位长为 n 的两串字符串（a、b）着手。a、b 被编码为 n 个量子比特的张量积。于是产生了一个新的向量空间。

步骤 2： Alice 首先选择两种基态中的一种：正交态或直线态，再将字符串 a、b 编码为张量积。a_i 和 b_i 一起提供了 4 个量子位态的感应。

步骤 3： Alice 根据比特值和基态准备一个光子偏振态。

步骤 4： Alice 将指定状态的光子传给 Bob。再从随机位阶段重复这一过程。Alice 负责记录每个光子发送的状态、基和时间。

7.3.2　B92 协议

B92 协议使用诸如 $|A>$ 和 $|B>$ 的两种非正交态。该协议是由 BB84 协议的开创者之一查尔斯·本内特于 1992 年制定的。

在这里，Alice 发送 0 位或 1 位。0 在一个基上，1 在另一个基上。随机选用这两个基。Bob 也从中随机挑一种来测量收到的比特。根据测量结果，Bob 能够知晓自己是否选择了正确的基。如果 Bob 的测量结果是兼收并蓄的，那么他就会把该结果排除在外。B92 协议中，大量比特位被排除在外。

7.3.3　SARG04 协议

SARG04 协议是 BB84 协议的改进版。当要发送消息时，发送方以位长为 n 的两串字符串开始。这些被编码为 n 量子位的字符串如式 7.8 所示。

$$|\Psi\rangle = \bigotimes_{i=1}^{n} |\Psi_{a_i b_i}\rangle$$

式 7.8　SARG04 编码

a_i 和 b_i 一起提供了 4 个量子位态的索引，如式 7.9 所示。

$$|\Psi_{00}\rangle = |0\rangle$$
$$|\Psi_{10}\rangle = |1\rangle$$
$$|\Psi_{01}\rangle = |+\rangle = \frac{1}{\sqrt{2}}|0\rangle + \frac{1}{\sqrt{2}}|1\rangle$$
$$|\Psi_{11}\rangle = |-\rangle = \frac{1}{\sqrt{2}}|0\rangle - \frac{1}{\sqrt{2}}|1\rangle$$

式 7.9　SARG04 量子位态

注意，位 b_i 是决定 a_i 编码的基础。发送方通过公共信道向接收方发送量子态 $|\psi\rangle$。接收方接收一个状态 εp，该状态结合了信道 ε 的噪声及试图测量量子态的第三方潜在干扰。接收方再生成（与发送方）长度相同的比特串 b，并在测量来自发送方的比特时使用这些比特作为测量基。发送方在发送每个量子位时必须选择一个计算基态和一个阿达玛基态，以使量子位态是这两者之一。

为了进一步探讨 SARG04 协议，必须先探讨阿达玛基态（Hadamard basis state）。阿达玛变换（也称沃尔什-阿达玛变换）在量子计算中非常重要。这种变换通常被称为阿达玛门，接下来的章节中我们还将见到它。这是一种单量子位旋转，将量子位基态 $|0\rangle$ 和 $|1\rangle$ 分别映射为两个计算基态 $|0\rangle$ 和 $|1\rangle$ 等权重的叠加态。通常选择特定的相位以使式 7.10 为真。

$$\frac{|0\rangle + |1\rangle}{\sqrt{2}}\langle 0| + \frac{|0\rangle + |1\rangle}{\sqrt{2}}\langle 1|$$

式 7.10　阿达玛变换

许多量子算法都将阿达玛变换作为初始步骤，因为它将初始化为 $|0\rangle$ 的 n 个量子位映射为所有具有相同权重的 $|0\rangle$ 和 $|1\rangle$ 基上的 $2n$ 个正交态的叠加。

下面回到 SARG04 协议。发送方宣布自己选择的两个态，接收方知道发送方使用的态是两个态中的一种，就能确定测量值是否与发送方选用的态一致。如果接收方的态与发送方的任意一种态都一致，则该量子位无效，因为此时无法区分态。如果只与两个候选态中的某一个一致，那么该量子位有效。这允许确定一个密钥的位，从而产生 k 组有效位。传感器可以随机选择 $k/2$ 位，发送方和接收方可以判断是否一致，从而共享一个密钥。

7.3.4   六态协议

六态协议，通常简称 SSP，由贝克曼-帕斯奎努克（Bechmann-Pasquinucci）和吉斯（Gisn）于 2019 年发表在一篇题为《量子密码学六态协议中的非相干和相干窃听》（Incoherent and Coherent Eavesdropping in the 6-state protocol of Quantum Cryptography）的论文中。该协议也是 BB84 协议的变体。SSP 的要点在于，如果有人试图拦截通信，它会带来更高的错误率。这就更容易发现是否有人窃听。SSP 的基本算法相对简单。发送方生成一串随机量子位，再随机挑选三个基中的一种进行编码。然后将该字符串通过某个信道发送给接收方。接收方从三个基中随机挑选一个来测量接收到的量子位态。若接收方和发送方选择的解码基（而非编码基）不同，双方将丢弃这些量子位，剩余的量子位则是密钥。

7.3.5   E91 协议

英国牛津大学数学研究所的量子物理学教授阿图尔·艾克特（Artur Ekert）制定了一种不同的密钥交换协议，名为 E91 协议。E91 协议使用了相互纠缠的光子对。这使我们回想起先前讨论过的量子纠缠。纠缠态彼此相关联，倘若第三方试图拦截通信，这种操作将破坏纠缠态，然后被发现。

以下有关 E91 协议的资料可供拓展阅读：

http://www.broadview.com.cn/44842/0/27

http://www.broadview.com.cn/44842/0/28

http://www.broadview.com.cn/44842/0/29

http://www.broadview.com.cn/44842/0/30

7.3.6   协议的实现

关于量子密钥交换，已经有诸多成功案例，一个明显趋势是它能在越来越远的距离上得以实施。2007 年，洛斯·阿拉莫斯国家实验室（Los Alamos National Laboratory，LANL）实现了在 148.7 公里的光纤上进行量子密钥交换。2015 年，日内瓦大学和康宁公司做到了超 307 公里的量子密钥交换。

美国国防高级研究计划局（Defense Advanced Research Projects Agency，DARPA）创建了一个由十个节点组成的量子密钥分发网络，它能不间断地运行四年。2016 年，中国开通了中国和奥地利维也纳之间的量子密钥信道（距离为 7500 公里）。

7.4 小结

本章探讨了量子纠缠这一量子物理学概念，涉及量子纠缠的物理学本质，以及理解量子纠缠所必需的数学基础知识。这也是量子物理学中较难掌握的内容。此外，本章还讨论了量子密钥交换（QKE），也称量子密钥分发（QKD），除了探讨一些基本概念，还涉及一些量子密钥交换协议及协议的实现。

章节测试

复习题

1. 贝尔不等式的要点是什么？它表明了什么？

   a. 隐变量是造成量子纠缠的原因。

   b. 隐变量不是造成量子纠缠的原因。

   c. 一个有用的量子门。

   d. 如何实现量子纠缠。

2. BB84 协议中使用了多少个量子位态？

   a. 4 个

   b. 2 个

   c. 要多少有多少

   d. 与量子位数目相同

3. 下列哪一种量子密钥分发（QKD）协议是基于使用相互纠缠的光子的？

   a. BB84 协议

   b. SARG04 协议

   c. E91 协议

   d. SSP 协议（六态协议）

4. 在_____中，量子测量的各种可能性被分配给该系统的替代历史。这样一来，本质上每个独立的历史都以一种经典的方式表现出来。这种诠释并不关注波函数坍缩。

a. 客观坍缩理论

b. 退相关历史诠释

c. 多重世界诠释

d. 哥本哈根诠释

5._____提出了一种方法以检验隐变量是否存在。

a. 埃尔温·薛定谔

b. 大卫·博姆

c. 阿尔伯特·爱因斯坦

d. 约翰·贝尔

6._____指出，量子系统在被测量前没有明确的性质。

a. 多重世界诠释

b. 博姆解释

c. 退相干历史诠释

d. 哥本哈根诠释

第 **8** 章

量子架构

章节目标

学完本章并完成章节测试后，你将能够做到以下几点：

- 解释量子计算机的逻辑拓扑结构
- 阐明不同的量子位存储技术
- 理解量子门
- 解释量子退火

本章将深入探讨量子位和量子计算机制，包括量子门与量子电路。此外，我们还将探讨非电路方法，比如 D-Wave 公司采用的计算方法。掌握量子门和量子电路对读者进一步理解后续章节（如第 9 章"量子硬件"和第 10 章"量子算法"）至关重要。

8.1 深入了解量子位

前几章讨论过量子位；本节将进一步探讨这个话题。量子位是一种基于粒子态的量子力学系统，可以是光子的偏振、电子的自旋等。

表示量子位的量子态常将两个标准正交基态或基向量线性叠加。回顾一下第 1 章"线性代数入门"：若两个向量正交（即彼此垂直）并且具有单位长度（向量长度为 1），则称这些向量为幺正的，通常表示如下：

$$|0\rangle = \begin{bmatrix} 1 \\ 0 \end{bmatrix}, \quad |1\rangle = \begin{bmatrix} 0 \\ 1 \end{bmatrix}$$

再回忆一下用来表示向量的狄拉克符号。这里的两个状态 |0> 和 |1> 都是右矢。这两个标准正交基态构成了量子位的计算基础，它们跨越了量子位的二维向量空间，是一个希尔伯特空间。

回想一下，第 2 章 "复数" 中讲过：希尔伯特空间是一个向量空间，就像我们在第 1 章中介绍的那样。不过，希尔伯特空间是大家熟知的欧几里得二维平面和三维空间的一种推广，可扩展到任意维度，包括无限维空间。德国数学家大卫·希尔伯特在关于积分方程和傅里叶级数的研究中首次描述了希尔伯特空间。本质上，这种空间是一个可推广到无限维的向量空间。

如果想表示两个量子位，则需要表示以下 4 种状态：

$$|00\rangle = \begin{bmatrix} 1 \\ 0 \\ 0 \\ 0 \end{bmatrix}, \quad |11\rangle = \begin{bmatrix} 0 \\ 0 \\ 0 \\ 1 \end{bmatrix}, \quad |01\rangle = \begin{bmatrix} 0 \\ 1 \\ 0 \\ 0 \end{bmatrix}, \quad |10\rangle = \begin{bmatrix} 0 \\ 0 \\ 1 \\ 0 \end{bmatrix}$$

记住，这些是你测量量子位后将得到的状态。测量发生前，量子位处于多个可能状态的叠加。因此，要描述一个量子位，以下公式非常有用：

$$|\Psi\rangle = \alpha|0\rangle + \beta|1\rangle$$

α 和 β 的值为概率振幅，一般都为复数。由玻恩定理可知，测量量子位时，值为 0 即 "|0>" 的概率为 $|\alpha|^2$，值为 1 即 "|1>" 的概率为 $|\beta|^2$。切记：α 和 β 表示概率振幅，一般为复数。假设概率总是等于 1，则有：

$$|\alpha|^2 + |\beta|^2 = 1$$

虽然有些读者可能不太熟悉这一点，但它确实是非常标准的概率。除了需要大致了解玻恩定理的概念，我们还需了解其基本原理。

玻恩定理（有时也称玻恩假设或玻恩法则）给出了测量某个量子系统（如量子位）时得到某种结果的概率，由马克斯·玻恩于 1926 年提出。由玻恩定理可知，在特定点找到特定粒子的概率密度与该点粒子波函数的模的平方成正比。

要想理解玻恩定理，就得从一些可观测量着手。该可观测量对应于一个自伴算子 A。A 拥有在归一化波函数的系统中测量的离散谱。玻恩定理告诉我们，在这些情况下，我们知道关于这个系统的一些具体情况。但在了解玻恩定理前，必须先理解什么是自伴算子。

要想理解自伴算子，首先就要知道，线性代数中的矩阵实际上就是算子。自伴算子是从向量空间 V 到自身的线性映射。复希尔伯特空间中，算子的伴随通常也称厄米转置或厄米共轭。更简单地说，复希尔伯特空间中的伴随算子与复数的复共轭功能相同。回想一下第 2 章讲过的复共轭，它指的是实部和虚部数值均相同，但虚部符号相反。比如，$3 - 4i$ 的复共轭是 $3 + 4i$。

下面再回到玻恩定理上来。由玻恩定理可知：

- 测量结果是自伴算子 A 的特征值之一。

- 测量结果为特定特征值 λ_i 的概率等于 $< \psi |P_i| \psi >$，其中，P_i 是 λ_i 对应的 A 的特征空间上的投射。

这将我们带到了布洛赫球（Bloch sphere），如图 8.1 所示。

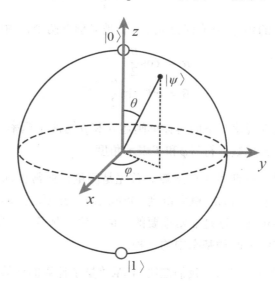

图 8.1　布洛赫球

下面再详细讨论一下布洛赫球。我们先来讨论物理学中用到的自由度这个概念，它是给定物理系统状态的独立物理参数。特定系统的所有可能状态构成了该系统的相空间。换个角度思考，相空间的维度就是该特定系统的自由度。

我们已经知道，α 和 β 表示概率。下面再来具体分析。α 和 β 常被描述为霍普夫坐标（Hopf coordinate），即霍普夫纤维丛（Hopf fibration）的一部分。霍普夫纤维丛也称霍普夫映射，是指用普通球面描述四维空间中的超球面，由数学家海因茨·霍普夫（Heinz Hopf）于 1931 年提出。探讨霍普夫在拓扑学方面的工作不在本书探讨范围内；不过，就本书的研究目的而言，你至少需要知道霍普夫坐标对描述带有复数的球面上的位置（如布洛赫球）很有用。

霍普夫纤维丛（也称霍普夫映射）描述了超球面（即四维空间中的球体）。这种纤维丛由圆和三维空间中的普通球体组成。霍普夫发现了从超球面到三维球体多对一的一组连续函数，以至于三维球体中的每一点都映射自超球面的不同圆。

霍普夫的研究在拓扑学和扭量理论中意义重大。以上是对霍普夫坐标极为简短的描述。下面再用 α 和 β 具体阐述：

$$\alpha = e^{i\Psi} \cos \frac{\theta}{2}$$
$$\beta = e^{i(\Psi+\varphi)} \sin \frac{\theta}{2}$$

$e^{i\varphi}$ 的值是量子位的相态。α 有时是实数，于是只剩下两个自由度，得到以下公式：

$$\alpha = \cos \frac{\theta}{2}$$
$$\beta = e^{i\varphi} \sin \frac{\theta}{2}$$

读者可能还有些许疑惑，下面再详细阐述 α 和 β 这两个概率。e 表示欧拉常数，这是第 2 章讨论过的超越数。符号 φ 和 θ 表示角度。

在量子位上可以执行两种主要运算。首先是测量，通常也称标准基测量。测量结果是基于先前讲过的 $|\alpha|^2$ 和 $|\beta|^2$ 概率得到 $|0\rangle$ 或 $|1\rangle$。需要注意的是，不同于经典位运算，量子位测量不可逆，这是非常重要的。请记住，测量前，量子位处于叠加态；测量后，叠加态会坍缩为两种基态中的一种。

其次是量子逻辑门的应用。我们在第 4 章"量子计算的计算机科学基础"中讨论了经典逻辑门。本章主要探讨量子门，务必要掌握。

正如本书探讨的许多内容一样，你对这些内容的理解程度取决于自身的阅读目的。假如你只是想大致理解量子运算，那么至少需要知晓给定量子位在以特定概率进行测量时会得到 1 或 0。此外，还应当记住，测量前，量子位处于这些状态的叠加态。

假如你想深入研究量子计算，应掌握本章介绍的所有内容。有些读者可能还需再次复习第 1 章和第 2 章讲过的线性代数和复数才能理解本章。

8.2　量子门

第 4 章总结了计算机科学的要点，包括逻辑门。逻辑门是计算的基本内容之一。量子计算中亦是如此，因而你需要掌握量子门。

量子门（有时也称量子逻辑门）是量子计算的基本电路模型，它们在量子计算中的作用等同于经典逻辑门在数字电路中的作用。尽管第 4 章简要讨论了量子计算用到的一些门，但本节将提供更详细的内容。

经典计算中用到的许多门都是不可逆的，比如，逻辑与门。但逻辑非门则是可逆的。一般来说，可逆门是指输入向量可从输出向量中恢复，同时输入和输出向量之间存在一一对应关系。这表明，输入可以决定输出，同时输出也能恢复输入。

可逆门是传统计算机和量子计算机实现有效计算所必备的。经典可逆门更严格的数学定义如下：n 位可逆门是从 n 位数据集合 $\{0,1\}^n$ 到自身的双射 f。有些读者可能不了解"双射"（bijective）。我们先定义三个与此相关的术语：单射（injective）、满射（surjective）和双射（bijective）。图示法有助于理解。假设有两组点 A、B，如图 8.2 所示。

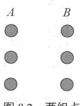

图 8.2　两组点

简言之，单射是指 A 中的所有元素都能映射到 B 中，但 B 中的元素在 A 中可能找不到匹配项。满射是指 B 中的每个元素都至少有一个（实际上可以有很多个）A 中的元素与之对应。双射是指 A 中的每个元素都能映射到 B 中的唯一一个元素，反之亦然。更正式地说，双射意味着同时满足单射和满射。图 8.3 可能有助于更好地理解这三个术语。

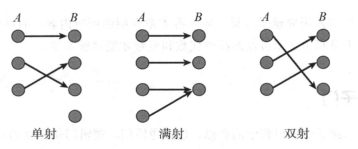

图 8.3   单射、满射和双射

你可能好奇这与量子架构有什么关系。在讨论可逆门和电路时，双射函数可逆，这很重要。酉矩阵（幺正矩阵）表示量子逻辑门，这在第 1 章讲过，至此我们也复习过很多次了。酉矩阵是一个具有复元素的方阵，共轭转置是它的逆。回顾第 2 章内容：共轭转置只是将 "$a + ib$" 变为 "$a - ib$"，反之亦然。式 8.1 为一个酉矩阵示例。

$$A = \begin{bmatrix} \dfrac{1}{\sqrt{2}} & \dfrac{1}{\sqrt{2}} \\ \dfrac{1}{\sqrt{2}}i & -\dfrac{1}{\sqrt{2}}i \end{bmatrix}$$

式 8.1   酉矩阵

其共轭转置如式 8.2 所示。

$$A^* = \begin{bmatrix} \dfrac{1}{\sqrt{2}} & -\dfrac{1}{\sqrt{2}}i \\ \dfrac{1}{\sqrt{2}} & \dfrac{1}{\sqrt{2}}i \end{bmatrix}$$

式 8.2   酉矩阵的共轭转置

下面是关于酉矩阵的一份很好的材料：http://www.broadview.com.cn/44842/0/31。

8.2.1   阿达玛门

阿达玛门可能是讨论最广泛的量子门，由阿达玛矩阵组成，如式 8.3 所示。

$$H = \frac{1}{\sqrt{2}} \begin{bmatrix} 1 & 1 \\ 1 & -1 \end{bmatrix}$$

式 8.3   阿达玛矩阵

第 4 章曾简要探讨过阿达玛门。阿达玛矩阵是一个方阵，方阵中的元素要么是 +1，要么是−1，它是以法国数学家雅克·阿达玛（Jacques Hadamard）的名字命名的。阿达玛矩阵中的行相互垂直。注意，阿达玛门是将阿达玛矩阵乘以 $\frac{1}{\sqrt{2}}$，它在量子位上运行，是傅里叶变换的量子位版本。当然，我们需要了解什么是量子傅里叶变换（quantum Fourier transform，QFT）。倘若你只是想大致了解量子计算，那么浏览一下即可，不必掌握。

量子傅里叶变换是量子位上的线性变换，类似于经典离散傅里叶逆变换。量子傅里叶变换非常重要，它不仅与阿达玛门有关，实际上也是量子算法的组成部分。事实上，肖尔算法就用到了量子傅里叶变换。

下面先回顾一下经典离散傅里叶变换。这种变换作用于一个向量 $(x_0, x_1, x_2, \cdots, x_{n-1})$，当两个向量都是复空间中的元素时，就将它们映射到另外的向量 $(y_1, y_2, \cdots, y_{n-1})$，如式 8.4 所示。

$$y_k = \frac{1}{\sqrt{N}} \sum_{n=0}^{N-1} x_n\, \omega_N^{-kn}$$

式 8.4　经典离散傅里叶变换

这适用于 $k = 0, 1, 2, \cdots, n-1$。式 8.4 中，$\omega_N = e^{2\pi i/n}$ 和 ω_N^n 表示第 n 个单位根。单位根是指当提高到某个正整数幂 n 时得到 1 的任意复数，有时也称棣莫弗数（de Moivre number），得名于法国数学家棣莫弗。他不仅提出了将复数与三角函数联系起来的棣莫弗公式（de Moivre formula），在概率论方面所做的工作也使其闻名遐迩。

量子傅里叶变换以类似的方式作用于量子态上，使用与式 8.4 类似的公式，只是将作用对象换成了量子态而已，如式 8.5 所示。

$$|x\rangle = \sum_{i=0}^{N-1} x_i\, |i\rangle \rightarrow \sum_{i=0}^{N-1} y_i\, |i\rangle$$

式 8.5　离散量子傅里叶变换

式 8.5 中，左态被映射到右态。$|x\rangle$ 作为基态时上述公式可变形为式 8.6。

$$|x\rangle \mapsto \frac{1}{\sqrt{N}} \sum_{k=0}^{N-1} \omega_N^{kn} |k\rangle$$

式 8.6   离散量子傅里叶变换（变形）

尽管离散量子傅里叶变换还有诸多细节，但上述这种简短描述对于本书的学习也已足够。下面再回到阿达玛门中来，它有如下性质：$HH^{\dagger} = I$。换句话说，阿达玛门乘以其转置将得到单位矩阵。

8.2.2   相移门

相移门是一组有趣的量子门。相移门在单个量子位上运行，保持基态 |0> 不变，但将基态 |1> 映射到 $e^{i\phi}$|1>。有趣的是，相移门在运行后并不会改变测量 |0> 或 |1> 的概率，而只改变量子态的相位，它也由此得名。式 8.7 为广义上的相移门。

$$R_{\phi} = \begin{bmatrix} 1 & 0 \\ 0 & e^{i\phi} \end{bmatrix}$$

式 8.7   相移门

相移门在诸多方面均有应用，在降低干扰灵敏度的超导电荷量子位 transmon 中应用尤为广泛。以下是与相移门有关的一些比较有意思的文章：

http://www.broadview.com.cn/44842/0/32

http://www.broadview.com.cn/44842/0/33

http://www.broadview.com.cn/44842/0/34

8.2.3   泡利门

回想一下第 2 章讨论过的泡利矩阵，即：

$$\begin{bmatrix} 0 & 1 \\ 1 & 0 \end{bmatrix}$$
$$\begin{bmatrix} 0 & -i \\ i & 0 \end{bmatrix}$$
$$\begin{bmatrix} 1 & 0 \\ 0 & -1 \end{bmatrix}$$

通常用符号 "σ" 表示，即：

$$\sigma_1 = \begin{bmatrix} 0 & 1 \\ 1 & 0 \end{bmatrix}$$

$$\boldsymbol{\sigma}_2 = \begin{bmatrix} 0 & -i \\ i & 0 \end{bmatrix}$$
$$\boldsymbol{\sigma}_3 = \begin{bmatrix} 1 & 0 \\ 0 & -1 \end{bmatrix}$$

它们就是泡利门，你应该不会对此感到惊讶。事实上，泡利门有 3 个：泡利 X 门、泡利 Y 门和泡利 Z 门，它们都在单个量子位上运行，并对其进行转换。

泡利 X 门是经典非门的量子等价物，相当于绕布洛赫球的 x 轴旋转 π 弧度。这种门会将 |0>转换为 |1>，反之亦然。你可能猜到了，泡利 X 门就是用泡利 $\boldsymbol{X}$ 矩阵表示的。

$$\boldsymbol{X} = \begin{bmatrix} 0 & 1 \\ 1 & 0 \end{bmatrix}$$

泡利 Y 门相当于绕布洛赫球的 y 轴旋转 π 弧度，将 |0>转换为 i|1>，将 |1>转换为 −i|0>。泡利 Y 门是用泡利 $\boldsymbol{Y}$ 矩阵表示的。

$$\boldsymbol{Y} = \begin{bmatrix} 0 & -i \\ i & 0 \end{bmatrix}$$

最后，我们再看看泡利 Z 门。你可能也猜到了，泡利 Z 门相当于绕布洛赫球的 z 轴旋转。这是相移门的一种特殊情况。它保持 |0>基态不变，但却将基态 |1>映射到 −|1>，用泡利 $\boldsymbol{Z}$ 矩阵表示如下：

$$\boldsymbol{Z} = \begin{bmatrix} 1 & 0 \\ 0 & -1 \end{bmatrix}$$

8.2.4　交换门

交换门与先前讨论过的门不同，它作用于双量子位。顾名思义，交换门会将这两个量子位进行交换，表示为图 8.4 所示矩阵。

交换门还有一种有趣的变化，即交换门的平方根。其实，这种门就是中途进行了交换。更有趣的是，它是一扇通用门。正如第 4 章中简要介绍的那样，通用门表明人们可以使用该门来构造其他门。交换门的平方根也能用来构造其他门。假设有一个双量子位系统，交换门的平方根如图 8.4 所示。

$$SWAP = \begin{bmatrix} 1 & 0 & 0 & 0 \\ 0 & 0 & 1 & 0 \\ 0 & 1 & 0 & 0 \\ 0 & 0 & 0 & 1 \end{bmatrix}$$

图 8.4　交换门

8.2.5　弗雷德金门

弗雷德金门（Fredkin gate）是由爱德华·弗雷德金（Edward Fredkin）发明的一种经典计算电路，它是通用门。这表明，弗雷德金门能构造任意逻辑运算或算术运算，它的量子版本是执行一个控制交换的三位门，有时也称受控交换门（CSWAP 门）或 cS 门。

8.2.6　托佛利门

托佛利门（Toffoli gate）得名于其发明者托马索·托佛利（Tommaso Toffoli），也称 CCNOT 门，是经典计算机的通用可逆逻辑门，三输入三输出，但不适用于量子应用。

托佛利门是受控门，本质上，它通过检查输入来执行。若前两个量子位处于 |1> 态，则第三个量子位使用泡利 X 门，否则不进行任何操作。

8.2.7　受控门

尽管还有其他形式的受控门，但通过特定运算在量子位上运行的通用受控门使用广泛。例如，受控非门（通常称为 cNOT 或 cX 门）作用于双量子位，若第一个量子位为 |1>，则第二个量子位执行非运算；若第一个量子位不是 |1>，则第二个量子位保持不变。假设基态为 |00>、|01>、|10>和|11>，cX 门可用式 8.8 所示矩阵表示。

$$\begin{bmatrix} 1 & 0 & 0 & 0 \\ 0 & 1 & 0 & 0 \\ 0 & 0 & 0 & 1 \\ 0 & 0 & 1 & 0 \end{bmatrix}$$

式 8.8　cX 门矩阵

此外还有一种受控 U 门，它也作用于双量子位，第一个量子位起控制作用（由此得名）。受控 U 门的映射如下：

$$|00\rangle \rightarrow |00\rangle$$
$$|01\rangle \rightarrow |01\rangle$$

请注意，若第一个量子位为零，则什么都不会被改变。

还有更复杂的门，比如：

$$|10\rangle \rightarrow |1\rangle \otimes U|0\rangle = |1\rangle \otimes (u_{00}|0\rangle + u_{10}|1\rangle)$$

继续学习之前，我们得先探讨上述这个门表示什么含义，因为有些符号看起来很奇怪。U 表示泡利矩阵（$\sigma_x, \sigma_y, \sigma_z$）中的一种。比如，若 U 是泡利 Z 矩阵，则产生的受控门为受控 Z 门。因此，u_{00} 表示将 |00> 输入到某个特定的泡利矩阵。至此，我们就能继续学习了。

下面用一种更复杂的门来表示泡利矩阵。

$$|11\rangle \rightarrow |1\rangle \otimes U|1\rangle = |1\rangle \otimes (u_{01}|0\rangle + u_{11}|1\rangle)$$

如你所见，这比我们讨论过的其他门更复杂。不过，为了便于理解，可将其视为一个受控的泡利门。

量子 CNOT 门（受控非门）的工作方式与你在图 8.5 中看到的非常相似。

输入	输出
$|00\rangle$	$|00\rangle$
$|01\rangle$	$|01\rangle$
$|10\rangle$	$|11\rangle$
$|11\rangle$	$|10\rangle$

图 8.5　量子 CNOT 门

8.2.8　伊辛门

伊辛门（Ising gate）非常有趣，它包含三种门：XX 门、YY 门和 ZZ 门。实际上，这些门常被称为伊辛耦合门，得名于恩斯特·伊辛（Ernst Ising）。他还发明了同名的伊辛模型，用来表示原子自旋的磁偶极矩（magnetic dipole moment of atomic spin）。

伊辛门是应用于某些量子计算机中的双量子位门，尤其是使用囚禁离子（trapped ion）的量子计算机。与囚禁离子相关的更多硬件问题将在第 9 章中进行探讨。这些门比本章前面讨论过的门更为复杂。普通读者只要知道伊辛门（*XX* 门、*YY* 门和 *ZZ* 门）都是量子门就足够了；对于那些想深入了解的读者，请先看看这三个门的矩阵，如式 8.9 至式 8.11 所示。

$$\begin{bmatrix} \cos(\phi) & 0 & 0 & -i\sin(\phi) \\ 0 & \cos(\phi) & -i\sin(\phi) & 0 \\ 0 & -i\sin(\phi) & \cos(\phi) & 0 \\ -i\sin(\phi) & 0 & 0 & \cos(\phi) \end{bmatrix}$$

式 8.9　伊辛 *XX* 耦合门矩阵

$$\begin{bmatrix} \cos(\phi) & 0 & 0 & i\sin(\phi) \\ 0 & \cos(\phi) & -i\sin(\phi) & 0 \\ 0 & i\sin(\phi) & \cos(\phi) & 0 \\ i\sin(\phi) & 0 & 0 & \cos(\phi) \end{bmatrix}$$

式 8.10　伊辛 *YY* 耦合门矩阵

$$\begin{bmatrix} e^{i\phi/2} & 0 & 0 & 0 \\ 0 & e^{i\phi/2} & 0 & 0 \\ 0 & 0 & e^{i\phi/2} & 0 \\ 0 & 0 & 0 & e^{i\phi/2} \end{bmatrix}$$

式 8.11　伊辛 *ZZ* 耦合门矩阵

如你所见，上述式子都是 4 × 4 矩阵。我们再复习一下：e 表示欧拉常数，ϕ 表示方位角，i 当然表示虚数基。鉴于读者已经非常熟悉上述式子中的三角函数了，此处就不再赘述。

8.2.9　Gottesman-Knill 定理

讨论量子门时还必须讨论戈特斯曼-克尼尔定理（Gottesman-Knill Theorem）。该定理是由丹尼尔·戈特斯曼（Daniel Gottesman）和伊曼纽尔·克尼尔（Emanuel Knill）提出的。他们认为，由量子位泡利群的正规化子组成的门电路可以由经典概率计算机在多项式时间内完美模拟。于是，我们先定义几个从未见过的术语。最容易定义的可能是泡利群，它由一个单位矩阵和泡利矩阵组成。对于那些不熟悉群论的读者，我们还得定义什么是正规化子（normalizer）。它可以是以下三个等价项中的任意一项：

1. 该正规子群的最大中子群。

2. 该群中与子群可交换的所有元素的集合。

3. 被诱导的内自同构限制为群的自同构的群中所有元素的集合。

对于数学学得不那么好的读者来说，第三个定义可能会很难。幸运的是，普通读者不需要深入了解正规化子。重要的是，泡利群（有时被称为 Clifford 群）可以用 CNOT 门、阿达玛门和相位门生成。因而稳定器电路可以只用这些门来构建。

由戈特斯曼-克尼尔定理可知，一个符合特定标准的量子电路可以在经典计算机上以一种有效的方式进行模拟。实际上，这是目前在经典计算机上探索量子问题的一些研究基础，也是了解戈特斯曼-克尼尔定理最重要的事。

8.3 与门有关的更多信息

我们已经讨论了一些常见的量子门，下面就来更深入地研究量子逻辑门的概念。这部分内容更有技术含量。出于不同的阅读目的，你可自行判断是否需要熟练掌握本节内容。

回顾第 4 章及本章讨论过的内容，你应当很清楚逻辑门了。本质上，逻辑门接收或输出位（量子位）。最终，所有计算机操作都必须简化为门运算。在经典计算世界中，这表明这些运算最终会简化为二进制逻辑运算；在量子计算世界中，则将被简化为在量子门上进行的运算。输入量子位进入门，产生输出量子位。请注意，我故意没有说量子位已被替换了。因为某些运算中输入和输出可能保持不变。

量子门世界中需要门总是可逆的。特定的可逆性被称为酉映射（unitary mapping）。现在，让我们运用本书介绍过的所有数学知识以一种更严格的形式来定义它。量子门提供了一个保留厄米内积的复内积空间的线性变换。复习一下：内积也称点积，两个向量的内积就是两个向量相乘。假设有向量 X、Y，内积如式 8.12 所示。

$$\sum_{i=1}^{n} X_i Y_i$$

式 8.12 内积

回顾一下第 2 章内容：厄米矩阵是指等于它自己的共轭转置的方阵。共轭转置是指先取矩阵的转置，再取矩阵的复共轭。

8.4 量子电路

前面讨论了量子门，下面该讨论量子电路了。这是因为量子电路是由一系列量子门组成的。

前一节讨论了可逆量子门，讨论可逆量子电路自然也很正常。假设你必须反转 n 位的门。将这些门记为 A、B。如果将它们放在一起，这样 A 的 k 个输出就被映射到了 B 的 k 个输入，于是得到一个基于 $n + n - k$ 位的可逆电路，这就是可逆量子电路的基本结构。

下面讨论如何绘制这样的量子电路。首先，需要将可能用到的所有量子门用符号进行标记。表 8.1 列出了前几节讨论过的量子门。

表 8.1   通用门符号

门	符　　号
阿达玛门	─H─
泡利 X 门	─X─
泡利 Y 门	─Y─
泡利 Z 门	─Z─
SWAP（交换门）	╳
相移门	─S─
托佛利门（Toffoli 门）	─●─ ─⊕─
弗雷德金门（Fredkin 门）	─●─ ─✕─ ─✕─
受控门	ΛG
受控非门（CNOT，CX）	─●─ ─⊕─
受控 Z 门	─●─ ─Z─

表 8.1 展示了最常见的门符号。接下来就可以开始讨论量子电路了。从一个很简单的电路开始——实际上该电路除了测量输入，再无其他作用，甚至这个电路中没

有任何门，如图 8.6 所示。

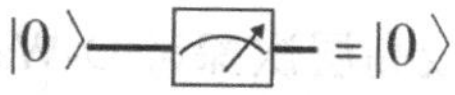

图 8.6　最简单的电路

图 8.6 中有一个之前没有讨论过的符号，即测量符号，如图 8.7 所示。

图 8.7　测量符号

由图 8.7 可知，有一个量子位在 |0>态被测量且保持在 |0>态。接下来，我们再加深难度。假设有一个通过阿达玛门的量子位，对其进行测量，表示如下：

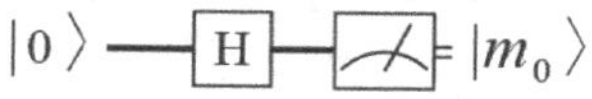

$$|0\rangle — \boxed{H} — \boxed{\measuredangle} = |m_0\rangle$$

图 8.8　简单的阿达玛门电路

符号 |m_0>表示测量结果，可以是 |0>，也可以是 |1>。

下面再进行扩展。如果有很多门，电路图将怎样？无论在哪儿测量，都很容易绘制。先忽略"为什么"，就像忽略为什么你想组合特定的门一样，我们只是先思考如何绘制这样的图。图 8.9 显示了一个简单的双门图。

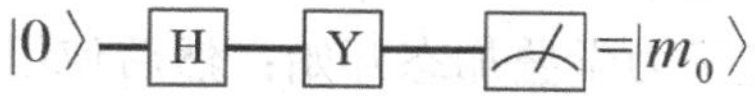

$$|0\rangle — \boxed{H} — \boxed{Y} — \boxed{\measuredangle} = |m_0\rangle$$

图 8.9　双门图

门也可以平行放置。比如，平行放置的泡利 X 门和泡利 Y 门如图 8.10 所示。

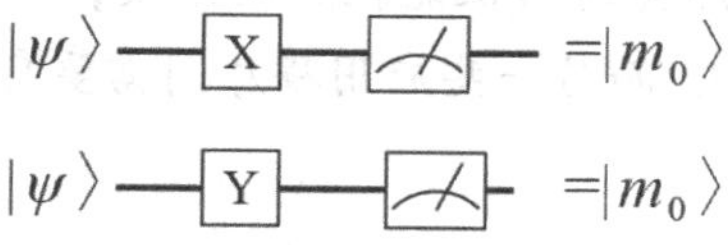

$$|\psi\rangle — \boxed{X} — \boxed{\measuredangle} = |m_0\rangle$$

$$|\psi\rangle — \boxed{Y} — \boxed{\measuredangle} = |m_0\rangle$$

图 8.10　另一个双门图

图 8.10 中，每个量子位通过门后再进行测量，得到某些值（|1>或 |0>）。

8.5　D-Wave 量子架构

出于以下两点原因，本节从较高层次探讨 D-Wave 架构：

- D-Wave 采用的量子计算方法不同于其他公司。

- D-Wave 在量子计算方面非常突出，因而需要详细了解其架构。

尽管本节仅从较高层次探讨 D-Wave 架构，但该公司网站上提供了大量免费内容，读者可自行获取。

D-Wave 使用的第一个处理器是一个利用通量量子比特（flux quibt）的超导集成电路。通量量子比特非常小，往往是微米级，带有许多约瑟夫森结的超导金属环作为量子比特。约瑟夫森结在两层超导材料之间使用了一层薄薄的非超导材料。这些装置都是以布莱恩·约瑟夫森（Brian Josephson）的名字命名的，他也因此荣获 1973 年诺贝尔物理学奖。

2011 年 5 月，D-Wave 发布了搭载 128 量子位处理器的 D-Wave One。2012 年又发布了一台 512 量子位的 D-Wave 计算机。2019 年，D-Wave 宣布推出下一代 Pegasus 量子处理芯片。

D-Wave 使用的系统与基于门的量子计算机使用的完全不同。首先，D-Wave 使用的量子位是超导芯片，而不是粒子（如光子）的实际量子态。其次，D-Wave 使用的是一种特殊计算方法——量子退火，即在一组候选解上找到给定函数的全局最小值。该过程从所有可能的量子力学叠加态开始；然后使用一个与时间相关的方程求解。

你还可以在 D-Wave 网站中[①]查看更多信息，以下是部分摘录：

　　量子退火处理器自然会返回低能耗解决方案；一些应用程序需要真实的最小能量（优化问题），而另一些应用程序则需要良好的低能量样本（概率抽样问题）。

　　优化问题：在优化问题中，我们需要从许多可能的组合中寻找最佳组合。优化问题包括调度挑战，比如，"我应当用这一辆还是下一辆卡车运送这个包裹？"或"旅行销售人员去不同城市时哪一条路径最有效？"

　　物理学有助于解决这类问题，因为我们可以将此定义为能量最小化问

---

① http://www.broadview.com.cn/44842/0/35

题。物理学的一个基本原则就是，一切事物都倾向于寻求一个最小的能量状态。比如，物体从山上滑落；炽热的东西会随时间的推移逐渐冷却。这种行为在量子物理学中也是一样。简单来讲，量子退火就是利用量子物理学寻求问题的低能量状态，从而找到最优或接近最优的元素组合。

采样问题：从低能态采样并表征能量形态（energy landscape），对于我们想要构建现实概率模型的机器学习问题而言非常有用。这些样本为我们提供了关于给定参数集的模型状态的信息，从而改进模型。

概率模型出于我们知识中的差距和数据源中的错误，明确地处理不确定性。

8.5.1　超导量子比特

D-Wave 的核心方法是超导量子比特（SQUID），这相当于经典计算机的晶体管。"SQUID"的全称是"Superconducting QUantum Interference Device"（超导量子干涉仪）。SQUID 使用之前提到过的约瑟夫森结。SQUID 有两种类型：直流和射频。

同样，D-Wave 公司对 SQUID 的描述可能对你有所帮助，摘录如下：

量子计算机与基于 CMOS 晶体管的计算机既有相同之处，又有不同之处。图 1 显示了所谓的超导量子比特（也称 SQUID）的示意图，它是量子计算机（也称量子"晶体管"）的基本组成部分。"SQUID"的全称是"Superconducting QUantum Interference Device"（超导量子干涉仪）。"干涉"是指电子（在量子波中表现为波）的干涉模式会产生量子效应。这种结构中产生诸如电子波的量子效应（使其可以表现为量子比特）源于制造材料的特性。图中的大环是由一种叫作铌（niobium）的金属制成的（而传统晶体管大多由硅制成）。当这种金属被冷却时，它就变成了所谓的超导体，并表现出量子力学效应。

常规晶体管允许使用电压来编码两种不同的状态。相反，超导量子比特结构将两种状态编码为微小磁场，要么指向上方，要么指向下方。我们将这些状态称为 +1 和 −1，对应于量子比特可以"选择"的两种状态。使用这些结构可以访问的量子力学就能控制该对象，以便我们将量子比特置于先前所述的两种状态的叠加态之中。因此，通过调整量子计算机上的控制旋钮，就能将所有量子位置于叠加态。此时，并不知道是 +1 还是 −1 态。

从单量子位到多量子位处理器要求这些量子位必须连接在一起，以便交换信息。这是通过耦合器（coupler）来实现的。这种元件也是由超导回路构成的。通过将许多这样的元素（量子比特和耦合器）放在一起，就能构建一个可编程的量子器件结构了。图2显示了8个连接的量子位示意图。前一幅图所示循环在该图中被拉伸成了一个长长的金色矩形，矩形交叉点上，耦合器被标为了蓝色的点。

尽管D-Wave完全不同于其他计算方法，但却在产生稳定的工作系统方面成就卓越。

8.6　小结

本章探讨了量子架构的基本原理，侧重量子门和量子电路。不过，本章也探讨了量子退火及相关方法。本章为第9章和第10章奠定了基础。继续下一章的学习前，你必须熟悉有关量子比特的详细内容，同时还应掌握量子门及量子电路。

章节测试

复习题

1. _____在单个量子位上运行，并保持基态 |0>不变，将基态 |1>映射到 $e^{i\phi}|1>$。

   a. 阿达玛门

   b. 相移门

   c. 泡利门

   d. 托佛利门

2. 若两个向量被视为幺正向量，则需满足哪个/些特性？

   a. 单位长度

   b. 使用狄拉克符号

   c. 归一化

   d. 相互正交

3. ＿＿＿＿＿＿＿＿指出，在特定点找到特定粒子的概率密度与该点处粒子波函数的模的平方成正比。

    a. 希尔伯特空间

    b. 希尔伯特定理

    c. 薛定谔方程

    d. 玻恩定理

4. ＿＿＿＿＿＿＿＿＿＿认为，由量子位泡利群的正规化子组成的门电路可以被经典概率计算机在多项式时间内完美模拟。

    a. 薛定谔方程

    b. 戈特斯曼-克尼尔定理

    c. 玻恩定理

    d. 相移

5. ＿＿＿＿＿＿门提供了一个保留厄米内积的复内积空间的线性变换。

    a. 阿达玛

    b. 泡利

    c. 量子

    d. 伊辛

6. 下列符号表示什么含义？

    a. 阿达玛门

    b. 测量

    c. 托佛利门

    d. 相移

第 9 章

量子硬件

章节目标

学完本章并完成章节测试后，你将能够做到以下几点：

- 阐明不同的量子位存储技术

- 理解退相干

- 解释减轻退相干的方法

- 运用量子网络

前几章讨论了量子位；本章将探讨量子计算机的物理实现，同时也将涉及退相干问题。本章的重点在于理解量子位的物理实现和退相干的地位。

此外，本章还将探讨量子网络和拓扑量子计算。学完本章，你应该对量子计算的物理实现有个大致了解。

9.1 量子位

第 8 章"量子架构"从数学角度探讨了量子位，但并未探讨量子位的物理实现。我们需要的是具有两种状态的量子力学系统，这两种状态分别用于表示 1 或 0。本节将介绍一些在物理上实现量子位的具体方法。

探讨量子位的物理实现之前，先讨论一些有关量子位的一般事实。正如本书详细介绍的那样，量子位本质上是概率性的。这表明，它在计算中很容易出错。我们将在第 10 章"量子算法"中讨论量子纠错算法。除了概率性，量子位对环境噪声也很敏感，这将在本章后面部分进行探讨。

现在我们必须解决的一个重要现实问题是，实现一个逻辑量子位需要多少个物理量子位。你可能会很自然地认为这是一种一对一的关系；但实际上，这种假设并不准确。尽管没有具体的公式可以计算，但通常实现一个逻辑量子位需要耗费多个物理量子位。比如，肖尔纠错码的工作原理就是在 9 个物理量子位中编码一个逻辑量子位。该系统基于三个量子位为一组的重复码。式 9.1 阐明了逻辑态的一般定义。

$$|0_L\rangle = (|000\rangle + |111\rangle) \otimes (|000\rangle + |111\rangle) \otimes (|000\rangle + |111\rangle)$$
$$|1_L\rangle = (|000\rangle - |111\rangle) \otimes (|000\rangle - |111\rangle) \otimes (|000\rangle - |111\rangle)$$

式 9.1　肖尔纠错码

本质上，该过程通过一种"多数投票法"运行，以便发现任何意外的比特或相位翻转。同样，这也不是一个可适用于所有情况的公式。因为我们并不总是需要 9 个物理量子位来构建一个逻辑量子位。不过，使用多个物理量子位构建一个逻辑量子位，这是很常见的。

第 8 章讨论了逻辑量子位和门；但它们与物理量子位不存在一一对应。换句话说，一个逻辑量子位并不等于一个物理量子位。不同算法中，构建一个逻辑量子位需要的物理量子位的数目不尽相同。例如，肖尔纠错码（也称重复码）中构建一个逻辑量子位就需要 9 个物理量子位，而其他算法可能只需用到 3 个物理量子位。问题在于纠错，物理量子位非常容易出错。

9.1.1　光子

光子常用于构建物理量子位，数据（1 或 0）由偏振（极化）决定：水平偏振为 |0>，垂直偏振则为 |1>。偏振法是将光子用于量子位的一种常用方法，也是使用光子编码量子位的本质。

光子具有水平或垂直偏振，有些文献中称右圆偏振或左圆偏振。偏振通常指定了横波的几何方向。横波（transverse wave）是指质点的振动方向与波的传播方向垂直。此处，"垂直"与"横向"同义。横波的运动可用下式表述：

$$s(p,t) = Au \sin\left(\frac{t - (p-0)\dfrac{d}{v}}{T} + \varphi\right)$$

其中：

- d 表示传播方向。

- o 表示传播介质中的一个参考点。

- A 表示波幅。

- v 表示传播速度。

- T 表示周期。

- φ 表示参考点 o 处的相位。

- p 表示某个位置/点。

- t 表示时间。

这主要是对线偏振的描述。

圆偏振允许沿方向 d 有多个独立位移方向。虽然我们常用光来讨论偏振，但实际上任何电磁波都有偏振。

除了圆偏振和线偏振，还有其他偏振（如椭圆偏振）。椭圆偏振是指偏振后的电磁波使得场向量的顶端形成了一个椭圆，该椭圆位于固定相交平面中，垂直于传播方向。

另一种编码光子量子比特的方法是使用时间箱编码（time-bin encoding）[①]，该过程包括使用马赫−曾德尔干涉仪（Mach-Zehnder interferometer）来处理单个光子。这种干涉仪可以用来观测从单独光源发射的光束在分裂成两道准直光束后，经过不同路径与介质所产生的相对相移变化。光子进入干涉仪后将选择两条路径中的一条前进。这两条路径长度不等，有一条比另一条更长。较短的路径（即光子较早到达）表示状态 |0>，较长的路径表示状态 |1>。两条路径之差必须长于光子的相干长度。相干长度（coherence length）是相干电磁波保持一定的相干度进行传播的距离。

使用光子量子位的另一种变体是线性光学量子计算（Linear Optical Quantum

---

① 译者注：时间箱编码是指光子所在的不同时间组。

Computing，LOQC）。这是使用光子探测器和其他光学仪器（如镜子和波片）的系统，而非单个量子位，其信息载体依旧是光子，感兴趣的读者可通过以下文档了解更多信息：

http://www.broadview.com.cn/44842/0/36

http://www.broadview.com.cn/44842/0/37

http://www.broadview.com.cn/44842/0/38

2020 年，哈佛大学的研究人员提出了一种将光子用于量子位的新方法。在他们提出的方法中，量子位是单个原子，信息载体为原子的光子。为了在量子计算中使用光子，光子必须产生相互作用；但正常情况下，光子并不会与自身产生相互作用。哈佛大学团队提议使用一面镜子将原子产生的光子反射回原子中，以便它们与原子产生相互作用。截至本书完稿时，这仍是理论建议，尚未得以应用。

9.1.2　电子

电子和光子是实现量子位的两种常用方式。电子量子位利用电子自旋等性质表示量子位的状态。例如，向上自旋表示 |0>态，向下自旋表示 |1>态。

其他变体也使用了电子存储量子位。1997 年，大卫·迪文森佐（David DiVincenzo）和丹尼尔·洛斯（Daniel Loss）提出了一种量子计算机，即 Loss-DiVincenzo 量子计算机，它使用受限于三维纳米器件即量子点中电子的自由自旋来实现量子位。量子点（quantum dot）一词源于纳米技术。一维纳米级器件称为量子阱（quantum well）；二维纳米级器件称为量子线（quantum wire）；三维纳米级器件称为量子点。

其他研究人员专注于特定介质中电子的量子态。例如，日本冲绳科学技术大学院大学（Okinawa Institute of Science and Technology）一直致力于使用液氦中的电子。数据表明，液氦中电子的自旋态将保持更长时间的相干性。读取量子位中的数据基于检测不同的里德伯态（Rydberg state），这种状态是遵循里德伯公式的激发态。激发态（excited state）是指能量高于绝对最小值（即基态）的量子态。里德伯公式（Rydberg formula）是约翰内斯·里德伯（Johannes Rydberg）提出的，用于计算化学元素中光谱线的波长，后来尼尔斯·玻尔对此进行了改进。

里德伯公式的细节对于理解量子位而言并非必要，但考虑到部分读者对此可能很感兴趣，下面给出了该公式的详细内容。里德伯公式取决于里德伯常数，对于氢

记为 R_H。该公式如下：

$$\frac{1}{\lambda} = R_H \left(\frac{1}{n_1^2} - \frac{1}{n_2^2} \right)$$

其中：

- R_H 表示里德伯常数。

- λ 表示真空中电磁辐射的波长。

- n_1 表示能级的主量子数。

- n_2 表示原子中电子跃迁能级的主量子数。

简而言之，里德伯公式预测了原子中电子改变能级时产生的光的波长。你可能还记得第 3 章"量子计算的物理学基础"中讲过的主量子数。

2020 年，澳大利亚新南威尔士大学的研究人员与加拿大魁北克的舍布鲁克大学（Université de Sherbrooke）和芬兰阿尔托大学（Aalto University）的学者合作，共同提出了一种较为新颖的量子比特方法。他们发明了一种有电子壳但无原子核的人造原子（有关电子壳的内容请回顾第 3 章）。由于没有原子核，所以也就没有正电荷，因而他们使用电极来提供正电荷。这个量子位是在一个直径为 10 纳米的量子点中实现的。回想一下，量子点是三维纳米级器件。他们假设将多个电子而非单个电子作为量子位，因而提供的量子位更强健。

9.1.3 离子

囚禁离子或离子阱（trapped ion）也可用作量子位的物理实现。量子位的值被存储为每个离子的电子态。当然，这需要稳定的离子。幸运的是，有很多这样的稳定离子。量子计算中一种常用方式是保罗离子阱，得名于沃尔夫冈·保罗（Wolfgang Paul）。注意，这并不是将沃尔夫冈·泡利（Wolfgang Pauli）的名字拼错了。其实，他们是两位不同的物理学家。沃尔夫冈·泡利因泡利不相容原理于 1945 年荣获诺贝尔物理学奖，而沃尔夫冈·保罗则因发现分离原子和亚原子粒子的研究方法于 1989 年获得诺贝尔物理学奖。后者才是本节探讨的对象。

离子阱比人们最初想象的更具挑战性。首先，我们必须考虑由塞缪尔·恩绍（Samuel Earnshaw）于 1842 年提出并证明的恩绍定理（Earnshaw's theorem）。该定理本质上表明，带电粒子不能仅靠静电力保持稳定的平衡状态。对于那些寻求更严格的数学定义的读者，我们以更正式的方式定义：拉普拉斯方程保证了电势在自由空间中不存在局部极值（最小值或最大值），但有鞍点（saddle point）。正交方向上的导数（即斜率）全为零，但不是函数局部极值的点即为鞍点。这表明，仅使用静电力难以拥有一个稳定的平衡状态。

这就将我们带回了保罗离子阱。该离子阱使用了一个射频振荡电场。假设振荡频率和场强适宜，带电粒子就被困在了鞍点处。读者若是想要了解保罗离子阱和鞍点的工作原理，可以使用马蒂厄函数（Mathieu function）。离子在鞍点的运动就是由该函数来描述的，这个函数是马蒂厄微分方程的解。埃米尔·马蒂厄（Emile Mathieu）首次提出了这个微分方程，如下所示：

$$\frac{d^2 y}{dx^2} + (a - 2q \cos 2x)y = 0$$

其中，a 和 q 是特定应用的参数。

上述内容并不要求你完全掌握，它们是提供给那些希望深入研究的读者的。这也表明，如果没有更多实质性的数学基础（包括微分方程），人们对量子计算的研究深度有限。有关马蒂厄微分方程的更多详细信息，可参阅以下文档：

http://www.broadview.com.cn/44842/0/39

http://www.broadview.com.cn/44842/0/40

保罗离子阱并不是第一个离子阱，第一个离子阱是伊格纳西奥·西拉克（Ignacio Cirac）和彼得·佐勒（Peter Zollar）于 1995 年提出的。他们提供了一种使用离子阱系统实施受控非门的机制。

9.1.4　核磁共振量子计算

核磁共振量子计算（nuclear magnetic resonance quantum computing，NMRQC）是一种非常有趣的物理实现量子计算机的方法。这种方法使用分子内原子核的自旋态来表示量子位。这些状态是用核磁共振探测的，由此得名。该系统基本上是核磁共振光谱的一种变体。

这个过程有两种方法：液体核磁共振和固体核磁共振。分子处于液态则称为液体核磁共振。现在常用的是固态分子，即固体核磁共振。比如，金刚石晶格中的氮。这种晶体结构使得量子位更容易定位。这种变化取决于氮的空位中心。当最近的一对氮原子取代碳原子时，金刚石中就会出现点缺陷（point defect）使得晶格出现空位。

不管液态还是固态，使用核自旋进行量子计算这种方法都是在 1997 年提出的。2001 年，IBM 公司在一个 7 量子比特的核磁共振量子计算上实现了肖尔算法。

1998 年，布鲁斯·凯恩（Bruce Kane）提出了一种量子计算机，本质上它是量子点（本章稍后将讨论）和核磁共振量子计算的混合体。你可以从以下文档中了解更多内容：

http://www.broadview.com.cn/44842/0/41

http://www.broadview.com.cn/44842/0/42

9.1.5 玻色-爱因斯坦凝聚态量子计算

量子计算中另一种引人入胜的方法是使用玻色-爱因斯坦凝聚态在多个小型量子计算机之间进行通信。玻色-爱因斯坦凝聚态（Bose-Einstein condensate，BEC）类似于如今的多核处理器，是由玻色子组成的气体冷却到非常接近绝对零度的温度时形成的一种物质状态。玻色子既可以是基本粒子，也可以是复合粒子，它携带力，而且具有整数自旋。标准模型中有 4 种规范玻色子：

- 光子

- 胶子（实际上有不同类型的胶子）

- 带电弱力玻色子（有两种类型）

- 中性弱力玻色子

此外，还有你肯定听过的希格斯玻色子。规范玻色子是携带某种基本力的玻色子。从上面的列表可以看出，每种基本力都有不同的规范玻色子。

为了说明涉及的粒子物理学，我们简要描述这些粒子。基本粒子有 3 种类型：强子、玻色子和费米子。它们还能进一步细分。比如，费米子包括夸克和轻子（lepton）。夸克在前几章已经讨论过了。轻子是具有 1/2 整数自旋的基本粒子，如电子、μ 子（muon）和 τ 子（tau）。事实上，轻子又可细分为"带电"和"中性"两族，如表 9.1 所示。

表 9.1 轻子

带　　电	中　　性
电子	电子中微子

续表

带　　电	中　　性
μ 子	μ 子中微子
τ 子	τ 子中微子

强子由夸克和/或反夸克组成。毫无疑问，你已经很熟悉强子了。最常见的两种强子是质子和中子。

回到玻色子上来，它要么是单一粒子，要么是复合粒子。比如，光子就是一种规范玻色子。介子则是复合玻色子，本质上由夸克和/或反夸克组成。

前面已经介绍了有关粒子的一些基本情况，下面再回到玻色-爱因斯坦凝聚态量子计算上来。这种量子计算方法就是在多个小型量子计算机之间划分计算问题。每台量子计算机都使用玻色-爱因斯坦凝聚态云来传递信息。这种方法被认为可以改善退相干问题。感兴趣的读者可参阅以下资料深入了解玻色-爱因斯坦凝聚态量子计算：

http://www.broadview.com.cn/44842/0/43

http://www.broadview.com.cn/44842/0/44

http://www.broadview.com.cn/44842/0/45

9.1.6　砷化镓量子点

砷化镓（GaAs）常用于制造一种三维纳米级器件，即量子点（quantum dot）。砷化镓量子点中电子的自旋受有效磁场即欧沃豪斯磁场（overhauser field）的影响。欧沃豪斯效应是当一个原子核的自旋极化转移到另一个原子核时的一种核效应。这是通过交叉驰豫（cross-relaxation）完成的。交叉驰豫的详细内容不在本书讨论范围之内。不过，交叉驰豫一般是在均匀磁场中将射频（RF）脉冲（或一系列脉冲）施加到某种材料上，再将原子核的共振频率转移到另一个原子核群。

通常，欧沃豪斯磁场的大小和方向都是随机的，多次实验取平均值后来进行测量。核自旋比电子自旋慢，这意味着在足够短的时间内，欧沃豪斯磁场是静态的。这使得电子自旋可以传递信息。目前已经有许多使用这种技术的单量子比特实验。

表 9.2 总结了物理实现量子位的不同方法。

表 9.2   物理量子位

方　　法	简　　述
光子	水平偏振为 |0>，垂直偏振则为 |1>。偏振法是将光子用于量子位的一种常用方法
线性光学量子计算	这是使用光子探测器和其他光学仪器（如镜子和波片）的系统，而非单个量子位，其信息载体依旧是光子
电子	电子量子位利用电子自旋等性质表示量子位的状态。例如，向上自旋表示 |0>态，向下自旋表示 |1>态
离子	量子位的值被存储为每个离子的电子态
核磁共振量子计算	这种方法使用分子内原子核的自旋态来表示量子位。这些状态是用核磁共振探测的，由此得名
玻色-爱因斯坦凝聚态量子计算	玻色-爱因斯坦凝聚态被用于多个小型量子计算机之间的通信，很像一个多处理器计算机
砷化镓量子点	量子点是一种三维纳米级器件。砷化镓量子点中电子的自旋受有效磁场的影响

9.2　需要多少个量子位

这个问题很难回答，因为许多变量都会影响问题的答案。不过，我们可以提供一般性的指导方针。一般来说，破解 2048 位 RSA 大约需要 4000 个量子位。有效的机器学习则需要 1000 个量子位。第 11 章"当代非对称算法"将深入探讨 RSA 的破译。

当然，需要多少个量子位也取决于人们希望以多快的速度破译相关算法。谷歌研究员克雷格·吉德尼（Craig Gidney）和瑞典皇家理工学院的学者马丁·埃克拉（Martin Ekera）提出，他们研发的量子计算机（2000 万量子位）8 小时内可以破解 2048 位 RSA 加密。你可以在以下网站找到更多信息：http://www.broadview.com.cn/44842/0/46。

实际上，这比之前的预估要快得多。据估计，破解 2048 位 RSA 密钥需要 10 亿个量子位。破译 RSA 与因式分解有关。早在 2012 年，研究人员就用了 4 个量子位来分解数字 143——关键是要回答这个问题："需要多少个量子位才能做某件事？"这无疑是一个非常粗略的估计，需要考虑许多参数；然而，在撰写本书时，目前的量子计算机仍不够强大。

9.3 解决退相干问题

尽管本书已多次探讨过退相干问题，尤其是第 6 章"量子理论基础"，本节仍将深入探讨退相干，以及如何在量子计算中解决/减轻退相干问题。第 10 章将探讨纠错算法。

为了更好地理解退相干，假设有一个由 N 个粒子组成的系统，x_i 是三维空间中的一个点，该系统可用以下波函数表示：

$$\Psi(x_1, x_2, x_3 \cdots x_n)$$

回想一下，ψ 表示波函数。

第 6 章讨论了波函数，如式 9.2 所示，我们再简要回顾一下。

$$|\Psi\rangle = \sum_i c_i \phi_i$$

式 9.2　波函数

同样，ψ 表示波函数，Σ 符号表示求和，ϕ_i 表示各种可能的量子态，i 用于列举可能的状态，如 ϕ_1，ϕ_2，ϕ_3 等。c_i 的值（即 c_1, c_2, c_3 等）都是概率系数。字母 c 常被用来表示这些系数，因为它们表示的是复数。

因此，对于一个由 N 个粒子组成的系统，每个粒子都有一个波函数。系统相空间的有效维数就是自由度。为了更好地理解自由度，我们先看一个很简单的例子。假设有一个一维系统，系统中的球在一根管道内，如图 9.1 所示。我们都知道球和管道是三维物体，但球只能沿一维方向移动。

图 9.1　球在一维空间中移动

我们可以用两个参数来表示这个球：位置和速度。因此，它有两个自由度。有些文献只将位置作为自由度，并将位置和速度描述为相空间的维数。

如果继续之前的类比，且允许球在三维空间中移动，那么就有了 6 个自由度，如图 9.2 所示。

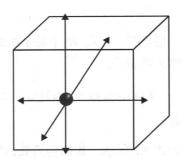

图 9.2　球在三维空间中移动

如果将球替换成粒子，那么系统中的每个粒子就都有 6 个自由度。到目前为止，我们只是把"球"看作一个点。我们知道，粒子实际上是波函数。

当两个系统相互作用时，它们的状态向量不再局限于相空间。另外，请注意，环境本身可以是一个系统。事实上，只有当环境作为第二个系统时，才会产生最大干扰。当一个系统与外部环境相互作用时（即当维格纳分布成为一个因素时），（两个系统的）联合状态向量（joint state vector）的维数会大幅增加。

回顾一下第 6 章，维格纳分布将薛定谔方程中的波函数与相空间中的概率分布联系了起来，如式 9.3 所示。

$$W(x,p) \overset{\text{def}}{=} \frac{1}{\pi\hbar} \int_{-\infty}^{\infty} \Psi^*(x+y)\Psi(x-y)e^{2ipy/\hbar} \, dy$$

式 9.3　维格纳分布

同样，再回顾一下第 6 章对上述公式的描述。W 表示维格纳分布，x 值通常表示位置，p 表示动量，但它们可以是任意一对值（如信号的频率和时间等）。ψ 是波函数，$\hbar$ 表示约化普朗克常数，$\int$ 表示积分。

上述内容表明，在某种程度上，任意一个量子系统中的退相干都是无法避免的。回顾一下第 3 章讨论过的双缝实验。极易发生的干扰导致了退相干。于是，解决退相干显得非常重要。更难的是，2020 年，人们发现宇宙射线也会干扰量子态，从而在某些情况下导致退相干。

理论上，如果一个量子系统与外部环境完全隔离，那么它就可以无限期地保持相干性。但事实上没有任何一个系统能与环境完全隔离。人们甚至已经证明，宇宙射线和背景环境辐射可以促进量子计算机的退相干。量子计算系统和环境之间甚至还会发生纠缠。

除了外部环境，系统本身可能也是一个问题。例如，实现量子门所需的物理装置是由具有量子特性的原子和粒子构成的。一般来说，许多系统只能在几微秒到几秒内保持一致性。

解决退相干问题与第 10 章将要探讨的量子纠错密切相关。然而，退相干和纠错都会影响量子计算的可靠性。问题是量子计算机是否能在没有噪声（无论是退相干还是其他来源的噪声）的情况下执行冗长的计算，从而使输出无用。记住，量子位本质上具有概率性。

随着量子计算规模的增加，退相干问题也愈发显著。一个系统拥有的量子位和量子门越多，就越容易受到退相干的影响。这是因为更多的元素之间会产生相互干扰。这就是为何量子计算机的规模如此重要。例如，IBM 在 2019 年 10 月宣布的 53 量子位系统。然而，计算机的规模只是影响退相干的部分原因。这些量子位能够抵御多长时间的退相干同样也很重要。显然，量子计算机必须保持足够长的相干性才能执行有意义的计算。

9.3.1　过冷

解决退相干的一种方法是过冷到 1 开尔文温度的几分之一。事实上，有些系统能够冷却到几纳开尔文。如果你不熟悉或不记得开尔文温度也无妨。0 开尔文相当于 −273.15℃或−459.67℉。这些数字并非是任意的。0 开尔文是绝对零度，表明根本没有热能。因此，1 纳开尔文实际上是绝对零度之上一度的若干分之一。比如，太空中的温度通常在 2.7 开尔文左右。显然，靠近或远离恒星之类的热源会改变温度。冥王星表面温度骤降至约 40 开尔文。因此，量子计算依赖于比冥王星表面还低得多的温度，甚至比深空还冷。

需要过冷的原因摘抄如下：

在极冷的温度下，原子和分子的移动会减少。一般来说，温度越低，分子越稳定。运动越少意味着消耗的能量越少。分子水平上，这意味着更少的能量飞来飞去，因此（与能量直接相关的）电压的波动性更小。反过来，这又表明，人类无法控制的事物使得量子位的电压达到峰值，导致量子位从一个量子态翻转到另一个量子态的可能性较小。因此，使计算机保持低温会减少系统中能量的消耗，从而在最大限度上降低量子位在量子态之间错误翻转的概率。[①]

要对量子计算中使用的实际温度有个直观感受，可参考现有系统。截至 2020 年 10 月，IBM 公司的 50 量子位计算机的起始温度约为 800 毫开尔文（millikelvin），冷却至 10 毫开尔文。D-Wave 公司的运行温度约为 0.1833 开尔文。如你所见，这些量子计算中使用的实际温度比深空温度还低。

2020 年，澳大利亚新南威尔士大学的研究人员做到了以 1.5 开尔文的温度执行量子计算。[②]这被称为"热"量子位或"热"量子比特。你可能已经猜到了，维持如此低的温度需要消耗大量能量。此外，2020 年，研究人员开发出了运行温度为 1 开尔文的量子芯片。[③]

9.3.2　处理噪声

另一个与退相干密切相关的概念是噪声。其实，有些文献将噪声和退相干视为同义词。你可能猜到了，此处的噪声并不是指实际的音频信号。一般而言，噪声是指对计算结果产生有害影响的任何问题，它可以是错误、故障，也可以是退相干。

IBM 的科学家们提出了一种处理噪声的有趣方法，这种方法违背直觉，即放大噪声有助于提高量子计算机的精度。从字面上理解，这些科学家们在不同的噪声水平下重复某种特定计算，这使得他们能较为准确地估计在完全没有噪声的情况下的结果。对此种方法感兴趣的读者可查阅以下资料：

http://www.broadview.com.cn/44842/0/50

http://www.broadview.com.cn/44842/0/51

[①] http://www.broadview.com.cn/44842/0/47

[②] http://www.broadview.com.cn/44842/0/48

[③] http://www.broadview.com.cn/44842/0/49

9.3.3　过滤噪声

以色列的一群研究人员提出了另一种减轻退相干的有趣方法。他们先向原子发射单个光子，当光子撞击原子时，就会发生偏转。若光子的自旋没有与其路径对齐，那么光子就会和原子纠缠在一起；若光子的自旋与其路径对齐，则光子不会与原子纠缠。该实验表明，过滤入射辐射（即光、宇宙射线等）可以大大降低入射粒子与量子比特发生量子纠缠从而导致退相干的概率。

9.4　拓扑量子计算

目前来看，拓扑量子计算仍是理论概念，但潜力巨大，因而需要仔细考察。要理解拓扑量子计算机，就得先了解数学上相当先进的编织理论（braid theory）。本节由两部分组成，第一部分介绍读者必须掌握的要点，第二部分旨在为那些感兴趣的读者提供更多细节。显然，第一部分比较简短。

9.4.1　编织理论基础

编织理论通常使用"线"或"绳"来解释。假设有两个平面 A 和 B，平面上分别有点 a_1, a_2, b_1, b_2 等。然后再用线或绳将平面上的点连接起来，如图 9.3 所示。

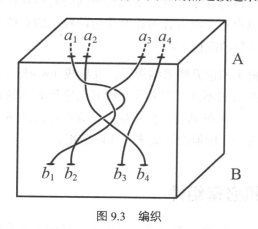

图 9.3　编织

将连接平面 A 中的点与平面 B 中的点的线视为绳。

一个平面（如平面 A）中的点与另一个平面（如平面 B）中的点连接的 n 条绳子就组成了一条"辫子"，这样一来每条绳子都无法追溯到其原点。将绳视为平面 A 到平面 B 的"下落"。辫子组是一组等价的辫子。等价意味着什么？尽管你可以用不同的方式扭曲它们，但倘若这些绳子的起点和终点相同，那么它们就是等价的。

9.4.2　编织理论进阶

编织理论基于辫子群。辫子群是由 n 条辫子的等价物组成的群。一个辫子群基于 n 股绳子，因而表示为 B_n。假设有一个至少为二维的连通流形 X。流形（manifold）是类似于每个点附近的欧几里得空间的一种拓扑空间。"类似"（resemble）这个词有点不准确，更准确地说是"同胚的"（homeomorphic）。同胚是两个拓扑空间之间的双连续函数。更简单地说，如果两个空间同胚，那么这两个空间之间就存在一个保留所有拓扑属性的映射。因此，n 维流形（称为 n 流形）是一个拓扑空间，使得每个点都有同胚于 n 维欧几里得空间的邻域。

9.4.3　拓扑计算进阶

我们已经知晓了编织理论，接下来再回到拓扑计算中来。拓扑计算使用被称为任意子（anyon）的准粒子（quasiparticle）。

从名字中你可能已经猜到了，准粒子不是电子、质子，也不是中子。当一个系统（如固态系统）表现得好像它在真空中包含不同的弱相互作用的粒子时，就会产生这些现象。准粒子只存在于具有许多相互作用的粒子的系统中。任意子是仅在二维系统中发现的特定类型的准粒子。

拓扑计算使用任意子的世界线来编辫子。世界线（world line）是物体在四维时空中的轨迹。与单纯的轨迹不同，世界线正如其名字所暗示的那样，还包括时间维度。随即，这些辫子被用作逻辑门。拓扑量子计算机比其他量子计算机更稳定，但到目前为止，它仍是理论上的概念，尚未有实际应用。

9.5　量子计算机必备组件

量子计算机包含诸多元素，本节将一一探讨。这些是所有类型的量子计算机共有的通用组件。

9.5.1　量子数据平面

简单地讲，量子数据平面就是物理量子位所在的位置。此外还需支撑量子位和量子门所必需的硬件和电路。除了物理量子位，量子数据平面还必须包含支撑结构。

9.5.2　测量平面

有些人会认为测量平面是量子数据平面的一部分；但实际上，它俩在概念上有分别。测量平面是负责测量量子位的硬件部分，有时也称控制平面和测量平面，负责在量子位上执行运算所需的控制信号，同时接收和处理对量子位测量值的输出。

9.5.3　控制处理器平面

该层识别并触发特定的门运算并进行测量。换言之，控制处理器平面将执行主机（主处理器）提供的程序代码。由于它与处理器紧密耦合，有些文献也称控制过程计划（control process plan）和主机过程（host process）。

9.6　量子网络

量子网络与量子计算机密切相关。这与经典计算机和传统计算机网络之间的关系非常相似。量子网络背后的概念是利用量子物理学来传输信息。量子网络上的节点是包含一个或多个量子位的量子处理器。通信线路可能不尽相同，但都使用了光纤。如果要与两个以上的节点进行通信，则需要一种交换机制。

第 7 章"量子纠缠与量子密钥分发"讨论了量子密钥交换。类似的技术也可应用于量子通信。只不过此时量子位不是用来交换密码密钥，而是用来交换信息。

9.6.1　东京量子密钥分发

比如，东京量子密钥分发网络就是一种使用了类似于量子密钥交换技术的量子网络。该网络有 3 层架构。量子层由生成安全密钥的点对点量子通路组成；中间层负责管理密钥；通信层负责处理诸如安全视频链接的标准通信。本质上，该网络依赖于量子层的安全性。日本东京的大手町和小金井（相聚 28 公里）之间建立的安全电视会议就证明了这一点。

9.6.2　京沪干线

2017年，中国宣布在北京和上海之间建立全长2000多公里的量子光纤通信干线。

建成之初，中国科学院院长通过京沪干线进行了多次视频通话。此外中国还在进行许多其他类似的量子通信保密线路。

9.6.3　墨子号卫星

2016 年，中国发射了墨子号卫星，旨在促进量子通信。本项目肇始于中国科学技术大学物理学家潘建伟教授。墨子号卫星被用于密钥交换，以保证信息安全。2017年，北京和奥地利维也纳之间建立的一个视频会议就用到了该卫星，两地相聚 7456公里。

9.6.4　分布式量子计算

分布式量子计算是量子网络的一种应用，只是目的略有不同，它不在于数据通信，而是旨在协调计算。本质上，量子处理器是通过量子网络连接的。这就使得组成处理器（constituent processor）能在它们之间交换量子位。本质上，这是在创建量子集群计算。这种计算不仅像经典计算机集群一样易于扩展，也有助于对抗退相干问题。量子处理器越来越复杂，退相干问题也就越来越难以控制。量子处理器拥有的共享数据越小，控制每个处理器的一致性就越容易。

9.7　小结

本章深入探讨了量子计算的物理实现。理解量子位的物理实现是量子计算的基础。此外，本章还深入研究了退相干与量子网络。这些都是量子计算的核心概念，应熟练掌握。

章节测试

复习题

1. 时间箱编码的目的是什么？

   a. 为了便于在离子阱中存储量子位

   b. 为了便于在电子中存储量子位

   c. 为了便于在光子中存储量子位

   d. 为了便于在玻色子中存储量子位

2. 使用时间箱编码时，提前到达表示什么？

   a. 状态 |0>

   b. 状态 |1>

   c. 错误

   d. 叠加

3. 马蒂厄函数表示什么？

   a. 波函数

   b. 离子在鞍点的运动

   c. 玻色–爱因斯坦凝聚态量子计算中量子位的运动

   d. 波函数坍缩

4. 一个只能在二维空间中移动的粒子有多少个自由度？

   a. 4

   b. 2

   c. 1

   d. 6

5. 在哪儿可以找到测量量子位的电路？

   a. 量子数据平面

   b. 测量平面

   c. 控制平面

d. 状态平面

6. 以下哪个温度最接近于热量子位的正常温度？

   a. 0 摄氏度以上
   b. 室温
   c. 绝对零度之上 1 开尔文以上
   d. 室温以上

7. 核磁共振量子计算最常使用_____。

   a. 气态
   b. 固态
   c. 液态
   d. 等离子态

## 第10章

量子算法

章节目标

学完本章并完成章节测试后，你将能够做到以下几点：

- 了解基本的量子算法

- 研究算法结构

- 解释量子算法的目的与结构

量子计算的全部意义在于执行量子算法。因此，你自然不会惊讶，本章极其重要。第 16 章 "使用 Q#" 和第 17 章 "使用量子汇编语言" 将要探讨的量子计算机编程也是在本章的基础上展开的。

本章将先探讨什么是算法，这是对第 4 章 "量子计算的计算机科学基础" 内容的扩展。此外，本章还将详细讨论一些闻名遐迩的量子算法，以帮助大致了解量子算法。有些算法可能相当复杂，你只需大致了解即可。第 16 章和第 17 章将编写这些算法，这应该有助于你巩固对量子算法的认识。

10.1 何为算法

这可能看起来像是一个老生常谈的话题，但并非所有的读者都拥有扎实的计算机科学知识，且非常熟悉算法和算法分析等内容。学完第 4 章，你大致了解了算法的定义及简单的算法分析。深入研究量子算法之前，你有必要加深（或回顾）对算法的理解。

什么是算法？第 4 章给出了一种口语化的定义，即算法本质上就是一种菜谱。尽管这种定义并非不准确，只是过于口语化。数学中，算法是解题方案准确而完整的描述，是解决一个或一类问题的清晰指令。引用我最喜欢的一本算法教科书中的原话，"通俗地讲，算法是任何定义明确的计算过程，它输入某些或某组值，并输出某些或某组值。因此，算法是将输入转换为输出的一系列计算步骤。"[1]

算法不应存在歧义。这表明，算法的计算步骤必须非常清晰且定义明确，输出可根据输入进行预测。这与第 4 章提供的菜谱算法一致。算法为完成某些任务提供了一个清晰、逐步的过程。一个算法的具体步骤必须定义明确且有限。

现在对算法已经有了更清晰的认识，接下来再来解决几个与算法有关的问题。讨论某个算法是否正确其实是一个很简单的问题。如果对于每个输入都能找到正确的输出（此时算法就停止运行），则该算法是正确的。事实上，"不间断"这个词可能有点站不住脚。一个算法应当是可靠的，并且"总"能产生正确的输出。因为不间断并不一定意味着"每次"，而一个正确的算法应当每次都能运行。

显然，我们感兴趣的是计算机算法。随着本节内容的深入，我们将研究一些算法——更具体地说，是量子算法。但是，必须注意的是，算法可以用多种形式表示，比如使用你喜欢的某种语言。上述提到的菜谱也是一种算法。完成一项任务所需的特定步骤也是一种算法。

欧几里得算法是一种经典算法，它阐明了算法的本质。数学和计算机科学专业的学生对此非常熟悉。欧几里得算法是一种求解两个整数最大公约数的方法。这似乎是一项微不足道的任务，但当整数逐渐变大时，这个问题就变得棘手了。欧几里得算法将进行一系列定义明确的步骤，以便将每步的输出用作下一步的输入。假设 n 是一个计算算法步骤的整数，初始值为 0。因此，第一步对应 $n = 0$，下一步对应 $n = 1$，以此类推。

第一步以后的每一步都从上一步中的两个余数开始，即 r_{n-1} 和 r_{n-2}。你将注意到，每一步的余数都比上一步的余数小，因此，r_{n-1} 小于 r_{n-2}，这是算法的核心。第 n 步

---

[1] Cormen, Thomas H.; Leiserson, Charles E.; Rivest, Ronald L.; Stein, Clifford. Introduction to Algorithms, Third Edition (p. 27). MIT Press, 2009.

旨在找到一个商 q_n 和余数 r_n，使得以下等式成立，其中 $r_n < r_{n-1}$。换句话说，从较大的数 r_{n-2} 中减去较小的数 r_{n-1} 的倍数，直到余数小于 r_{n-1}，运算停止。

$$r_{n-2} = q_n r_{n-1} + r_n$$

有些读者可能还有点不清楚，下面再看一个具体的例子：

假设 $a = 1864, b = 326$。

$1864 = 326 \times 5 + 234$　（234 为余数）

$326 = 234 \times 1 + 92$　（92 为余数）

$234 = 92 \times 2 + 50$　（50 为余数）

$92 = 50 \times 1 + 42$　（42 为余数）

$50 = 42 \times 1 + 8$　（8 为余数）

$42 = 8 \times 5 + 2$　（2 为余数）

$8 = 2 \times 4$

$4 = 2 \times 2$

$\gcd(4, 2) = 2$

因此，$\gcd(1864, 326) = 2$。

欧几里得算法的细节及应用对于理解量子算法并不重要，但该算法提供了一个很好的算法示例，即解决问题的一系列定义明确的步骤。如果说前一个例子还不够清楚，那么图 10.1 画出了欧几里得算法的流程图。

你可能已经注意到，有一条线比其他线更粗，这是为了引起你的注意，这条线表示递归。递归是算法中一种常见的技术，表示再次或多次调用自己。当计算机函数递归时就会反复调用自身。比如，一个经典的递归例子是计算整数阶乘的函数，通常通过递归来实现，如下所示：

```
int fact(int n)
{
    if (n < = 1) // base case
        return 1;
    else
        return n*fact(n-1);
}
```

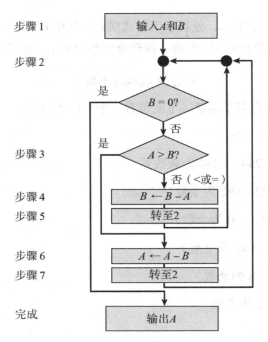

步骤1

步骤2

是

步骤3

是

步骤4

步骤5

步骤6

步骤7

完成

图 10.1　欧几里得算法流程图

　　因此，量子算法是在量子位和量子门上执行的有限序列，指令定义明确，用于解决一个或一类问题。肖尔算法和格罗弗算法（Grover's algorithm）是最为出名的两种量子算法，本章将详细探讨。这些量子算法与经典算法的计算方法一样，只是有少部分必须依赖量子计算。某些读者可能觉得后半句话有点奇怪。其实，许多量子算法既能以经典计算的方式运行，又能在量子位上运行，只有一小部分量子算法必须在量子位上运行。

10.2　多伊奇算法

　　多伊奇算法（Deutsch's algorithm）是最容易理解的量子算法之一，从该算法出发探讨量子算法是一个不错的选择。多伊奇算法是由牛津大学大卫·多伊奇（David Deutsch）教授创建的，该算法似乎是在解决一个不那么自然但可能 100%准确的问题。因此，讨论该算法时，读者不要过分关注它所讨论的问题的实用性。这个算法只包含一个变量，输入为 1 或 0 ，输出也为 1 或 0；这样的函数共 4 个，即 F_0，F_1，F_2，F_3，如图 10.2 所示。

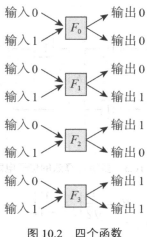

图 10.2　四个函数

这就给我们留下了这样的问题：这些函数是用来做什么的？换句话说，图 10.2 表明了什么？图 10.2 表示，函数 F_0 和 F_3 的输出值不受输入值的影响，即无论输入值为 0 还是 1，F_0 都将输出 0，F_3 都将输出 1。对于函数 F_1，输入 0 则输出 0，输入 1 则输出 1。对于函数 F_2，输入 0 则输出 1，输入 1 则输出 0。F_0 和 F_3 也被称为常值函数（也就是说，无论输入值是什么，输出值都是可预测的）。F_1 和 F_2 被称为平衡函数，因为这两个函数的输出有一半的概率为 0，另一半为 1。

那么，我们旨在解决什么问题呢？假如输入数据通过黑匣子后输出数据，怎样才能确定黑匣子中是常值函数（F_0 或 F_3）还是平衡函数（F_1 或 F_2）呢？

如果用经典计算机来确定 F 到底是常值函数还是平衡函数，则必须执行两步：分别计算输入为 0 和 1 时的输出值。执行完这两步后，我们才能知晓黑匣子中的 F 到底是常值函数还是平衡函数。

若使用被称为多伊奇算法的量子算法则只需一步就能搞定。多伊奇设想了一个量子电路，如图 10.3 所示。

你可能已经注意到，图 10.3 测量的是第一个输出的量子位，而非第二个输出的量子位。回想一下第 8 章"量子架构"中讨论的阿达玛门。F_i 表示之前讨论过的四个函数中的一个，但不知道是哪一个。量子位 $|0\rangle \otimes |1\rangle$ 通过阿达玛门被输入到电路中。如果你忘了阿达玛门，请复习以下公式：

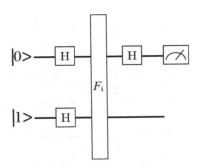

图 10.3   多伊奇算法的量子电路

$$H = \frac{1}{\sqrt{2}}\begin{bmatrix}1 & 1 \\ 1 & -1\end{bmatrix}$$

式 10.1   阿达玛门

输入的量子位通过阿达玛门后状态就被改变了，得到以下状态：

$$\frac{1}{\sqrt{2}}(|0\rangle + |1\rangle) \otimes \frac{1}{\sqrt{2}}(|0\rangle - |1\rangle) = \frac{1}{\sqrt{2}}(|00\rangle - |01\rangle + |10\rangle - |11\rangle)$$

式 10.2   经过阿达玛门后的状态

接下来，我们将量子位放入 F_i 函数中。记住，我们并不知道 F_i 表示哪个函数。此时将得到以下状态：

$$\frac{1}{2}(|0\rangle \otimes |F_i(0)\rangle - |0\rangle \otimes |F_i(0) \oplus 1\rangle + |1\rangle \otimes |F_i(1)\rangle - |1\rangle \otimes |F_i(1) \oplus 1\rangle)$$

式 10.3   经过 F_i 函数后的状态

此时的状态要么是 |0> − |1>，要么是 |1> − |0>。经过一些代数运算后，式 10.3 可重新排列为

$$\frac{1}{\sqrt{2}}\left((-1)^{F_i(0)}|0\rangle + (-1)^{F_i(1)}|1\rangle\right) \otimes \frac{1}{\sqrt{2}}(|0\rangle - |1\rangle)$$

式 10.4   经过 F_i 函数后的状态（重排）

但是，请回顾一下图 10.3，测量还未开始，还有另一个阿达玛门，然后测量才正式开始。若测量值为 0，那么 F_i 则为常值函数，即 F_0 或 F_3；若测量值为 1，那么 F_i 则为平衡函数，即 F_1 或 F_2。因此，仅需测量一次就能找出黑匣子中的 F_i 函数，而经典计算机则需测量两次。

如前所述，这似乎是一个人为的例子，显得不那么自然，但却很容易理解。因此，这种算法也是研究量子算法的良好开端，在继续学习更复杂的算法之前，你需要掌握该算法。

10.3　多伊奇-约萨算法

多伊奇-约萨算法（Deutsch-Jozsa algorithm）在量子计算中非常有趣，同时也很重要。显然，这种算法是对多伊奇算法的修订，它想解决的问题其实很简单。多伊奇算法关注的函数只有一个变量，而多伊奇-约萨算法则将变量推广到了 n 个。我们先来看看多伊奇-约萨算法关注的问题。我们从黑匣子量子计算机着手，该计算机实现了某些函数，接收 n 位二进制值，输出 0 或 1。输出值要么是平衡函数（1 和 0 的数量相同），要么是常值函数（全为 1 或全为 0）。我们希望找出这个函数到底是平衡函数还是常值函数。量子黑匣子也被称为"黑箱"或"神谕"（oracle）。在计算理论中，黑箱是一种抽象机器，能够可视化为输出某些结果的黑匣子。

多伊奇-约萨算法从处于 |0> 态的第一个 n 位开始，最后一位处于 |1> 态。然后对每一位使用如式 10.5 所示阿达玛变换（请回顾第 8 章）后将得到如式 10.6 所示状态。

$$H_m = \frac{1}{\sqrt{2}} \begin{pmatrix} H_{m-1} & H_{m-1} \\ H_{m-1} & -H_{m-1} \end{pmatrix}$$

式 10.5　阿达玛变换

$$\frac{1}{\sqrt{2^{n+1}}} \sum_{x=0}^{2^n-1} |x\rangle(|0\rangle - |1\rangle)$$

式 10.6　后阿达玛变换态

到目前为止，这似乎与标准的多伊奇算法并无不同。但是，多伊奇-约萨算法中有一个称为 $f(x)$ 的函数。此函数将状态 $|x\rangle|y\rangle$ 映射到 $|x\rangle|y \oplus f(x)\rangle$。在这里，符号"$\oplus$"表示模 2 加法[1]。$f(x)$ 必须是一个非退相干函数，也是一个量子黑箱（如前所述）。当 x 的值通过黑箱 $f(x)$ 时，就会得到 1 或 0。请记住，每个阿达玛门都会影响量子位的状态。这就是多伊奇-约萨算法，如图 10.4 所示。

---

① 译者注：模 2 加法就是 0 和 1 之间的加法。

底部的箭头表示从 ψ_0 态变化为 ψ_1 态。若 $f(x)$ 为平衡函数，则输出 0；若 $f(x)$ 为常值函数，则输出 1。对于 n 位输入，若 $f(x)$ 为常值函数，则最终输出 n 个 0。任何其他输出（0 和 1 的任意组合，或全 1）都表明 $f(x)$ 是平衡函数。就像多伊奇算法一样，多伊奇-约萨算法解决的问题有点不自然，可能缺乏吸引力。但与我们将讨论的其他算法相比，这两种算法更容易理解，因此要先行探讨。

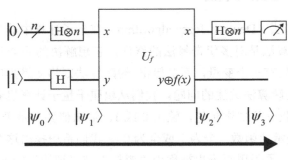

图 10.4   多伊奇-约萨算法的量子电路

10.4   伯恩斯坦-瓦兹拉尼算法

与本章介绍的其他算法相比，伯恩斯坦-瓦兹拉尼算法（Bernstein-Vazirani algorithm）没那么出名。事实上，在量子计算入门类书籍中这种算法常被忽略。不过，这种算法不难理解，本质上也是多伊奇-约萨算法的一种变体，可能也是入门类书籍不介绍它的原因之一。而我们的目的是确保你理解量子算法，因此希望介绍一种与前两种算法息息相关且容易理解的算法。

与多伊奇、多伊奇-约萨算法一样，伯恩斯坦-瓦兹拉尼算法同样旨在解决人为问题。但与多伊奇算法不同，伯恩斯坦-瓦兹拉尼算法并未区分两种类型的函数，而是致力于学习一个字符串编码函数。事实上，这种算法旨在证明两个复杂性类之间的分离。某些读者可能不熟悉复杂性类，下面简要介绍。

伯恩斯坦-瓦兹拉尼算法涉及两个复杂性类。有界误差概率多项式时间（Bounded-error probabilistic polynomial time，BPP）是可在多项式时间内由概率图灵机解决，其误差概率小于 1/3 的一类问题，被称为 PP 问题的子集。PP 问题的全称为概率多项式（probabilistically polynomial）。这仅仅表明它们在多项式时间内提供概率解答。多项式时间指的是算法运行时间的上限与算法大小相关的多项式表达式。有些 PP 问题只提供一个可能的答案，此外还有确定性多项式算法。后者在一定运行时间内提供确定性答案，时间上限由一个与输入相关的多项式表示。

PP 问题是在多项式时间内可以解决的概率性问题，错误概率小于 1/2。BQP 是有界误差量子多项式时间。[①]这些问题可以用量子计算机在多项式时间内解决，误差概率小于 1/3。

现在对伯恩斯坦-瓦兹拉尼算法要解决的问题有了一个大致的概念，下面再来看看实际算法。给定一些秘密字符串（s），它们将是 $s \in \{1,2\}^n$ 的模 2 和一个函数 $f\{0,1\}^n$，其中 $f(x)$ 是 x 和字符串 s 之间的点积，我们的目的是求 s。更简单地说，伯恩斯坦-瓦兹拉尼算法使用一串比特（s），将它们放入一个黑盒函数 $f(s)$，该函数返回 0 或 1，我们要做的是找出这个比特串。

那么，伯恩斯坦-瓦兹拉尼算法为什么比经典算法更优呢？一个经典算法需要对该函数执行至少 n 次问询后才能求出 s，而伯恩斯坦-瓦兹拉尼算法使用量子计算机只需查询一次就能完成，这无疑是实质性的进步。该算法的步骤不太复杂，先从 n 量子位的状态开始：

$$|0\rangle^{\otimes n}$$

为了得到这个状态，要用到阿达玛转换，如下所示：

$$\frac{1}{\sqrt{2^{n+1}}} \sum_{x=0}^{2^n-1} |x\rangle$$

请记住，从前几章内容可以得知，阿达玛门在每个量子位上都进行了转换，如下所示：

$$H|0\rangle = \frac{1}{\sqrt{2}}(|0\rangle + |1\rangle)$$
$$H|1\rangle = \frac{1}{\sqrt{2}}(|0\rangle - |1\rangle)$$

你可以使用求和符号来表示它们，如下所示：

$$H|a\rangle = \frac{1}{\sqrt{2}} \sum_{x \in \{0,1\}} (-1)^{a \cdot x} |x\rangle$$

现在就得到了量子黑箱 U_f，它将输入的 $|x\rangle$ 转换为 $(-1)^{f(x)}|x\rangle$。再使用这个量子

---

① 译者注：BQP 指在多项式时间内具有有界误差。

黑箱变换叠加态，得到：

$$\frac{1}{\sqrt{2^n}} \sum_{x=0}^{2^n-1} (-1)^{f(x)} |x\rangle$$

然后再使用阿达玛门。现在，我们对得到的量子位进行测量，测量后就得到了这串秘密字符串。这是对伯恩斯坦-瓦兹拉尼算法的一种简化讨论，目的是确保读者大致理解如何使用量子位和量子门——这样一来，只需一步就能完成上述运算，而经典算法则需耗费多步。

10.5   西蒙算法

与我们讨论过的其他算法类似，西蒙算法（Simon's algorithm）旨在解决一类特定问题。假设有一个函数 f，它将长度为 n 的二进制字符串变换为另一个长度也为 n 的二进制字符串。更简单地说，这个函数的输入为一个二进制数字字符串，对它进行某种/些运算后，输出仍为相同位长的字符串。这种/些运算称为异或（XOR），有时也称为模 2 加法。鉴于二进制异或运算可逆，反之也成立。

$$x \oplus y = s$$

现在希望找到 s。

总之，若将字符串 x 放入函数中，就会得到字符串 y。这是通过 $x \oplus s$ 来完成的。我们想求解 s。经典计算机使用的经典算法最多（即最坏的情况）需要多少步得用 $s^{n-1}+1$ 函数来评估。

充分评估这种量子算法即西蒙算法之前，我们先讨论一个简单的问题。假如有两串二进制字符串，$x(x_1, x_2, \cdots, x_n)$ 和 $y(y_1, y_2, \cdots, y_n)$，它们的点积表示为 $x \cdot y$，其中，"$\cdot$" 表示标准乘法，即 $x_1 \cdot y_1; x_2 \cdot y_2$ 等。这很容易理解。

西蒙算法的步骤如下：

步骤 1：初始化两个 n 量子位寄存器至零状态。

步骤 2：对第一个寄存器使用阿达玛变换。

步骤 3：使用查询功能。查询函数作用于这两个量子寄存器。

步骤 4：测量第二个寄存器。

步骤 5：对第一个寄存器使用阿达玛变换。

图 10.5 可能有助于你理解西蒙算法。

后续运算由经典算法完成。你可能已经注意到，当前许多"量子"算法都结合了经典算法与量子运算。

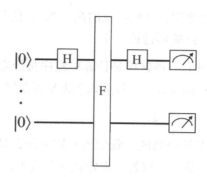

图 10.5　西蒙算法的量子电路

10.6　肖尔算法

这可能是本章探讨的最重要的量子算法。有些文献认为这种算法也是最复杂的一种，因而会放到最后才讨论。不过，如果掌握了前三种算法，应该也能掌握肖尔算法。该算法是由麻省理工学院应用数学系教授彼得·肖尔发明的。肖尔算法旨在解决如何分解整数 N。算法由两部分组成：经典部分和量子部分。

若 N 是奇数就最好了。因为我们想求的是 N 的非平凡因子（nontrivial divisor）[①]。对于所有偶数 N，2 都是它们的非平凡因子。

第一步是选择小于 N（你想要分解的数字）的伪随机数 a。然后再计算 a 和 N 的最大公约数。可以使用本章前面介绍过的欧几里得算法来实现。如你所见，选择欧几里得算法来解释更广泛的算法概念是有意为之的。我们为什么要计算 a 和 N 的 gcd？因为若 $\gcd(a, N) = 1$，则这两个数互素（relatively prime）。a 最好互素才能使其余部分成功运行。

既然已经计算出了 a 和 N 的最大公约数，那就还得再提一句：最大公约数是 1

① 译者注：非平凡因子指除 1 和它本身以外的约数中最小的约数。

吗？换言之，若 gcd(a, N) = 1，则运算继续；否则，运算完成。若 gcd(a, N) != 1，则 a 是 N 的非平凡因子，此阶段完成。

如果继续运行，就需要用到一个周期查找函数来识别函数的周期。

$$f_{a,N}(x) = a^x \bmod \mathrm{N}$$

用不太严格的数学术语来说，我们要找的是一些 r，使得 $f(x+r) = f(x)$。对于那些不熟悉模数运算的读者，在此简要讨论一下。

对于模数运算，最简单的一种解释是计算机程序员经常使用的一种运算。要使用取模运算符（modulus operator），只需用 A 除以 N 再返回余数即可。

因此，7 mod 2 = 1；12 mod 5 = 2。

这只是介绍了取模运算符的功能，我们还不知道什么是模数运算。一种方法是想象我们通常会做的整数运算，但将答案限定在某个数上。一个典型的例子是时钟，它有 1 到 12 个数，所以我们做的任何算术运算都必须有一个是 12 或比 12 更小的数。比如，假如现在是 6 点，我想请你在 7 个小时后见我。进行简单的数学运算后就会得到，见面时间是 13 点。但这不可能，因为时钟以数字 12 为界！正确答案其实很简单，得到 13 后再用取模运算符，减去 12 后得到的余数即为所求值。

$$13 \bmod 12 = 1$$

因此，见面时间其实是 1 点（至于是上午 1 点还是下午 1 点则取决于起初的 6 点到底是指上午还是下午 6 点，不过这与理解模数运算的概念无关）。这是模数算法在日常生活中的使用。

模数算法的基本概念可追溯到撰写了数学名著《几何原本》的欧几里得。1801 年，卡尔·高斯（Carl Gauss）发表了现代模数运算方法。

模数运算中同余（Congruence）是一个很重要的课题，它常被用于现代密码算法。事实上，除了肖尔算法会用到同余，第 11 章"当前非对称算法"也会用到。若满足以下条件，则 a、b 两个数被称为"模 n 同余"（congruent modulo n）：

$$(a \bmod n) = (d \bmod n) \rightarrow a \equiv b \,(\bmod\, n)$$

数学中，符号"≡"用来表示同余。编程语言中，"%"用来执行取模运算（即第一个数除以第二个数后返回余数）。

若两个数模 n 同余，则两数之间的差值是 n 的倍数。为了说明这一点，我们再回到前面讨论过的时钟。14 和 2 模 12 同余，14 和 2 之间的差值为 12，即 12 的倍数（1×12）。我们也知道，24 小时制里的 14 时是 2 点。因此，当我们说 14 和 2 是模 12 同余时，意味着，14 和 2 相同。我们再来看另一个例子：17 和 5 模 12 同余，它们之间也相差 12。同样，若使用 24 小时制的时钟来验证我们的结论，就会发现 17 点就是下午 5 点。

以下是有关同余的一些基本性质。

$$a \equiv b \pmod{n} \quad 若\ n | (a-b)$$

$$a \equiv b \pmod{n} \quad 蕴涵 \quad b \equiv a \pmod{n}$$

$$a \equiv b \pmod{n}\ 且\ b \equiv c \pmod{n} \quad 蕴涵 \quad a \equiv c \pmod{n}$$

模同余的所有整数组成的集合称为同余类，也称剩余类（residue class）。下面再看另一个模 5 同余的例子。什么是模 5 同余呢？我们从 7 开始。$7 \bmod 5 = 2$。[①]还有什么数除以 5 后余数也为 2 呢？我们将得到一系列无限多的数字：12、17、22、27、32 等。此外，还能以另一种方式进行（即整数小于模数，包括负数）。我们知道 7 除以 5 取余为 2，而 2 除以 5 取余也为 2（最接近 5 的倍数的是 0，0 × 5，因此 $2 \bmod 5 = 2$）。你应确保自己已经完全理解了为什么 $2 \bmod 5 = 2$，这样才能检验负数。0 之前一个 5 的倍数是 -5（$5 \times (-1)$）。所以，$-3 \bmod 5 = 2$。现在我们就可以将刚刚那个同余类的元素扩展至负数，即 -3、0、2、7、12、17、22、27、32 等。

刚刚复习了模数算术，接下来再介绍量子计算中另一个较为常见的例子。假设 $N = 15$，$a = 2$。我们常常选择这样的数（或类似的整数），因为它们很小，很容易计算。

表 10.1 显示了 x 和 a 的值。

表 10.1　示例值

x	0	1	2	3	4	5	6	7
$f_{a,N}(x)$（a 为 2）	1	2	4	8	1	2	4	8
$f_{a,N}(x)$（a 为 4）	1	4	1	4	1	4	1	4

为了确保你已然明白，我们再看一下其中的某些条目。假设 $x = 4$，$a = 2$：

$$f_{a,N}(x) = a^x \bmod N$$

[①] 译者注：表明 7 除以 5 余数为 2。

或：

$$f_{a,N}(x) = 2^4 \bmod 15$$

可得：

$$= 16 \bmod 15$$
$$= 1$$

再来看另一个例子，$x = 5$，$a = 4$：

$$f_{a,N}(x) = a^x \bmod N$$

或：

$$f_{a,N}(x) = 4^5 \bmod 15$$

于是：

$$= 1024 \bmod 15$$
$$= 4$$

这部分需要执行算法的第二阶段，即下一节将介绍的量子周期查找算法。

从周期函数返回继续执行因式分解过程。如果找到的 r 是奇数，则需返回步骤 1，选择一个不同的伪随机数 a。若：

$$a^{r/2} \equiv -1$$

则返回第 1 步，并选择一个不同的 a。

但若运行成功，那么 gcd $(a^{r/2}+1, N)$，我们就找到了 N 的因子。

10.6.1　量子周期查找函数

这部分技术含量较高，并不要求所有读者都掌握。能够理解肖尔算法的总体框架就足够了。你可以将这部分视为一个黑盒子。不过，对于那些想了解更多细节的读者，我们也提供了更多内容。

肖尔算法量子部分的核心在于，N 和 $f(x)=a^x$ 中用到的 a 的每一次抉择有特定量子电路。假设有一些 N（我们希望是整数），先找到 $Q = 2^q$，使得 $N^2 < Q < 2N^2$。Q 是状态数。反过来这又表明，$Q/r > N$（记住，我们要找的是周期 r）。这就是量子问题的切入点。量子位寄存器需要保持从 0 到 $Q-1$ 的叠加态。反过来，这又表明了其所需要的量子位数。

该算法的量子部分的第一步是初始化寄存器（注意，下面方程中的"⊗"表示张量积）。式 10.7 显示了寄存器的初始化状态。记住，Q 是状态数。

用于周期函数的电路取决于选用的 n。这表明，肖尔算法可能会用到不同的电路。我们想要的是，给定值 N（我们想求的因子），找到 $Q = 2^q$，使得下列情况成立：

$$N^2 \leqslant Q < 2N^2$$

这些寄存器被初始化为式 10.7 所述状态：

$$\frac{1}{\sqrt{Q}} \sum_{x=0}^{Q-1} |x>$$

式 10.7　初始化肖尔算法的寄存器

这里使用了求和符号（即 Σ），但它是用于组合项目 $x=0$ 到 $Q-1$ 的张量积。初始状态是 Q 态的叠加。这是通过创建 q 个独立的量子位来实现的，每个量子位都是 0 和 1 的叠加态。

初始化寄存器后，下面来构造一个量子函数 $f(x)$，产生输入和输出位的纠缠态（见式 10.8）。

$$U_f \frac{1}{\sqrt{Q}} \sum_{x=0}^{Q-1} |x, 0^q> = \frac{1}{\sqrt{Q}} \sum_{x=0}^{Q-1} |x, f(x)>$$

式 10.8　量子函数

这就使得 Q 个输入位可能和 n 个输出位相互纠缠。下一步是对输入寄存器使用量子傅里叶逆变换。同样，普通读者无须掌握细节；对于感兴趣的读者，下面提供了一个简短的描述。

量子傅里叶变换作用于某些量子态 $|x>$，并使用式 10.9 将其映射到量子态 $|y>$。

$$y_k = \frac{1}{\sqrt{N}} \sum_{n=0}^{N-1} x_n, \omega_N^{nk}$$

式 10.9　量子傅里叶变换

其中，n 的值从 0 增加到 $N-1$。ω_N^{nk} 是旋转量，N 是向量的长度，$N = 2n$。量子傅里叶逆变换与量子傅里叶变换非常相似，如式 10.10 所示。

$$n = \frac{1}{\sqrt{N}} \sum_{n=0}^{N-1} y_k, \omega_N^{-nk}$$

式 10.10　量子傅里叶逆变换

使用第 Q 个单位根将量子傅里叶逆变换应用于输入寄存器。对于那些不熟悉它的读者来说，单位根可以是任意复数，当提高到正整数幂 n 时，得到 1。它有时被称为棣莫弗数，是以法国数学家亚伯拉罕·棣莫弗（Abraham de Moivre）的名字命名的。

现在再进行测量，输入寄存器中得到某些结果 y，输出寄存器中得到某些结果 z。再对 $\frac{y}{Q}$ 实施连分式展开（经典运算），以找到满足下列两项条件的 $\frac{d}{s}$ 的近似值：

1. $s < N$
2. $\left| \frac{y}{Q} - \frac{d}{5} \right| < \frac{1}{2Q}$

若满足上述条件，那么 s 很可能是周期 r，或者至少是 r 的一个因子。再检查 $f(x)$ 是否正常运行。若正常运行，则运算完成，否则就需要更多的 r，再次尝试。

刚刚简单介绍了一些数学知识，现在再回到肖尔算法的运算步骤中来。如前所述，我们对输入寄存器使用了量子傅里叶逆变换。诚然，我们可以深入研究使用这种逆变换后会发生什么情况，但就我们的目的而言，问题在于它会产生一个总和，其中每一项代表得到相同结果时的不同路径。现在我们继续测量，测量结果将在输入寄存器中产生某些值 x，输出寄存器中产生某些值 y。反过来，这又会导致经典检查，查看是否有一个答案（即一个因素）。若我们这样做了，运算就完成了；若不这样做，就会获得更多的 r 并重复运算。

某些读者可能想了解更多细节，尤其是想了解这些计算背后的原因，我们在此简要探讨。r 与整数有关。回想一下，肖尔算法的目的就是分解整数。整数 x 模 M 的阶是最小的整数，$r>0$。使得 $x^r = 1 \bmod M$。若不存在这样的整数 r，那么这个阶数就是无穷大的。步骤总结如下：

步骤 1：在 1 和 N 之间选择一个随机数 a（N 是想要分解的因子）。

步骤 2：计算 $\gcd(a, N)$。

步骤 3：若 $\gcd(a, N) \mathrel{!=} 1$，则运算完成。

步骤 4：若 $\gcd(a, N) = 1$，则使用量子周期查询函数来查询 r。量子周

期查询函数的子步骤如下：

　　量子步骤 1：初始化寄存器。

　　量子步骤 2：构造量子函数 $f(x)$，并将其应用于量子态。

　　量子步骤 3：对输入寄存器使用量子傅里叶逆反变换。

　　量子步骤 4：测量。

　　量子步骤 5：执行经典连分式展开以求近似值。

　　量子步骤 6：检查是否找到了周期；若是，则运算完成。

　　量子步骤 7：若否，则需获取更多的 r。

步骤 5：若 r 是奇数，则返回步骤 1。

步骤 6：若 $a^{r/2} \equiv -1 (\bmod N)$，则返回步骤 1。

步骤 7：否则就找到了 N 的非平凡因子，运算结束。

　　此时你应该清楚，我们没有稳定工作的量子计算机可以避免足够长的退相干来分解较大的整数，比如实际使用的 RSA 算法。不过，我们已经用肖尔算法示例了较小的整数分解。

10.7　格罗弗算法

　　本质上，格罗弗算法是一种搜索算法，它是由洛夫·格罗弗（Lov Grover）于 1996 年提出的。本节后面将探讨有关这种算法的其他描述，我们可以先将它视为一种搜索算法。为了解释这种算法是如何运作的，假设有 N 条未排序的数据。对于给定的 N 个元素，经典算法的最坏情况是需要接受 n 次查询，平均需要 $N/2$ 次查询。格罗弗算法是对经典算法的一种实质性改进，它只需 $\sqrt{N}$ 次查询。

　　现在，要在 N 元数据存储上使用格罗弗算法，就必须先执行一些初始化设置。必须有一个由 $\log_2 N$ 量子位提供的 N 维状态空间，我们将此状态空间称为 H。再将数据存储中的每一条从 0 到 $N-1$ 依次编号，就像编程中常用的标准数组一样。然后再挑选一些作用于状态空间 H 的可观测值。许多文献用" Ω "来表示有 N 个已知特征值的可观测值。Ω 的每个本征态都编码了数据库中的每个条目。本征态用狄拉克符

号表示如下：

$$\{|0>,|1>,|2>,...,|N-1>\}$$

当然，本征值的表示方式大致相同：

$$\{\lambda_0,\lambda_1,\lambda_2,...,\lambda_{N-1}\}$$

现在，我们需要一个运算符根据某些标准来比较数据库条目。格罗弗算法并未指定运算符或某项/些标准，而是需要基于特定的数据存储和搜索进行选择。但是，运算符必须是通过状态叠加起作用的量子子程序，通常表示为 U_ω。

当应用于前面提到的本征态（表示为 $|\omega>$）时，运算符具有以下性质：

$$U_\omega|\omega> = -|\omega>$$

但是，对于所有不是 ω 的 x，我们希望：

$$U_\omega|x> = |x>$$

换句话说，我们试图识别在 U_ω 上不同于其他本征态的特定本征态$|\omega>$。或者，我们也可以识别与本征态相关的特征值。U_ω常被称为量子黑盒或量子神谕（quantum oracle），它是在两个量子位上运行的酉算子，这也是 U_ω 的定义。

第二个运算符是 U_s，其中，"s"表示可能状态的叠加（稍后将详细探讨），该运算符表示为

$$U_s = 1|s><s| - \boldsymbol{I}$$

准备工作已经做好，接下来看看算法的具体步骤。第一步是将系统初始化为一个状态，该状态是可能状态的叠加，通常表示如下：

$$|s\rangle = \frac{1}{\sqrt{N}} \sum_{x=0}^{N-1} |x\rangle$$

你不要看到这个看似复杂的公式就灰心丧气了。我们只是说，状态 $|s>$ 是所有可能状态 $|x>$ 的叠加。

接着运行 N 次格罗弗迭代r。这一步中，只是简单地应用了刚刚提到过的两个运算符 U_ω 和 U_s。

第三步是测量可观测量 Ω。该测量将提供一些特征值 λ_ω。不断迭代后，最终会

得到正确答案。步骤总结如下：

步骤 1：将系统初始化为某个状态。

步骤 2：进行 $r(N)$ 次迭代。

步骤 3：测量。

格罗弗算法的有效性已通过多种方式在数学上得到了证明。正是类似这样的量子算法证明，一旦退相干问题得以解决，量子计算机就能发挥出巨大威力。

10.8　小结

本章讨论了几种量子算法。对于许多读者来说，这一章可能较难理解，需要多读几遍。后续章节还会再见到这些算法。实际上，编码可能更有助于读者理解量子算法。本章最重要的量子算法是多伊奇算法、肖尔算法和格罗弗算法。

章节测试

复习题

1. 下列哪个算法符合以下描述："如果有一个黑盒，我们可以向其发送输入并获得输出，那么怎样确定这个黑盒里是一个常值函数还是平衡函数呢？"

   a. 西蒙算法

   b. 格罗弗算法

   c. 多伊奇算法

   d. 肖尔算法

2. 下列哪个算法是量子搜索算法？

   a. 西蒙算法

   b. 格罗弗算法

   c. 多伊奇算法

   d. 肖尔算法

3. 本章描述的多伊奇-约萨算法使用了多少个阿达玛门？

  a. 1
  b. 2
  c. 3
  d. 4

4. 肖尔算法的哪一部分是量子性的？

  a. 全部
  b. 周期查找部分
  c. 同余部分
  d. 模量部分

第**11**章

当代非对称算法

章节目标

学完本章并完成章节测试后，你将能够做到以下几点：

- 理解当代非对称算法
- 解释量子计算为何会对这些算法构成威胁
- 认识到量子计算对密码学的重要性

充分理解当代非对称算法有助于理解量子计算机对密码学的影响。本章将探讨目前常用的非对称算法，这些算法已广泛应用于电子商务、网上银行、虚拟专用网络等安全通信领域，但都极易受到来自量子计算机的攻击。本章还将解释为何量子计算机会使这些算法过时。

目前的非对称算法都基于某些计算上难以解决的数学问题，更准确地说，是在多项式时间内无法解决的数学难题。但量子计算机却能在多项式时间内解决这类问题，因而对网络安全构成了重大威胁。后续几章将探讨已被提为抗量子攻击标准的算法。本章将详细介绍目前最新、使用范围最广的非对称算法，以使读者充分了解这些问题。

有些读者可能并不完全清楚什么是多项式时间。如果对于某个非负整数 k，完成该算法所需的步数为 $O(n^k)$，则该算法就能在多项式时间内求解。"n"表示输入复杂度。回顾一下第 4 章"量子计算的计算机科学基础"，我们讨论过数组。许多算法都会用到数组，数组的大小常用 n 表示。能在多项式时间内用算法解决的问题被视为可控问题或可处理的问题。

11.1 RSA

RSA 可能是目前最常用且最受认可的非对称算法之一，它是由罗纳德·李维斯特（Ron Rivest）、阿迪·萨莫尔（Adi Shamir）和伦纳德·阿德曼（Leonard Adleman）于 1977 年提出的，取名于三人姓氏的首字母。该算法基于将大数进行因式分解的难度。现有的经典计算机中，已知最有效的大整数分解算法是一般数筛（general number sieve）。回顾第 4 章计算复杂性和大 O 表示法。一般数筛的复杂性如下：

$$O\left\{\exp\left[C(\log n)^{\frac{2}{3}}(\log\log n)^{\frac{2}{3}}\right]\right\}$$

重要的是要记住，即便这种表示法看起来有点令人生畏，该算法也不是一种有效的算法。这就是为什么 RSA 对于目前来讲足够安全。现在，让我们深入探讨 RSA，以便更好地理解为何因式分解整数是 RSA 安全性的关键。一般数筛是分解大整数最有效的一种经典算法，若还想了解更多内容，请参阅以下文档：

http://www.broadview.com.cn/44842/0/52

http://www.broadview.com.cn/44842/0/53

要研究 RSA，我们从密钥生成着手。要创建公钥和私钥，首先就要生成两个大小近似相等的随机大素数：p 和 q。你需要选择两个数，当它们相乘时，会得到你想要的大小（如 2048 位，4096 位等）。

p 和 q 相乘后得到 n。这个等式非常简单，如下所示：

$$n = pq$$

为了得到 n 的欧拉函数（Euler's totient 或 totient），第三步是将每个素数（p 和 q）与欧拉函数相乘。

如果你不熟悉欧拉函数，也无妨，这个概念比较简单。若两个数无公因数，则称其互质。比如，15 和 8 就互质。15 的因数是 3 和 5，而 8 的因数是 2 和 4。所以，15 和 8 无公因数，因而它俩互质。欧拉函数表示小于 n 且与 n 互质的数的数目。质数减 1 即为其欧拉函数。比如，质数 11 的欧拉函数是 10，表示小于 11 且与 11 互质的整数有 10 个。

　　现在你已经大致了解了欧拉函数，可以继续学习了。显然，两个素数相乘后就得到了一个合数（composite number）——确定该合数的欧拉函数并不简单。该合数的欧拉函数就是先前两个素数的欧拉函数的乘积。因此，下一步是

$$m = (p - 1)(q - 1)$$

得到 m，即 n 的欧拉函数。

　　第四步，选用另一个数 e，使它与 m 互质。通常，我们会为 e 选择一个素数。这样一来，如果 e 不能整除 m，那么 e 的确和 m 互质，因为 e 没有可分解因子。

　　至此，密钥就快生成了。只需找到一个数 d，使 d 与 e 相乘后模 m 为 1：

　　求 d，使得 $de \bmod m \equiv 1$。

　　这样一来就得到了密钥。公开公钥 e 和 n，保留私钥 d。以下步骤总结了密钥的生成过程：

　　步骤 1：随机生成两个大素数 p 和 q，大小大致相等。

　　步骤 2：p 与 q 相乘得到 n。

　　步骤 3：两个素数（p 和 q）的欧拉函数相乘，最终得到 n 的欧拉函数。

　　步骤 4：挑选一个数 e，使其与 m 互质。

　　步骤 5：求 d，使得 $de \bmod m \equiv 1$。

　　要进行加密，只需将信息升到 e 次幂，并对 n 取模，如下：

$$C = M^e \bmod n$$

　　要进行解密，只需将密文升到 d 次幂，并对 n 取模，如下：

$$P = C^d \bmod n$$

　　下面再看两个 RSA 的例子，这两个例子都使用了非常小的整数。这些整数太小，可能没什么效果，但却有助于你了解这一过程。

11.1.1　RSA 示例 1

我们来看一个例子，或许可以帮助你理解这个过程。当然，RSA 使用的是大整数，但为了便于理解其所运用的数学方法，下面的例子（选自维基百科）将使用较小的整数：

1. 选择两个不同的质数，例如，$p = 61$，$q = 53$。

2. 计算 $n = pq$，得到 $n = 61 \times 53 = 3233$。

3. 计算乘积 n 的欧拉函数，即 $\phi(n) = (p - 1)(q - 1)$，有 $\varphi(3233) = (61 - 1)(53 - 1) = 3120$。

4. 选择任意一个与 3120 互素的数 e（$1 < e < 3120$）。对于 e，选择一个素数，这样就只需检查 e 是否是 3120 的约数。假设 $e=17$。

5. 计算 d，进行取模和乘法的逆运算得到 $d = 2753$。

6. 公钥为 $(n = 3233, e = 17)$。对于经过补位的明文消息 m，加密函数为 $m^{17} \pmod{3233}$。

7. 私钥为 $(n = 3233, d = 2753)$。对于加密密文 c，解密函数为 $c^{2753} \pmod{3233}$。

11.1.2　RSA 示例 2

对于那些刚接触 RSA 或密码学的读者而言，再看一个使用更小的数的例子可能有助于理解，如下所示：

1. 选择两个质数：$p = 17$ 和 $q = 11$。

2. 计算 $n = pq = 17 \times 11 = 187$。

3. 计算 $\varphi(n) = (p - 1)(q - 1) = 16 \times 10 = 160$。

4. 选择 e，使得 $\gcd(e, 160) = 1$，比如 $e = 7$。

5. 确定 d，使得 $de = 1 \bmod 160$，同时 $d < 160$。$d = 23$，因为 $23 \times 7 = 161 = 1 \times 160 + 1$。

6. 公开公钥（7 和 187）。

7. 秘密保存私钥（23）。

上述两个 RSA 示例相对简单，使用的质数也很小，即使用低端经典计算机也很容易破解密钥。但实际上并不会使用如此小的质数,这里只是为了方便你理解这个过程而已。如果不熟悉这些内容,建议你多读几次。

11.1.3　因式分解 RSA 密钥

因式分解是确保 RSA 安全的基石。显然,至少在假想中,我们可以将 n 值分解为 p 和 q,然后重新生成私钥。但事实证明,分解非常大的数极其困难,至少对于经典计算机来说是这样。更专业一点来讲就是说它“在计算上不可行”。目前还未发现任何一种有效的算法。在讲 RSA 时,我们讨论的是非常大的数,这种算法可以使用 1024、2048、4096、8192 位甚至更大的密钥。比如,下面是一个以十进制格式表示的 2048 位数:

51483247893254789632147780069501356699875410025145630214586147855148 3247893254789632147780069501514832478932547896321477800695013566998 7541002514563021458614785514832478932547896321477800695013256663124 58863144587702335658896350232358658900145221478533654 7

目前使用的大多数 RSA 算法中,至少截至写作本书时,2048 位都是最小的 RSA 密钥。回想一下刚刚提到的那个很大的数,尝试对其因式分解,我相信你一定会赞同这是一项相当艰巨的任务。

我们讨论过一般数筛。使用某些数学技术的确可以增强这个过程,但却无法分解如此大的数,至少在经典计算机上是这样的。要是有人发明了一种将大数分解为质数的有效算法,RSA 就失效了。当然,也有人试图分解一个稍小一些的数。2009 年,本杰明·穆迪(Benjamin Moody)花了 73 天算出一个 512 位 RSA 密钥。到了 2010 年,研究人员已能够分解 768 位 RSA 密钥。随着分解的数越来越大,现有的 RSA 算法开始使用更大的密钥。

下面来谈谈与量子计算有关的问题。回想一下,第 10 章“量子算法”中曾讨论过肖尔算法。该算法是由数学家彼得·肖尔于 1994 年发明的。他证明了量子计算机可以在多项式时间内($\log N$)找到整数 N 的质因数。这表明,量子计算机并不能立即读取任何用 RSA 加密的密文,分解公钥需要耗费一定时间。但该时间属于在量子计算机上使用肖尔算法的现实时间范围。鉴于 RSA 非常普遍,这是一个很严重的安全问题。

11.2　迪菲-赫尔曼算法

有些教材认为 RSA 是第一个非对称算法，但这并不准确。由惠特菲尔德·迪菲（Whitfield Diffie）和马丁·赫尔曼（Martin Hellman）于 1976 年发表的迪菲-赫尔曼算法（Diffie-Hellman）才是第一个非对称算法。这是一种加密协议，允许两个实体通过一些不安全的媒介（如互联网）交换对称密钥。

迪菲-赫尔曼协议有两个参数，即质数 p 和参数 g。g（通常也称生成器或生成元）是一个小于 p 的整数，具有以下性质：对于任意一个数 n（取值范围为 1 到 $p-1$ 之间），存在 g^k，使得 $n = g^k \bmod p$。下面用 Alice 和 Bob 来说明这一标准加解密过程。

Alice 随机生成一个私有值 a，Bob 随机生成一个私有值 b，a 和 b 均为整数。

他们使用参数 p 和 g 及各自的私有值来获得公共值。Alice 的公共值为 $g^a \bmod p$，Bob 的公共值为 $g^b \bmod p$。

他们互换公有值。

Alice 计算 $g^{ab} = (g^b)^a \bmod p$，Bob 计算 $g^{ba} = (g^a)^b \bmod p$。

由于 $g^{ab} = g^{ba} = k$，所以 Alice 和 Bob 现在就有了一个共享密钥 k。

图 11.1 展示了这个过程：

双方知晓 p 和 g。

Alice

1. Alice 生成 a。
2. Alice 的公共值为 $g^a \bmod p$。
3. Alice 计算 $g^{ab} = (g^b)^a \bmod p$。

Bob

1. Bob 生成 b。
2. Bob 的公共值为 $g^b \bmod p$。
3. Bob 计算 $g^{ba} = (g^a)^b \bmod p$。

由于 $g^{ab} = g^{ba}$，他们就有了共享密钥 k（$k = g^{ab} = g^{ba}$）。

图 11.1　迪菲-赫尔曼算法

如果检查这个过程，就会发现，迪菲-赫尔曼算法的安全性取决于解决离散对数问题的难度。离散对数也适用于肖尔算法。这表明，一台运行肖尔算法的量子计算机能在一段时间内破解迪菲–赫尔曼密钥交换算法。

11.2.1　艾尔加玛尔加密算法

艾尔加玛尔（Elgamal）加密算法是迪菲–赫尔曼密钥交换算法诸多改进版中的一种，是由塔赫尔·艾尔加玛尔（Taher Elgamal）于 1984 年首次提出的。

该算法由三部分组成：

- 密钥生成

- 加密算法

- 解密算法

下面继续使用 Alice 和 Bob 的例子，来轻松描述密钥的生成过程：

1. Alice 利用生成元 g 产生一个 q 阶循环群 G 的有效描述。

2. Alice 从 $\{0, \cdots, q\text{--}1\}$ 中随机选择一个数 x。

3. Alice 计算 $h = g^x$。回想一下，g 是生成元，x 是一个随机数。此外，h, G, q 和 g 是公钥，x 是私钥。

4. 若 Bob 想将加密后的消息 m 发送给 Alice，那么他将从 Alice 生成的公钥着手。Bob 加密消息的过程如下：

   a. Bob 从 $\{0, \cdots, q\text{--}1\}$ 中随机选择一个数 y。y 通常被称为临时密钥（ephemeral key）。

   b. Bob 再计算 c_1，这很简单：$c_1 = g^y$。

   c. 再计算一个共享密钥 $s = h^y$。

   d. Bob 把他要发送的秘密消息 m 映射为 G 上的一个元素 m'。

   e. 再计算 c_2，这也很简单：$c_2 = m's$。

   f. Bob 现在就可以将 c_1 和 c_2 作为加密文本发送给 Alice 了。

5. 用 Alice 生成的私钥解密消息 m 的过程如下：

   a. 收信方计算 $s = c_1^x$。

   b. 接收方计算 $m' = c_2 s^{-1}$。

   c. 最后，m' 被转换回明文 m。

这个过程看起来不太像迪菲-赫尔曼算法，但艾尔加玛尔算法的确使用了与迪菲-赫尔曼算法相同的安全假设。这表明，给定一个可运行的量子计算机，艾尔加玛尔算法也极易在多项式时间内被攻破。

11.2.2　MQV

MQV（Menezes-Qu-Vanstone）是基于迪菲-赫尔曼算法的一种密钥协商协议，最初是由梅内塞斯（Menezes）、曲（Qu）和范斯通（Vanstone）于 1995 年提出的，随后于 1998 年进行了修改。MQV 被纳入了公钥标准 IEEE P1363。HMQV（Hash MQV）是其改进版本。与迪菲-赫尔曼算法一样，MQV 的安全性也取决于经典计算机解决离散对数问题的难度。正如我们所知，量子计算机中并不存在这样的难度。

MQV 使用了椭圆曲线，下一节将详细讨论，此处给出一般步骤。开始介绍 MQV 之前，还需了解一些初步事项。双方都有公钥和私钥。通常，Alice 的公钥为 A，私钥为 a；Bob 的公钥为 B，私钥为 b。Alice 和 Bob 将用这些公钥和私钥来交换要使用的新密钥。还有一个值 h，它是 Alice 和 Bob 使用的椭圆曲线的辅助因子。此外，它还有个用途，但有点复杂，你将在第 4 步和第 5 步中看到。

步骤 1：通常，最先使用密钥交换的一方称为 Alice。她用随机挑选的 x 生成一对密钥，再计算 $X = xP$，其中 P 是椭圆曲线上的某个点。密钥对为(X, x)。

步骤 2：另一方（通常称为 Bob）也会生成一对密钥。Bob 的密钥对为(Y, y)，这是通过使用随机挑选的 y，再计算 $Y = yP$ 后得到的。

步骤 3：Alice 再计算$S_b = X + \bar{X}_a \bmod n$，然后将 X 发送给 Bob。

步骤 4：Bob 计算 $S_b = y + \bar{Y}_b \bmod n$，然后将 Y 发送给 Alice。

步骤 5：Alice 计算$K = h * S_z(Y + \bar{Y}B)$，Bob 计算$K = h * S_b(X + \bar{X}A)$。

你可能感到疑惑：为何会这么麻烦。Alice 和 Bob 不是已经有公钥和私钥了吗？他们不能用吗？当然可以，只是使用 MQV 算法时发生了两件事。首先，双方的公钥实际上用于验证对方，而非加密数据。其次，每次运行该算法时都会使用一个新的对称密钥。因此，Alice 和 Bob 可能对每条消息都有一个不同的、新的对称密钥。

11.3　椭圆曲线

与 RSA 相比，椭圆曲线密码学涉及的数学知识更复杂。椭圆曲线可用来形成群，因此适用于加密。椭圆曲线群有两种常见类型，在密码学中使用的是基于 F_p 的椭圆曲线群，其中，p 是基于 F_{2^m} 的素数。F 是正在使用的域，m 表示某个整数值。椭圆曲线密码是一种基于有限域上椭圆曲线的公钥密码学算法。

1985 年，IBM 公司的维克多 • 米勒（Victor Miller）和尼尔 • 科布利兹（Neal Koblitz）首次提出将椭圆曲线应用于密码学。椭圆曲线密码（Elliptic Curves Cryptography，ECC）的安全性建立在椭圆曲线离散对数问题的困难性之上。椭圆曲线是满足特定数学方程的一组点，该方程如下：

$$y^2 = x^2 + Ax + B$$

图 11.2 所示为椭圆曲线方程的一种常见表示方法。

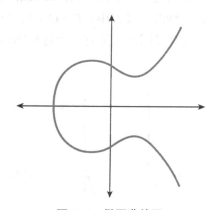

图 11.2　椭圆曲线图

还有其他方法来表示椭圆曲线，但图 11.2 最常见也最容易理解。另一种描述椭圆曲线的方法是：椭圆曲线是满足具有两个二阶变量和一个三阶变量的方程的点集。看到图 11.2 的第一眼，你可能就发现它具有水平对称性。曲线上任意一点绕 x 轴旋转后都能与原先的点对应，而不改变曲线的整体形状。

马里兰大学的劳伦斯 • 华盛顿（Lawrence Washington）正式定义了椭圆曲线："椭圆曲线 E 是某种方程的图形，其中 A 和 B 是常数。该方程被称为椭圆曲线的魏尔斯特拉斯方程（Weierstrass equation）。我们需要指定 A、B、x 和 y 属于哪个集合。通常，它们被视为某个域的元素。例如，实数 **R**，复数 **C**，有理数 **Q**，素数 p 的有限域 F_p

($=Z_p$)之一，或有限域 F_q 之一，其中 $q = pk$ 与 k_1。"随着对椭圆曲线密码了解的深入，这些值将更有意义。

与椭圆曲线一起使用的运算是加法（回想一下，群定义了一个集合和一种运算）。因此，椭圆曲线构成了加法群。

椭圆曲线域的成员是椭圆曲线上的整数点。你可以对椭圆曲线上的点执行加法运算。大多数关于椭圆曲线的文献中定义了两个点，P 和 Q。点 $P = (x_P, y_P)$ 的负值是它关于 x 轴的镜像，$-P$ 为$(x_P, -y_P)$。请注意，对于椭圆曲线上的每个点 P，$-P$ 也在曲线上。假设 P 和 Q 是椭圆曲线上两个不同的点，并且假设 P 不等于$-Q$。要对 P 和 Q 做加法运算，可以画一条线，穿过这两点。这条线将与椭圆曲线恰好相交于另一个点，称为$-R$。点$-R$ 是 R 关于 x 轴的镜像。椭圆曲线群中的加法定律为 $P + Q = R$。

穿过点 P 和$-P$ 的线是一条垂直直线，不与椭圆曲线在第三点处相交；因此，点 P 和$-P$ 不能像之前那样进行加法运算。因此，椭圆曲线群包括无穷大处的点 O。根据定义，$P + (-P) = O$。于是，椭圆曲线群中，$P + O = P$。O 称为椭圆曲线群的加法恒等元（additive identity）；所有椭圆曲线都有一个这样的恒等元，这一点可以从图 11.3 看出。

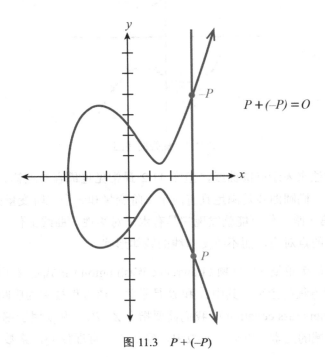

图 11.3 $P + (-P)$

要将点 P 添加到自身,在点 P 处绘制一条切线。如果 y_P 不为 0,则切线与椭圆曲线恰好在另一个点 $-R$ 处相交,$-R$ 为 R 关于 x 轴的镜像。此运算称为"点 P 倍增",如图 11.4 所示。

若 y_P 为 0,则通过 P 点的椭圆曲线的切线总是垂直的,并且不与椭圆曲线相交于任何其他点。根据定义,对于这样的点,$2P = O$。

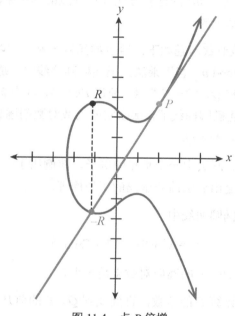

图 11.4 点 P 倍增

回想一下,域 F_p 使用从 0 到 $p-1$ 的数,除以 p 取余数后运算结束。比如,整数 0 至 22 组成了域 F_{23},该域中的任何运算都会产生一个介于 0 到 22 之间的整数。

域 F_p 下的椭圆曲线可由域内的 a、b 变量构成。椭圆曲线包括所有满足椭圆曲线方程的点 (x, y) 除以 p 后的余数(其中,x 和 y 是域 F_p 中的数)。比如,$y^2 \bmod p = x^3 + ax + b \bmod p$ 拥有一个域 F_p 下的子域,且 a、b 在域中。

若 $x^3 + ax + b$ 不包含重因子(repeating factor),则可以使用椭圆曲线构建一个群。域 F_p 上的椭圆曲线群由椭圆曲线上的点和一个被称为无穷远的特殊点 O 组成。在这样的椭圆曲线上,点的数量有限。

非对称密码系统是建立在计算上无法解决的数学难题上的。离散对数问题是许多密码系统安全性的基础，包括椭圆曲线密码系统。更具体地说，椭圆曲线密码系统依赖于椭圆曲线上的离散对数问题（Elliptic Curve Discrete Logarithm Problem，ECDLP）的难度。

回想一下，我们研究了椭圆曲线群上的两个几何定义运算，即点加法和点倍增。在椭圆曲线群中选择一个点后通过点倍增运算就能获得点 $2P$。再将点 P 与点 $2P$ 相加，就得到了点 $3P$。确定点 nP 的这种方式被称为点的标量乘法。ECDLP 就是以标量乘法乘积的棘手性为基础的。

乘法群 $\mathbf{Z}_p^*$ 中，离散对数问题如下：给定群元素 r 和 q，以及一个素数 p，找到一个数 k，使得：$r = qk \bmod p$。若用乘法来描述椭圆曲线群，那么它的离散对数问题如下：给定群中的点 P 和 Q，求一个数 k，使得 $Pk = Q$，其中 k 被称为以 P 为底的离散对数。若用加法来描述椭圆曲线群，那么它的离散对数问题如下：给定群中的点 P 和 Q，求一个数 k，使得 $Pk = Q$。

以下是教材、论文、网页中一个常见的例子，该例用了一个很小的数以便理解，但读者仍能从中大致体会出椭圆曲线密码的工作原理。

由下列方程定义的椭圆曲线中，

$$y^2 = x^3 + 9x + 17 \quad (F_{23} \text{上})$$

$Q = (4, 5)$，底 $P = (16, 5)$ 的离散对数 k 是多少？

求 k 的一种方法是计算 P 的倍数，直到找到 Q。P 的前几个倍数如下：

$$P = (16, 5) \quad 2P = (20, 20) \quad 3P = (14, 14) \quad 4P = (19, 20) \quad 5P = (13, 10)$$
$$6P = (7, 3) \quad 7P = (8, 7) \quad 8P = (12, 17) \quad 9P = (4, 5)$$

由于 $9P = (4, 5) = Q$，Q 到底 P 的离散对数为 $k = 9$。

实际应用时，k 非常大，因此无法用上述方式来确定 k 的值。这就是椭圆曲线密码的本质；当然，域也会更大。想了解更多信息，可参阅下列网站中这个优秀的教程：http://www.broadview.com.cn/44842/0/54。

椭圆曲线密码系统（ECC）基于椭圆曲线离散对数问题（ECDLP）的难度。这个问题用经典计算机在多项式时间内无法解决。你可能已经猜到了，这表明 ECC 很容易受到来自量子计算机的攻击。

正如你在前几节看到的那样，椭圆曲线构成了群，它的使用方式类似于其他代

数群。实际上,人们可以使各种算法适应于椭圆曲线群。椭圆曲线密码有许多组合,包括:

- 椭圆曲线迪菲·赫尔曼算法(用于密钥交换)
- 椭圆曲线数字签名算法(ECDSA)
- 椭圆曲线 MQV 密钥协议
- 椭圆曲线集成加密方案(ECIES)

本节将着重探讨椭圆曲线迪菲·赫尔曼算法(EC Diffie-Hellman)和椭圆曲线数字签名算法(ECDSA)。

11.3.1 椭圆曲线迪菲·赫尔曼算法

本章开篇讨论的迪菲·赫尔曼算法是最古老的密钥交换协议,用椭圆曲线对其进行修改自然是一件很正常的事。椭圆曲线迪菲·赫尔曼算法(Elliptic Curve Diffie-Hellman,ECDH)是一种密钥交换算法或密钥协议,用于在一个不安全的介质上建立共享秘密。这个共享秘密要么被直接使用,要么作为产生另一个密钥的基础。此时,公-私密钥对是基于椭圆曲线产生的。

- **公钥**:椭圆曲线和曲线上的点(x, y)
- **私钥**:Alice 的 A、Bob 的 B
  - Alice 计算 $A(B(x, y))$。
  - Bob 计算 $B(A(x, y))$。
  - 由于 $AB = BA$,所以这些都是一样的。
- **公钥**:曲线 $y^2 = x^3 + 7x + b \pmod{37}$和点$(2, 5) \Rightarrow b = 3$
- **Alice 的私钥**:$A = 4$
- **Bob 的私钥**:$B = 7$
  - Alice 向 Bob 发送 $4(2, 5) = (7, 32)$。
  - Bob 向 Alice 发送 $7(2, 5) = (18, 35)$。
  - Alice 计算 $4(18, 35) = (22, 1)$。

■ Bob 计算 7(7, 32) = (22, 1)。

更多细节请参考 NIST Special Publication 800-56A, Revision 2，地址如下：http://www.broadview.com.cn/44842/0/55。

11.3.2   椭圆曲线数字签名算法

数字签名算法是专为数字签名信息发明的。当然，人们也可以使用任何一种非对称算法来对消息进行签名，但数字签名算法是专门为此设计的。你可能猜到了，椭圆曲线数字签名算法（ECDSA）是椭圆曲线算法的一种变体。

为了理解该算法是如何工作的，我们再次引入虚拟角色 Alice 和 Bob。首先，双方必须在某些参数上达成一致：曲线，记为 E，椭圆曲线的基点/生成元，记为 G，G 的阶数（一个整数），记为 n。要签署消息，Alice 将采取以下步骤：

步骤 1： 随机选择一个小于 n 的整数 k（即 $1 < k < n$）。

步骤 2： 计算 $kG = (x_1, y_1)$ 和 $r = x_1 \bmod n$。若 $r = 0$，则返回步骤 1。

步骤 3： 计算 $k^{-1} \bmod n$。

步骤 4： 计算 $e = \text{SHA-1}(m)$。大部分数字签名算法都使用散列[①]（hash）；在这里，散列通常是 SHA-1。因此，这就是说 Alice 计算消息的 SHA-1 散列。

步骤 5： 计算 $s = k^{-1}\{e + d_A r\} \bmod n$。

步骤 6： 若 $s = 0$，则返回步骤 1。换言之，Alice 一直重复这个过程，直到 $s\,!= 0$。通常，这并不耗时，而且可能第一次尝试时就发生了。

步骤 7： Alice 的签名为 (r, s)。

Bob 验证 Alice 的签名 (r, s) 需要执行以下步骤：

步骤 1： 验证 r 和 s 是否是区间$[1, n-1]$内的整数。

步骤 2： 计算 $e = \text{SHA-1}(m)$。

步骤 3： 计算 $w = s^{-1} \bmod n$。

步骤 4： 计算 $u_1 = ew \bmod n$，$u_2 = rw \bmod n$。

步骤 5： 计算 $(x_1, y_1) = u_1 G + u_2 Q_A$。

[①] 译者注："hash" 有时也译为"杂凑"或音译为"哈希"。

步骤 6：计算 $v = x_1 \bmod n$。

步骤 7：当且仅当 $v = r$ 时接受签名。

图 11.5 总结了这个过程。

这与传统的数字签名算法类似，只不过 ECDSA 使用了椭圆曲线群。ECDSA 相对安全，至少能对抗经典计算机的攻击；但这种算法也容易受到量子计算机的攻击。

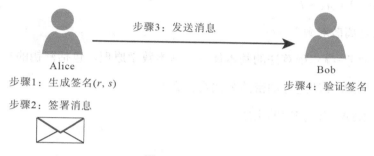

图 11.5 ECDSA

11.4 小结

本章探讨了目前常用的一些经典非对称算法。这些算法被广泛应用于电子商务、网上银行和其他诸多应用程序，但都无法抵抗量子计算机的攻击。因此，测试并开发出新型量子对抗算法显得极为重要。接下来的 4 章将探讨量子计算和密码学，因而了解本章内容非常重要，尤其是了解这些经典非对称算法是如何运行的，以及它们为什么难以抵抗基于量子计算的攻击。

章节测试

复习题

1. 肖尔算法能在多长时间内分解整数 N？

    a. N^2

    b. $\log(N)$

    c. $\ln(N)$

  d. $N!$

2. 以下哪个方程与椭圆曲线密码学有关？

  a. $M^e \% n$

  b. $P = C^d \% n$

  c. $C^e \% n$

  d. $y^2 = x^3 + Ax + B$

3. 什么是离散对数？

4. 解释迪菲–赫尔曼算法的基本体系（基本数学原理，包括密钥的生成）。

5. 使用 RSA 算法进行加密的公式是什么？

6. 解释 RSA 算法密钥的生成。

## 第12章

量子计算对密码学的影响

学完本章并完成章节测试后，你将能够做到以下几点：

- 了解量子计算将如何影响非对称密码学

- 解释使用量子计算后对称密码学将发生哪些变化

- 理解量子计算所需的密码学应用变化

阅读本书前，你可能就已经意识到量子计算将对密码学和网络安全产生重大影响。事实上，这可能会激励你想要了解更多有关量子计算的内容。量子计算对非对称密码学影响较为明显（但这并不是说量子计算对密码学的其他领域没有影响）。我们将在本章探讨这种影响。

密码学主要需要关注目前的非对称密码学算法。即使量子计算对对称密码学或散列密码没有任何影响（事实并非如此），它对非对称密码学的影响也很麻烦。网络安全在一定程度上都依赖于非对称密码学，比如，电子商务、VPN 和许多认证协议。目前使用的非对称算法相对安全，因为它们基于难以解决的数学问题。说这些问题"难"是指它们无法在现实时间内使用经典（非量子）计算机来解决。RSA 算法基于将数字分解为质因子的难度；迪菲-赫尔曼算法基于求解离散对数问题的难度；迪菲-赫尔曼算法的各种改进版本（如艾尔加玛尔加密算法和 MQV）也是基于解决离散问题的难度；椭圆曲线密码（包括多种算法）基于求解随机椭圆曲线元素相对于已知基点的离散对数问题的难度。网络安全的问题在于，这些数学问题已被证实可用量子计算机来解决。

问题不是"量子计算机是否会影响密码学"，而是"还要多久"。已经证明，量子算法可以破解当前非对称密码学安全性的根基。在现实可行的时间内，量子计算最终将使现有的非对称或公钥算法过时或无效。这表明，用于 VPN、数字证书、所有电子商务解决方案，甚至某些网络认证协议中密钥交换的密码学将不再安全。传输层安全（Transport Layer Security，TLS）被广泛用于保护网络流量，电子邮件，甚至 IP 语音都不再安全。虽然量子计算机对网络安全的威胁不是直接的，因为目前量子计算机还未被投入实际应用。但人们应当意识到这个潜在问题并提供解决方案，未雨绸缪。

许多术语都可指抗量子攻击密码学，比如"后量子密码学""量子安全密码学"等。无论使用哪个术语，所指的概念都相同，即量子计算机无法轻易解决的基于数学难题的密码学算法。除了美国国家标准研究院抗量子密码学标准项目，欧洲电信标准研究所和量子计算研究所一直在举办关于量子安全密码学的研讨会。与量子安全密码学有关的各种方法将在第 13 章"基于格的密码学"、第 14 章"多元密码学"和第 15 章"后量子密码学的其他方法"中详细讨论。你可在以下网址中阅读有关 NIST 量子安全的密码学标准：http://www.broadview.com.cn/44842/0/56。

12.1　非对称密码学

探讨量子计算应从影响最显著的地方开始——非对称密码学。随着阅读的推进，你可能已经熟悉了其中的一些问题。经典非对称密码学基于数论中的特殊问题，如因式分解或离散对数问题。

为何量子计算对非对称密码学构成了威胁呢？因为后者的安全性基于不同数学问题的解决难度。目前为止，这些问题还未被证明容易受到量子计算的攻击。有好几种这样的算法（接下来的章节将详细探讨），比如，基于格的密码学、多元密码学、超奇异椭圆曲线同源密码学和基于散列的密码学等。

格是一种数学问题，基于格的密码（Lattice-based cryptography）只是基于格的数学问题中的密码系统。格密码学中最常用的问题之一是最短向量问题（Shortest Vector Problem，SVP）。本质上，SVP 是给定一个特定的格，如何找到格中的最短向量。更具体地说，SVP 涉及在向量空间 V 中找到最短的非零向量，由范数 N 测量。回顾第 1 章"线性代数入门"，范数是向量空间中的一个函数，满足非负性。SVP 是后量子计算的不错选择。

格密码学中另一个问题是最近向量问题（Closest Vector Problem，CVP）。给定一个向量空间 V 和测量格 L 的 M，以及在向量空间 V 中的向量 v（但并不一定在格 L 中），找到格 L 中最接近向量 v 的向量。第 13 章将更详细地探讨这个概念。

顾名思义，多元密码学（Multivariate cryptography）是基于多变量的数学问题。更具体地说，这些算法通常基于有限域上的多元多项式。现在有基于多元密码学的加密方案和数字签名算法。

顾名思义，超奇异椭圆曲线同源密码学（Super-singular elliptic curve isogeny cryptography）是椭圆曲线密码学的一种特殊变体。超奇异椭圆曲线是域中一类特殊的椭圆曲线。第 14 章将详细探讨这些算法。

还有许多基于散列的加密算法。第一个基于散列的数字签名是由拉尔夫·默克尔（Ralph Merkle）于 20 世纪 70 年代开发的。默克尔-达姆加德结构（Merkle-Damgaard construction）也被用于诸多散列算法。目前被用于后量子密码学的散列算法包括莱顿-米卡利签名（Leighton-Micali Signature，LMS）和扩展默克签名方案（eXtended Merkle Signature Scheme，XMSS）。第 15 章将详细探讨基于散列的加密算法。

基于编码的密码学使用不同的方法，这些系统都依赖于纠错码，比如，由罗伯特·麦克利斯（Robert McEliece）于 1978 年发布的麦克利斯（McEliece）密码系统。该算法在经典密码学中并未得到广泛应用，但已成为后量子密码学的候选算法，已被证明能够对抗肖尔算法，这使得它极具魅力。第 15 章将详细探讨这种算法。

12.1.1　需要多少个量子位

正如第 9 章"量子硬件"中讨论的那样，破解 2048 位 RSA 算法大约需要 4000 个量子位（这一估计值并非没有实验依据）。问题在于量子计算机分解一个数能有多快。2014 年，物理学家用量子计算机分解了 56 153 这个数。它显然比典型的 RSA 密钥小得多。从某种角度来看，一个 2048 位的密钥，改为十进制的数后长度为 256。以下是一个 256 位的十进制数。

9,123,456,789,321,654,987,111,222,333,444,555,666,777,888,999,
321,785,828,499,202,001,039,231,943,294,122,098,992,909,098,

461,654,843,513,213,651,488,351,315,654,684,643,513,513,167,

879,841,294,872,617,124,598,248,547,555,666,777,685,987,654,

123,456,828,499,202,001,039,231,943,294,122,098,992,909,098,

548,548,477,658,987,899,845,965,599,458

你可能也赞同这是一个相当大的数。因此,分解 5 位数并不会对 RSA 算法造成巨大威胁。不过,现已证明,一旦量子计算机达到某个稳定点(即退相干得到控制时),并且已经能够扩大可用的稳定量子位的数量时,RSA 将不再安全。

12.2　特定算法

从网络安全的角度来看,量子计算中最重要的问题可能是,它将对特定的加密算法产生何种影响。本书及本章前面部分已经稍稍探讨过这个话题了。本节将研究特定算法及这些算法对量子计算攻击的脆弱程度。

12.2.1　RSA

第 11 章"当代非对称算法"通过示例详细解释了 RSA 算法。这是为了确保你理解肖尔算法为何能对 RSA 产生如此大的影响。正如第 10 章"量子算法"中讨论的那样,肖尔算法能在多项式时间内对整数进行因式分解。这表明,它能在现实时间内从公钥中得到 RSA 私钥。

12.2.2　迪菲-赫尔曼

正如你在第 11 章学到的那样,迪菲-赫尔曼算法基于解决离散对数问题的难度,它有许多改进版,如艾尔加玛尔加密算法和 MQV 算法,但这些算法的安全性也取决于解决离散对数问题的难度。

第 10 章探讨了肖尔算法,并证明了该算法除了能分解整数,还可用于求解离散对数问题。因此,仅肖尔算法就可影响迪菲-赫尔曼算法家族对基于量子计算攻击的安全性。

但是,就基于解决离散对数问题难度的算法而言,肖尔算法并非唯一威胁。2016年,马丁·艾克拉(Martin Ekera)引入了肖尔算法的改进版本,专门用来解决所谓的短离散对数问题。这个问题应用在迪菲-赫尔曼算法中，在 TLS 和 IKE 协议中得以实现（本章后面将详细讨论）。自 2016 年以来，艾克拉的工作也有了进一步改进。

12.2.3　椭圆曲线密码

前一节讨论了离散对数问题。由第 11 章可知，椭圆曲线密码基于椭圆曲线离散对数问题（ECDLP）。这表明，椭圆曲线密码的所有变化都不具有量子安全性。

12.2.4　对称密码

现有文献讨论得最多的影响大都为量子算法对非对称密码学的影响。然而，量子算法对对称密码学也有影响，尽管这种影响效果很小，但仍是一种影响。以第 10 章探讨过的格罗弗算法为例，它可以在大约一半密钥空间的多次迭代中"猜测"对称密钥。因此，如果要考虑 128 位 AES，格罗弗算法可以在 2^{64} 次迭代中猜出密钥。这需要多长时间？以目前的技术，仍需很长时间。但这的确表明，简单地增加对称密钥（也许只是将密钥大小增加一倍）就足以对抗量子攻击。

密码学界的普遍共识是，对称密码只需稍做修改即可实现量子安全。通常是将密钥大小增加一倍。因此，与其使用 128 位 AES，还不如使用 256 位 AES。如果正在使用 256 位 AES，那么应该考虑换为 512 位密钥。但实际上，AES 标准允许使用的密钥大小只有 128、192 和 256 位。而 Rijndael 算法并无这类限制，它可以容纳 512 位密钥。这种将密钥大小翻倍的方法适用于所有的对称密码，包括 Blowfish、Serpent、CAST、IDEA 等。

对称密码算法不受量子计算机的攻击，原因很简单。顾名思义，对称密码只有一个密钥。反过来，这又意味着算法的安全性并不是基于相互关联的两个密钥。非对称密码之所以有效，是因为两个独立的密钥（公钥和私钥）是通过一些基础数学相关联的。这种数学相对安全，只是因为要解决特定的数学问题很难；但是，对称密码算法的安全性并不是建立在某些潜在的数学问题的安全性之上的。本质上，量子计算机不需要解决基本的数学问题来破解对称密码，它能做的可能就是加速暴力攻击。

12.2.5　密码散列

与对称密码一样，密码散列不是基于解决特定数学问题的难度，至少对于大部分密码散列算法而言不是这样的。最常用的密码散列函数是信息论中的"混淆"

（confusion）和"扩散"（diffusion）。默克尔-达姆加德结构常用于散列函数。因此，SHA-2、SHA-3、Whirlpool、GOST、RIPEMD 和其他常用散列函数不太可能受到量子计算的影响。出于谨慎考虑，人们可能会选择更大容量。这表明，人们会用 512 位而不是 256 位 SHA-2，或者使用 RIPEMD 320，而非 RIPEMD 160。除了这些轻微变化，没有任何迹象表明大多数密码散列存在重大安全威胁。

12.3　具体应用

每种算法最终都与实际应用有关。虽然计算机科学家可能会从解决难题中获得满足感，但其最终目的仍是提供有用的应用程序。密码学亦是如此。在本节中，你将看到密码学的常见应用。同时，我们还将探讨使这些应用程序具有量子抵抗性需要做出哪些改变。

12.3.1　数字证书

数字证书在应用密码学中至关重要，这是一种检索公钥的方式。数字证书是传输层安全（Transport Layer Security，TLS）等安全通信的组成部分，可用于验证对方身份。数字证书有许多种格式版本，X.509 就是包含格式和信息的一种国际标准，也是最常见的数字证书类型，它是一个数字文档，包含一个由颁发该证书的受信第三方（Certificate Authority，CA）签名的公钥。

X.509 标准于 1988 年首次发布。此后进行了多次修订，最新版本是 X.509 v3，在 RFC 5280 中指定。[①]该系统不仅支持获取证书持有者的信息，还能验证该信息与受信任的第三方。我们将在本章后面看到，这是保护 SSL 和 TLS 等协议安全性的关键。

X.509 证书的内容如下：

- **版本**：正在使用的 X.509 是什么版本。目前最常用的版本可能是第三版，即 v3。
- **证书持有人的公钥**：本质上，这就是公钥的传播方式。
- **序列号**：这是标识此证书的唯一标识符。
- **证书持有人专有名称或唯一名称**：通常是网站或电子邮件的 URL。
- **证书有效期**：大多数证书的有效期为一年，但也需明确写明。

---

① "RFC 5280," IETF, https://www.rfc-editor.org/info/rfc5280.

- **证书颁发者唯一名称**：即颁发该证书的受信第三方。公共证书颁发机构通常有 Thawte、Verisign、GoDaddy 等。

- **发行机构的数字签名**：如何验证该证书的确是由其声称的颁发机构所颁发的呢？可以通过数字签名进行验证。

- **签名算法标识符**：为了验证签名者的数字签名，需要调用签名者的公钥及其使用的算法。

尽管数字证书中还可包含其他数据，但上述列出的都是该数字证书所必需的信息。注意，最后三项与验证该证书的效力有关。X.509 数字证书的优点之一是能够验证证书持有者的身份，这对于安全通信而言至关重要，不仅要加密传输数据，还要验证相关各方的身份。

现在要解决的问题是，量子计算机会对数字证书产生什么影响。好在，需要进行重大修改的不是数字证书，而是用于管理证书的基础设施（这将在本章后面进行讨论）。X.509 证书的格式可以不变。不同之处在于证书中列出的数字签名算法和证书中的公钥应改为抗量子算法。

12.3.2　SSL/TLS

可以毫不夸张地说，安全套接字协议（SSL）和传输层安全（TLS）为我们今天所熟知的互联网提供了框架。开展电子商务、进行安全通信，以及安全地发送数据，在很大程度上取决于 SSL/TLS。刚开始时，网络安全性并不成问题。超文本传输协议（HTTP）本身就很不安全。随着网络越来越普及，需要确保网络安全才能通过网络进行金融数据、财务数据等敏感信息通信。网景公司（Netscape）发明了一套互联网数据安全协议，SSL（Secure Sockets Layer）。由于存在重大安全漏洞，SSL 1.0 从未被公开发布过。1995 年发布的 2.0 版本被广泛使用。不幸的是，SSL 2.0 存在安全漏洞，因而 2.0 版本逐渐被 1996 年发布的 3.0 版本所取代。3.0 版并不只是在过去版本的基础上进行的小改进，而是一次彻底的大修，它以 RFC 6101 的形式发布。

1999 年发布的 TLS 1.0，本质上是 SSL 3.0 的升级版；但实际上，它与 SSL 3.0 并不兼容。TLS 1.0[①]还支持验证消息身份和完整性的 GOST 散列算法。以前的版本中，散列消息认证码只支持 MD5 和 SHA-1。

---

① "什么是 TLS/SSL？"微软技术网络文章：https://technet.microsoft.com/en-us/library/cc784450(v=ws.10).aspx.

TLS 1.0 最终被 2006 年 4 月发布的 TLS 1.1 所取代，它在许多地方都有所改进，比如，初始化向量及支持 AES 的密码块链。

2008 年 8 月，TLS 1.2 作为 RFC 5246 发布。与以前的版本相比，它进行了很多改进，包括使用 SHA-256 替换 MD5 和 SHAQ。2018 年 8 月，TLS 1.3 发布，并进行了额外改进，它由 RFC 8446 定义。

量子计算机变得越来越稳固，使用得也越来越广泛，最终需要更改 TLS 标准以适应量子安全密码学。这可能包括不同于目前使用的非对称算法，以及对称算法的密钥大小。这样的新标准中，散列固定的初始化状态（digest sized）可能更大。

12.3.2.1　握手过程

为了充分理解 SSL/TLS，有必要了解如何建立安全连接。SSL/TLS 连接的建立过程较为复杂，一般步骤总结如下：

1. 当客户端发送"Hello"时，通信开始。该消息包含客户端的 SSL 版本号、密码设置（即客户端支持哪些算法）、会话特定数据，以及服务器使用 SSL 与客户端进行通信所需的其他信息。

2. 服务器响应"Hello"消息，该消息包含服务器的 SSL 版本号、密码设置（即服务端支持哪些算法）、会话特定数据，以及客户端使用 SSL 与服务器进行通信所需的其他信息。服务器还向客户端发送服务器的 X.509 证书。客户端可用它来验证服务器，然后再使用服务器的公钥。在某些可选配置中，需要对客户端进行身份验证。这种情况下，服务器的"Hello"消息部分是回应客户端的证书请求。客户端身份验证通常不用于电子商务，因为它要求每个客户端都有一个来自知名且受信任的证书颁发机构颁布的 X.509 证书。阅读本书的大多数读者可能都没有这样的证书。如果电子商务网站要求提供这样的证书，可能会大大降低网络欺诈率，但同时也会给消费者带来额外负担，增加开销。比如，消费者必须购买证书，均价为每年 19.95 美元。

3. 接下来，客户端使用服务器的 X.509 证书来验证服务器的身份。它通过检索 X.509 证书的颁发机构的公钥，并使用它来验证 X.509 证书上的 CA 数字签名。假设身份验证有效，客户端就能确信服务器的确是它所声称的对象。

4. 使用迄今为止握手产生的所有数据，客户端为会话创建预备主密钥（pre-master secret），使用服务器的公钥（从服务器的证书中获得，在步骤 2 中发送）对其进行加密，然后将预主密钥发送到服务器。

5. 如果服务器被配置为需要客户端验证身份，那么此时服务器要求客户端向服务器发送客户端的 X.509 证书。服务器将使用它尝试验证客户端身份。

6. 若需要验证客户端身份，但客户端无法通过验证，则会话结束；若客户端成功验证，则服务器使用其私钥来解密客户端发给它的预备主密钥。

7. 客户端和服务器都使用从客户端发送到服务器的预备主密钥来生成会话密钥。会话密钥是对称密钥，并使用客户端和服务器握手过程的步骤 1 和 2 中商定的任意算法。

8.客户端一旦从预备主密钥生成了对称密钥，将向服务器发送一条消息，说明来自该客户端的后续消息将使用该会话密钥进行加密。然后，它会发送一条加密消息，表明该客户端的握手过程已完成。

9. 服务器一旦完成从预备主密钥生成对称密钥的过程，就会向客户端发送一条消息，通知它来自服务器的后续消息将使用该会话密钥加密。然后，服务器发送一条加密消息，表明该服务器的握手过程已完成。

握手过程并不需要大量修改以适应量子安全密码学。问题在于改变所使用的非对称算法和密钥大小。但是，为这些将要发生的改变做好准备也很重要。

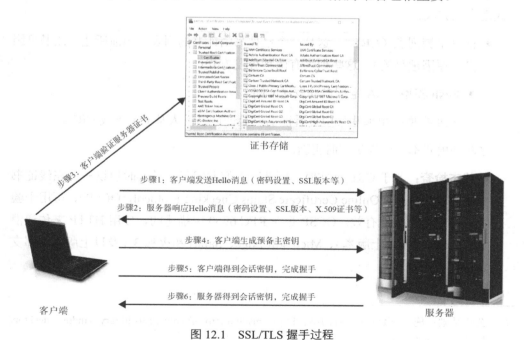

图 12.1　SSL/TLS 握手过程

12.3.4　公钥基础设施

为适应量子抵抗密码学，数字证书需要小幅修改；然而，用于生成、分发和验证证书的公钥基础设施（public key infrastructure，PKI）则需要大幅修改。

我们先了解公钥基础设施，再来梳理解决量子计算问题的具体改变。一般地，PKI 是创建、分发和管理数字证书所需的基础设施。数字证书是传播非对称算法公钥的一种方式。因此，PKI 是实现任何非对称密码的关键。

PKI 的作用之一是通过证书颁发机构将公钥与某些用户的身份绑定。换句话说，仅拥有广泛可用的公钥还不够，还需要某种机制来验证特定公钥是否与特定用户相关联。PKI 是通过验证用户身份的 CA 来完成的。

PKI 有几个组成部分。每个证书颁发者只有在受到其他证书颁发者的信任后，才可互换证书。比如，当你在线访问一个网上银行网站时，该网站有一个由某些证书颁发机构颁发的数字证书，该证书颁发机构必须是你和银行都信任的颁发机构。也许你会访问一个电子商务网站，该网站可能使用一个完全不同的证书颁发机构，但也必须是受信的证书颁发机构。

证书颁发机构负责颁发和管理证书，[①]还能吊销证书。吊销证书可通过以下两种方式之一来完成：

- **证书吊销列表（CRL）**：这是一个已被吊销证书的列表（如前所述，证书可因多种原因被吊销）。这些列表有两种分发方式：

  - **Push 模型**：CA 定期自动发送 CRL。

  - **Pull 模型**：由那些希望查看证书以验证证书的人从 CA 下载 CRL。

这两种模式都无法提供即时更新。

- **状态检查**：鉴于 CRL 非实时，因此，人们发明了一种实时协议——在线证书状态检查协议（Online Certificate Status Checking Protocol，OCSP），可用于验证证书是否依然有效。OCSP 是在 RFC 6960 中描述的，使用 HTTP 来传递消息。IE 7（及以上版本）、Microsoft Edge、Safari 和火狐 3（及以上版本）都支持。

---

① "公钥基础设施"，微软开发者网络：https://msdn.microsoft.com/en-us/library/windows/desktop/bb427432(v=vs.85).aspx。

CA 通常得到注册管理机构（Registration Authority，RA）的协助。RA 负责验证申请数字证书的个人/实体。一旦身份得以验证，RA 就会通知 CA，可以使用该证书。

公钥基础设施 X.509（Public-Key Infrastructure X.509，PKIX）是由 IETF 组建的工作组，旨在为公钥基础设施开发标准和模型。此外，PKIX 还负责更新 X.509 标准。

公钥密码学标准（Public-Key Cryptography Standard，PKCS）是由 RSA 与包括微软、苹果等公司在内的几家公司共同创建的一套自发性标准。截至本文完稿时，已发布 15 个 PKCS 标准：

- PKCS #1: RSA Cryptography Standard

- PKCS #2: Incorporated in PKCS #1

- PKCS #3: Diffie-Hellman Key Agreement Standard

- PKCS #4: Incorporated in PKCS #1

- PKCS #5: Password-Based Cryptography Standard

- PKCS #6: Extended-Certificate Syntax Standard

- PKCS #7: Cryptographic Message Syntax Standard

- PKCS #8: Private-Key Information Syntax Standard

- PKCS #9: Selected Attribute Types

- PKCS #10: Certification Request Syntax Standard

- PKCS #11: Cryptographic Token Interface Standard

- PKCS #12: Personal Information Exchange Syntax Standard

- PKCS #13: Elliptic Curve Cryptography Standard

- PKCS #14: Pseudorandom Number Generators

- PKCS #15: Cryptographic Token Information Format Standard

这些标准是由特定工作组制定的，这些工作组囊括了来自世界各地的专家，他们每人都对该标准做出了一定贡献。

了解了 PKI 的功能后，与量子计算相关的问题就能得以解决了。注册机构几乎不需要更改，其角色也不会被改变；但是，证书的密钥生成则需要大改。生成 RSA

密钥的过程与 NTRU 或 GGH 的生成过程（见第 13 章）完全不同。数字签名算法也需更改，这就需要重新配置 PKI 中使用的各种服务器。因此，PKI 可能需要大幅修改。

12.3.5　虚拟专用网络

与 SSL/TSL 一样，虚拟专用网络（virtual private network，VPN）也依赖于对称加密算法和非对称加密算法。这表明，为了适应量子计算机，需要做一定修改。深入了解这些细节之前，有必要简要总结一下 VPN 技术。

就概念而言，VPN 是指模拟一个实际的物理网络连接。这就要求 VPN 提供与传统物理网络连接相同的访问级别和安全级别。为了模拟一个专用的点对点连接，数据被封装或包装，然后用一个提供路由信息的数据头，允许它通过互联网传输并到达目的地。于是在这两个点之间创建了一个虚拟网络连接，但是这个连接只是提供了一个虚拟网络。而且，数据也被加密了，因此虚拟网络是专用的。

这自然会涉及有关 VPN 的身份验证和加密技术。有几种技术/协议可以方便地建立 VPN，但每种技术的工作方式略有不同。本章将逐一探讨这些技术。尽管这些技术存在差异，但最终目标相同：首先验证用户身份，验证该用户是否是其所声称的那个人，然后交换加密信息，例如使用何种算法。

互联网协议安全（Internet Protocol Security，IPsec）被广泛用于创建 VPN。据说，这是目前应用最广泛的 VPN 协议，因此值得我们进一步研究。除 IP 协议外，还运用 IPsec 来增加 TCP/IP 通信的安全性和私密性。IPsec 与微软操作系统及其他操作系统都兼容。例如，附于 Windows 10 的因特网连接防火墙的安全设置允许用户使用 IPsec 进行传输。IPsec 是由互联网工程任务组（Internet Engineering Task Force，IETF，www.ietf.org）开发的一套协议，用以确保信息交换的安全性。总之，IPsec 已经广泛应用于 VPN 中。

IPsec 有传输带和安全加密链路两种加密方式。传输带模式的工作原理是对每个数据包中的数据进行加密，但不对数据头加密。这意味着源地址和目的地址，以及其他报头信息都不加密。安全加密链路模式则会对报头和数据同时进行加密。它比传输带模式更安全，但工作速度更慢。在接收端，符合 IPsec 协议的设备对每一个数据包进行解密。为了使 IPsec 正常工作，发送设备和接收设备必须共享一个密钥。这表明，IPsec 是一种单密钥加密技术。IPsec 还提供了除上述两种模式外的另两种协议，即验证头协议（Authentication Header，AH）和封装安全负载协议（Encapsulated Security Payload，ESP）。

为了适应量子计算机，IPsec 需要做出重大改变。IPsec 中使用的整套密码算法都需要更改。此外，密钥交换协议也需修改。可能会使用一种全新的"量子抵抗"VPN。为了广泛使用 VPN，更实际的做法是简单地升级现有的 VPN 技术（如 IPsec）以更好地适应"量子抵抗"密码学。

12.3.6　安全外壳协议

服务器通常都需要进行远程通信并确保通信安全，特别是对于经常需要远程连接到其管理的服务器的网络管理员来说，安全性更为重要。安全外壳协议（Secure Shell，SSH）是远程连接到服务器并确保通信安全的一种常见方法。类似于其他密码学应用，量子计算也需要对该协议进行一些修改。

UNIX 及基于 UNIX 的系统（如 Linux）利用 SSH 协议连接到目标服务器。标准的 SSH 协议会使用非对称加密算法对远程计算机的身份进行验证。当需要验证双方身份时，则对客户端进行身份验证。SSH 于 1995 年首次发布，是由芬兰阿尔托大学理工学院[①]（Helsinki University of Technology）的塔图·伊洛宁（Tatu Ylonen）开发的。他的目标是取代诸如 Telnet、rsh 和 rlogin 等不安全协议。SSH 1 是作为免费软件发布的；1999 年发布的 OpenSSH 仍是 SSH 协议中一种非常流行的版本。

SSH 2 有一个内部架构，其中，特定层负责特定功能：

- 传输层处理密钥交换和服务器身份验证问题。通常，密钥经过一个小时或传输了 1GB 数据后会重新交换。密钥的这种重新交换就是 SSH 协议的重要优点之一。

- 用户身份验证层负责对用户身份进行验证。有几种方法可以进行验证，其中，最常见的两种是密码法和公钥。密码法只检查用户的密码；公钥法则使用 DSA 或 RSA 密钥来验证客户的身份，这种方法还支持 X.509 证书。

- 通用安全服务应用程序接口（Generic Security Service Application Program Interface，GSSAPI）身份验证是 SSH 的一种变体，允许使用 Kerberos 或 NTLM 进行身份验证。尽管并非所有版本的 SSH 都支持 GSSAPI，但 OpenSSH 支持。

---

① 译者注：原名赫尔辛基理工大学。

SSH 可提供安全文件传输技术，如安全复制（Secure Copy，SCP）、SSH 文件传输协议（SFTP）、通过 SSH 传输文件（FISH）等。

SSH 可被配置使用几种不同的对称算法，如 AES、Blowfish、3DES、CAST-128 和 RC4。特定算法是为每次实现 SSH 而配置的。量子计算将改变的第一个问题就是使用特殊的对称算法。我预计 3DES 和 CAST-128 将不再被支持，而应支持 Blowfish 和 AES，但对应的密钥大小也会更大。当然，密钥交换和身份验证中使用的非对称算法也需更改。由于 SSH 与大多数 Linux 操作系统的发行版本一起发行，因此大多数供应商（如 Red Hat、Mint、Ubuntu 等）使用的 Linux 也需进行修改。

12.4 小结

本章讨论了量子计算对密码学应用的实际意义，既探讨了具体算法，也讨论了量子计算对这些算法产生的实际影响。最重要的内容也许是，密码学的常见应用，以及为了适应量子安全，密码学算法应做出哪些改变。

章节测试

复习题

1. 假如有可实际运行的量子计算机，AES 需做出何种改变？

   a. 无须做出任何改变，因为它不会受影响。

   b. 需要更换。

   c. 需要更长的密钥。

   d. 必须与散列算法相结合。

2. 假如有可实际运行的量子计算机，CAST-128 需做出何种改变？

   a. 无须做出任何改变，因为它不会受到影响。

   b. 需要更换。

   c. 需要更长的密钥。

   d. 必须与散列算法相结合。

3. 离散对数问题可解会影响以下哪种算法？

    a. RSA

    b. DH

    c. ECC

    d. AES

4. 一旦量子计算机成为现实，X.509 标准需做出多大改变呢？

    a. 无须做出改变

    b. 小改

    c. 大改

    d. 需要更换

5. 为什么对称算法受量子计算的影响比非对称算法小？

    a. 更长的密钥使它们具有量子安全性。

    b. 信息论中的混淆和扩散使它们具有量子安全性。

    c. 它们受到的影响与非对称算法一样大或更多。

    d. 它们并非基于量子计算机可解决的特定数学问题。

基于格的密码学

学完本章并完成章节测试后，你将能够做到以下几点：

- 了解基于格的密码学基础

- 运用特定算法

- 理解这些算法是如何抗量子的

- 理解格基约简算法的原理

前几章讨论了量子计算的基本原理。第 12 章"量子计算对密码学的影响"探讨了量子计算对密码学和网络安全的影响。本章将探讨量子计算对密码学影响的潜在答案。基于格的算法已被视为抗量子的非对称算法。

基于格的算法是基于与格相关的数学问题的一种密码学算法。回想一下，RSA算法基于将数字分解为质因子的难度；迪菲-赫尔曼算法及其各种改进版本都基于求解离散对数问题的难度；各种椭圆曲线密码学算法都基于求解随机椭圆曲线元素相对于已知基点的离散对数问题的难度。目前使用的这些算法的安全性都基于解决数学问题的难度。基于格的算法具有基于与格相关的数学问题的安全性。

探索具体问题（具体算法）之前，理解格的概念非常重要。你可能还记得第 1章"线性代数入门"中的内容，如果不熟悉，请再复习一下。理论上，格可以是任意维数的矩阵，但为了便于演示，大多数资料都展示二维矩阵。每列代表一个向量。基于格的密码学中使用的矩阵通常比教科书中看到的要大；否则，解决基于格的数学问题就非常简单了，这样一来，基于格的密码学就很容易被破译。

本章将详细探讨基于格的密码学的数学基础。首先是简介。格是一种数学问题，基于格的密码学只是基于格的数学问题中的密码系统。格密码学中最常用的一个问题是最短向量问题。本质上，SVP 是给定一个特定的格，然后求格中的最短向量。更具体地说，SVP 涉及在向量空间 V 中找到最短的非零向量，并由范数 N 测量。范数是向量空间中的一个函数，满足非负性。SVP 是后量子计算的不错选择。

非对称密码学基于难以解决的数学问题。事实上，这些问题太难了，以至于在现实时间内无法找到解决办法。

格密码学中另一个问题是最近向量问题。这个问题可总结为，给定一个向量空间 V 和测量格 L 的 M，以及在向量空间 V 中的向量 v（不一定在格 L 中），找到格 L 中最接近向量 v 的向量。这个问题与前面讨论的最短向量问题有关，同样也很难解决。

13.1　基于格的数学问题

格可被定义为某些空间中一组 n 维的点，具有周期结构。格的基向量被用来生成格。式 13.1 为格的数学定义。

$$\mathcal{L}(b_1 \dots bn) = \left\{\sum_{i=1}^{r} x_i b_i : x_i \in \mathbf{Z}\right\}$$

式 13.1　格的定义

式 13.1 中，b_1 至 b_n 的值表示基向量。或者，可以表示为向量 x 的和（Σ），而 x 是整数集（$\mathbf{Z}$）中的所有元素。

格由线性无关向量组成。如果这一组向量中的任何一个向量都能被定义为其他向量的线性组合，则该组向量线性相关（linearly dependent）。相反，若集合中不存在以这种方式定义的向量，则这些向量线性无关（linearly independent），它们构成了格的基向量。

这是对格的一种定义，但不是唯一定义。格也出现在几何和群论中。假设有实数 $\mathbf{R}^n$，格是 $\mathbf{R}^n$ 群的子群，与整数群 $\mathbf{Z}^n$ 同构（isomorphic）。当然，这就要求我们定义什么是子群。群论中，子群的定义如下：如果群 G 的非空子集 H 对于 G 的运算也是一个群，则称 H 为 G 的子群。比如，加法运算下的整数群，显然是整数运算下有理数群的子群。

　　理解"同构"这个术语也很重要。人们常将它与图论联系起来。但它在其他数学领域（如群论）中也有应用。在任何数学领域中，同构是两个结构之间的映射，它保留了结构，并且可以通过逆映射进行反转。同构非常重要，因为两个同构结构属性相同。

　　举个简单的例子，实数加法群 $(\mathbf{R}, +)$，该群与正实数乘法群同构 $(\mathbf{R}^+, \times)$。

　　我们从两个不同的角度定义了格，接下来再进一步探讨。其中有些是新内容，有些是对第 1 章中某些概念的简要回顾。这些都是理解基于格的密码学的关键概念。

　　向量空间这个术语是基于格的密码学的核心。假设有一个向量。一个向量就是一组值，这些值可以是实数、复数、整数等。在向量加法和标量乘法下封闭的向量集是一个向量空间。更正式地说，假设有一组向量 V，在这个集合中任选两个向量 w 和 v，以及一个标量 α。如果 V 是一个向量空间，则以下条件为真：

- 假设 $v, w \in V$，$v + w \in V$
- 假设 $v \in V$，α 为标量，$\alpha v \in V$

　　上述特性并非向量空间的唯一属性，它还具有结合性和交换性。但刚才列出的两种属性通常可将一些向量集限制为向量空间。但考虑到章节内容的完整性，以下是向量空间 V 中给定向量 v 和 w 的其他加法特性，其中 α 为标量：

- $v + w = w + v$（加法交换律）。
- $(u + v) + w = u + (w + v)$（加法结合律）。
- $\alpha(v + w) = \alpha v + \alpha w$（分配律）。
- $(\alpha + \beta)v = \alpha v + \beta v$（分配律）。
- 存在向量 $z \in V$，使得 $z + v = v$（即零向量）。
- 对于每个 v，都有一个 $-v \in V$，使得 $v + (-v) = z$（加法的逆）。

　　向量有许多实际应用。目前，我们暂且将其视为数学对象。向量空间 V 的维数是其基域上的向量数，通常称为向量空间 V 的基。如果 V 中的每个向量都可以写成 B 中向量的有限线性组合，则这组向量 B 构成了向量空间 V 中的基向量。那么 B 是向量空间 V 的基向量集。当然，向量空间 V 可以有多组基向量 B。但是，所有的这些基向量都必须具有相同数量的元素，因为这个数量即为向量空间 V 的维数。

基于格的密码学中，另一个常用的线性代数概念是正交性。若向量空间中的两个元素（*u* 和 *v*）的点积为零，则它们正交。点积是两个向量对应元素的乘积之和。说到底，点积的作用就是从两个向量或两个矩阵中求解单个数字（single number）或标量。点积可同张量积做比较。数学中，张量是一种包含向量或数组的指标体系。两个向量空间 *V* 和 *W* 的张量积（表示为 *V*⊗*W*）也是一个向量空间。

幺模矩阵也被用于某些基于格的算法中。一个幺模矩阵就是一个整数方阵，它的行列式是+1 或–1。行列式是由方阵的元素计算出的值。矩阵 *A* 的行列式用|*A*|表示。下面是一个幺模矩阵。

$$\begin{bmatrix} 2 & 3 & 2 \\ 4 & 2 & 3 \\ 9 & 6 & 7 \end{bmatrix}$$

复习一下第 1 章的内容。通过 3 个子矩阵的行列式就能得出上述矩阵的行列式。

$$2\begin{bmatrix} 2 & 3 \\ 6 & 7 \end{bmatrix} - 3\begin{bmatrix} 4 & 3 \\ 9 & 7 \end{bmatrix} + 2\begin{bmatrix} 4 & 2 \\ 9 & 6 \end{bmatrix}$$

每个行列式都是由 $ad - bc$ 算出来的，于是得到：

$$2[(2\times7) - (3\times6)] - 3[(4\times7) - (3\times9)] + 2[(4\times6) - (2\times9)]$$

进一步得到：

$$2[14 - 18] - 3[28 - 27] + 2[24 - 18]$$

又得到：

$$-8 - 3 + 12 = 1$$

循环格也被用于某些加密应用程序，它是在旋转移位算子下封闭的格。式 13.2 提供了更缜密的定义。

$$\text{A Lattice L} \subseteq Z^n \text{ is cyclic if } \forall\, x \in L: \text{rot}(x) \in L$$

式 13.2　循环格的定义

13.1.1　最短整数问题

最短整数问题（Shortest Integer Problem）有时也称短整数解（Short Integer Solution，SIS），如下所示：给定一个 *m* × *n* 格 *A*，它由 *m* 个均匀随机向量（整数）组成，也可表示为 $A \in Z_q^{n\times m}$，找到一个非零短整数向量 *v*，使得 $Ax = 0 \bmod q$。Ajtai

的密码原语（cryptographic primitive）就是基于此。尽管你在其他文献中也能找到某些方法来解释这个问题，但我们使用的这种形式最清晰明了。

13.1.2　最短向量问题

最短向量问题常被用作基于格的密码系统的基础。SVP 是指，给定一个特定的格 L 及其范数 N，在 V 中找到由 L 中的 N 测量的最短非零向量。更正式地说，SVP 问题是在向量空间 V 中找到最短的向量，并由范数 N 来测量。请记住，范数是向量空间中的一个函数，满足非负性。最短向量必须是非零向量。

更正式地讲，假设有一个格 L、向量 v 和范数 N，则：

$$N(v) = \lambda_L$$

其中，λ_L 为格 L 中最短的非零向量的长度。

尽管有几种不同的方法可以解决这个问题，但即使使用量子计算机，也没有哪一种方法能在现实时间内解决这个问题。这表明，SVP 问题是基于格的密码学的良好基础。本章后面将回顾解决基于格的问题的方法。请记住，使用的格非常大，以至于人们无法简单地查看并找到解决这个或其他基于格的问题的方案。最短向量问题的一种变体是间隙最短向量问题（Gap Shortest Vector Problem，Gap SVP）。这个问题始于格的维数 N 的固定函数 β。给定格基，算法试图确定 $\lambda(L)$ 是否 $\leqslant 1$ 或 λ 是否 $> \beta$。

13.1.3　最近向量问题

基于格的密码学中另一个常用的数学问题是最近向量问题。最近向量问题指给定一个特定向量空间 V，格 L 的矩阵 M，向量空间 V 中的向量 v（并不一定在格 L 中），如何找到格 L 中的向量使其与向量 v 最近。这个问题与前面讨论过的最短向量问题有关。同样，最近向量问题在计算上也难以解决。事实上，最近向量问题是对最短向量问题的一种泛化。

鉴于最近向量问题与最短向量问题的关系，你可能会假设可能存在间隙最近向量问题（Gap CVP），就像之前提到的间隙最短向量问题（Gap SVP）那样。你猜对了，的确如此。对于间隙最近向量问题（Gap CVP），一个格基和向量 v 为输入，算法必须明确以下两种方法是否正确：

- 有一个格向量 w，使得 w 和 v 之间的距离至多为 1。

- 格中每个向量与 v 之间的距离都大于 β。

13.2　加密算法

　　格问题是创建加密算法的一种有效方法。1996 年发布了第一个基于格的加密算法，它是由米洛斯·阿杰泰（Milos Ajtai）创建的，基于短整数解决方案（SIS）。该算法已被证实有多种漏洞，因而并未被实际应用到密码学中去。不过，该算法是将格应用于密码学的第一次示范，因此基于格的密码学文献中都会提及它。本节将回顾 3 种使用最广泛的基于格的加密算法。

13.2.1　NTRU

　　NTRU（N-th degree Truncated polynomial Ring Unit）由杰弗瑞·霍夫斯坦（Jeffery Hoffstein）、吉尔·皮弗（Jill Pipher）和约瑟夫·西尔弗曼（Joseph Silverman）于 1996 年首次公开报道。自发布以来，该算法还有其他变体形式。NTRU 可被定义为一组基于格的密码算法系统。它非常重要，因为其两个变体已经通过了 NIST 项目的第二轮，以寻找抗量子密码学标准。

　　NTRU 基于格中的最短向量问题，其安全性取决于给定截断多项式环（truncated polynomial ring）中分解某些多项式的计算难度。我们需要简要描述什么是多项式环（polynomial ring），以供那些不太熟悉的读者参考。

　　多项式环是由一个或多个不确定项（即变量）中的多项式集合与另一个环中的系数形成的环。回想一下第 1 章有关环的内容。环是一个由集合、单位元、两个运算和第一个运算的逆运算组成的代数系统。多项式是由变量和系数组成的表达式。"变量"表示不确定，就像它在多项式环中的定义那样。

　　假设有一个多项式环 $R[X]$。这是域 r、系数为 p 的 X 里的环，定义如下：

$$p = p_0 + p_1 X + p_2 X^2 + \cdots + p_{n-1} X^{n-1} + p_n X^n$$

　　截断多项式环是由多项式组成的环，次数有限或被截断。对于那些想了解更多有关多项式环的读者，推荐阅读以下材料：

http://www.broadview.com.cn/44842/0/57

http://www.broadview.com.cn/44842/0/58

初步了解这些数学知识后，我们再回到 NTRU 算法。这种算法一般使用式 13.3 所示截断多项式环。

$$R = \mathbf{Z}[x]/(x^N - 1)$$

式 13.3　NTRU 算法的截断多项式环

上式中，$\mathbf{Z}$ 表示整数集，X 则为整数集中的某个元素。

N 是素数。密钥生成从挑选 N 开始，然后再挑选 p 和 q，使其满足 $\gcd(p, q) = 1$。q 通常是 2 的幂，p 一般较小。

下一步则是生成两个多项式，通常记为 f 和 g，每个多项式的次数最多为 $N{-}1$。这两个多项式的系数在 $\{-1, 0, 1\}$ 中，例如，$-x^3$，$-x^2 + x - 1$。多项式 f 还必须有模 p 和模 q 的逆。如果 f 对模 p 和 q 都没有逆，那么就必须选择不同的 f 值。下一步是做 $f \bmod p$ 和 $f \bmod q$ 的逆运算，通常表示为 f_p 和 f_q。公钥的生成如式 13.4 所示。

$$h = pf_q g \pmod q$$

式 13.4　NTRU 密钥生成（步骤 2）

h 表示公钥，多项式 f、f_p 和 g 为私钥。有了密钥后，如何将其用于加密和解密呢？我们用 Alice 和 Bob 来讨论。假设消息 m 表示为多项式，我们已经有 h 和 q。Alice 想加密消息 m 并将其发送给 Bob，她随机挑选了多项式 r（系数通常很小）。现在要加密消息，Alice 需执行式 13.5：

$$e = r\,h + m \pmod q$$

式 13.5　NTRU 密钥生成（步骤 3）

Bob 收到消息后需要解密，他取加密消息 e，用式 13.6 解密：

$$a = f\,e \pmod q$$

式 13.6　NTRU 密钥生成（步骤 4）

请注意，式 13.6 中的 "a" 表示我们希望检索的明文的中间步骤。请记住，e 只是 $rh + m$，其中，f、f_p 和 g 是私钥。于是，式 13.6 可改写为式 13.7。

$$a = f(r\,h + m)(\bmod\ q)$$

式 13.7　NTRU 密钥生成（步骤 5）

从密钥生成过程可知，h 等于 $pf_q g(\bmod\ q)$，于是，式 13.7 可改写为式 13.8。

$$a = f(r\,pf_q\,g + m)(\bmod\ q)$$

式 13.8　NTRU 密钥生成（步骤 6）

不必考虑解密方程的排列，可以继续使用 $a = fe\ (\bmod\ q)$。充分理解这个过程非常重要。现在，Bob 需要计算满足式 13.9 的多项式（通常称为 b）。

$$b = a(\bmod\ q)$$

式 13.9　NTRU 密钥生成（步骤 7）

回想一下，Bob 的密钥是 f、f_p 和 g，我们暂时还没使用这些值。接下来将这些值用上后就得到了式 13.10，Bob 以此返回 Alice 发送的消息 m。

$$m = f_p\,b(\bmod\ p)$$

式 13.10　NTRU 密钥生成（步骤 8）

如前所述，NTRU 其实是一系列算法。刚刚描述的其实是 NTRUEncrypt。现在，你对 NTRUEncrypt 密钥的生成、加密和解密有了进一步了解。该算法被选为抗量子密码学算法并受到诸多关注的原因很多。首先，撰写本文时，该算法还未被证明容易受到任何量子攻击（比如肖尔算法）。此外，NTRU 的执行速度比 RSA 更快，这种性能在实际应用中至关重要。

除了刚刚提及的 NIST 标准项目，还有其他标准可用来评估 NTRU 算法变体。欧盟的 "PQCRYPTO" 项目正在研究 Stehlé-Steinfeld 版本的 NTRU，以作为一种可能的欧洲标准。该版本已被证实具有安全性，但其效率低于 NTRU。

IEEE 1363.1 是公钥加密技术的 IEEE 标准，基于格的解决难度。该标准于 2008 年发布，但不再是现行标准。该标准还有效时，就推荐使用 NTRUEncrypt。

还有公共开源 NTRU 库。比如，GitHub[①]上就有一个完整的 NTRU 开源项目；

---

① https://github.com/NTRUOpenSourceProject

你还可以在 GitHub[①] 上找到 NTRU 的开源 Java 实现；用于 .NET 的密码 EXV 1.5 项目包括 NTRU 库[②]。

对 NTRU 算法已有多项密码分析研究，包括多年前的 NTRU 签名方案。然而，所有这些都基于涉及 NTRU 实现的攻击，而非基础数学。这些攻击集中在 NTRU 签名算法上。所有的加密算法都基于正确实现；错误实现可能会显著降低加密算法的性能。

近来，密码分析研究主要集中在支持 NTRU 的数学假设上。这些研究已经证实了，NTRU 对一系列的密码攻击能快速恢复。根据早期研究对 NTRU 进行的最新研究表明，NTRU 在数学上是合理的，但可能会因实施不当而被削弱。

13.2.2　GGH

GGH 算法是以其发明者欧德·戈德里奇（Oded Goldreich）、沙菲·戈德瓦瑟（Shafi Goldwasser）和沙哈·利维（Shai Halevi）的姓氏命名的，这是一个广泛研究的基于格的密码系统，是一种非对称算法，已被证明具有抗密码分析性。该算法基于最近向量问题（CVP），于 1997 年首次被公开描述，其私钥是格 L 的一个基向量 B 及一个幺模矩阵 U（请回顾本章前面部分讨论过的幺模矩阵）。

这个基向量具有某些特性，比如，这些向量几乎为正交向量和幺模矩阵 U。公钥是与 $B' = UB$ 形式相同的格的另一个基。消息 M 为消息空间，由 $-M < m_i < M$ 范围内的向量（如 m_1, $\cdots$, m_n）组成。

将消息向量乘以公钥 B' 来加密消息，如式 13.11 所示。

$$v = \sum m_i b_i'$$

式 13.11　GGH（步骤 1）

请记住，m 由整数值组成，B' 是格中的点。这表明，我们可以用式 13.12 列出密码文本。

$$c = v + e$$

式 13.12　GGH（步骤 2）

---

① https://github.com/tbuktu/ntru

② https://www.codeproject.com/Articles/828477/Cipher-EX-V

其中，e 是纠错向量，即 $(1, -1)$。要解密消息就得将密码文本 c 与 B 的逆（B^{-1}）相乘。以下是相关的数学描述。

$$M = cB^{-1}$$

这种算法相对容易理解。尽管现有研究已对其进行了深入探讨，但也被密码分析攻击了。H. Lee 和 C. Hahn 在 2010 年证明了明文的部分信息可以帮助解密 GGH 算法的密文。虽然他们的方法适用于当时提出的 GGH 最高维数，但也需要与 Nguyen 的攻击进行耦合。Lee 和 Hahn 的方法需要涉及一些明文知识；因此，可以说，GGH 的密码分析很有趣，但可能不太能代表现实世界的密码分析条件。

查尔斯·德·巴罗斯（Charles de Barros）和谢克特（L. M. Schechter）于 2015 年进行的研究建议增强 GGH。作者先简要描述了 GGH：

"它的主要思想是将消息编码为格向量 v，加上一些小波动 r，生成密文 $c = v + r$。向量 r 的范数必须足够小，所以，v 是最接近 c 的格向量。"

后来，他们描述了攻击 GGH 的最直接方法，即减少公钥，以便找到应用 Babai 算法的基础。巴罗斯和谢克特进一步表示，即使无法导出私钥，消息也能被检索。

零化攻击（zeroizing attack）已成功对抗了 GGH 的几种变体形式。布拉克斯基（Brakerski）等在 2015 年的论文"GGH 二次零化攻击的密码分析"（Cryptanalysis of the Quadratic Zero-Testing of GGH）中将几种类型的攻击描述为：

粗略地讲，零化攻击是通过计算顶级零编码（top-level encoding of zero）实现的，然后再用规定的零测试程序来建立和求解该方案秘密参数中的多线性方程组。这些攻击主要依赖于零测试程序的线性特性。因此，近年来人们尝试设计非线性的替代零测试程序。

13.2.3　佩克特环签名算法

佩克特环签名算法（Peikert's ring algorithm）针对密钥分发，很像你在第 11 章"当代非对称算法"中学过的迪菲–赫尔曼算法。有一些算法变体，比如环上容错学习密钥交换算法（Ring Learning With Errors Key Exchange algorithm，RLWE-KEX）。该算法设计用来抵御量子计算机的攻击。

环上容错学习（RLWE）的工作原理是用一个多项式环对某个多项式求模。回想一下本章前面部分对多项式环的讨论。这个多项式通常被表示为 $\Phi(x)$。系数在整数

mod q 的域中。乘法和加法都减少 mod $\Phi(x)$。密钥交换算法一般可描述如下：

存在某多项式，通常表示为 $a(x) = a_0 + a_1 x + a_2 x^2 + \cdots a_{n-3} x^{n-3} + a_{n-2} x^{n-2} + a_{n-1} x^{n-1}$。

该多项式是一个分圆多项式（cyclotomic polynomial），系数是整数 mod q。分圆多项式的数学定义更为缜密，对于那些不熟悉它的读者来说，并不需要全面了解它也能大致了解 RLWE。但是，考虑到内容的完整性，我们在此简要描述。

分圆多项式的一种简短定义是，复根为单位原根的多项式。然而，这只有在熟悉单位根和一般根时才有用。第 n 个单位根（n 为正整数）是满足式 13.13 的 x：

$$x^n = 1$$

式 13.13　单位根

这就解释了单位根，比你预想得还简单。但是，这并不能解释本原单位根（primitive root of unity）。给定单位根 n，若它不是某个较小 m 的第 m 个单位根，那么它就是本原单位根。换句话说，假设你已经找到了一个单位根（$x^n = 1$），要成为本原单位根，还必须满足：

$$x^m \neq 1, m = 1,2,3,4,\dots,x-1$$

式 13.14　本原单位根

对于那些想寻求严格数学定义的读者，第 n 个分圆多项式为

$$\Phi_n(x) = \prod_{\zeta} (x - \zeta)$$

式 13.15　第 n 个分圆多项式

如果你对这种解释仍不太清晰，请别过于担心。若无扎实的数论背景，看不懂是很正常的。即便不理解单位根，仍可继续了解 RLWE 的要点。

下面继续探讨密钥的生成。通常会有一个用来进行密钥交换的发起者，用符号"I"表示；一个响应者，用"R"表示。双方都知晓 q、n 和 $a(x)$ 的值，并且可以根据分布函数 X_a 生成小的多项式（a 为参数）。q 是一个质数，$a(x)$ 是由发起者 I 和响应者 R 共享的固定多项式。密钥的生成步骤如下：

1. 生成两个系数较小的多项式。

这些多项式通常被称为 s_I 和 e_I（下标 I 用于发起者，下标 R 用于响应者）。

2. 计算 $p_I = as_I + 2e_I$。

现在，发起者将 p_I 发给响应者，响应者将生成两个多项式：s_R 和 e_R。

3. 计算 $p_R = as_R + 2e_R$。

然后，响应者将从 X_a 生成一个小的 $e`_R$。

4. 计算 $k_R = p_I s_R + 2e`_R$。

5. 计算 $k_R = as_I s_R + 2e_I s_R + 2e`_R$。

接下来会用到信号函数（signal function）。我们暂未介绍过它，这种函数很复杂。读者若未充分理解，也无须担心，这并不会妨碍你了解密钥的生成。不过，考虑到内容的完整性，我们在此简要介绍。信号函数的工作原理如下：

首先，定义一个子集 E：

$$E := \left\{ -\left\lfloor \frac{q}{4} \right\rfloor, \cdots, \left\lceil \frac{q}{4} \right\rceil \right\} \text{ of } Zq = \left\{ -\frac{q-1}{2}, \cdots, \frac{q-1}{2} \right\}$$

该函数是 E 的补集的特征函数（characteristic function）。不同语境中，特征函数的含义不同。此处，特征函数是子集的指示函数（indicator function）。指示函数是指该函数表示指示子集中的成员身份。若为该子集成员，则返回 1；否则，返回 0。实际的信号函数（S）如下：

$$\text{若 } v \in E, \text{ 则 } S(v) = 1;$$
$$\text{否则，} S(v) = 0$$

继续探讨密钥的生成。现在将刚刚提到的信号函数用于 k_R 的每个系数。

$$w = S(k_R)$$

响应者的密钥流 sk_R 是由下列公式计算得出的：

$$sk_R = \text{mod2}(k_R, w)$$

现在，响应者将 w 和 p_R 发给发起者。发起者收到这两个值后，将从 X_a 中获取一个样本 e'_I，并进行计算：

$$k_{\mathrm{I}} = p_{\mathrm{R}}s_{\mathrm{I}} + 2e_{\mathrm{I}}'$$

启动者的密钥为 $sk_{\mathrm{I}}\,\mathrm{mod}2(k_{\mathrm{I}}, w)$。

你可能会觉得这些步骤相当复杂。事实的确如此。这显然比 GGH 或 NTRU 中密钥的生成更复杂，也比第 11 章介绍的迪菲-赫尔曼算法还要复杂。

这种密钥交换算法的安全性取决于参数的规格，一般使用 $n = 1024, q = 40961$ 和 $\varPhi(x) = x^{1024} + 1$ 等。为了达到可接受的安全水平，同时确保效率，大量文献都在研究参数的规格。

13.3   解决格问题

格基约简算法或称格基规约算法（Lattice basis reduction algorithm）包括 Lenstra-Lenstra-Lovász（LLL）和 Block-Korkine-Zolotarev（BKZ），其目的是将 **B** 矩阵基缩减为形成相同格的不同基，但基的"长度"更小。格基约简算法一般基于施密特（Gram-Schmidt）正交化和分解（decomposition）。

格基约简的概念相对简单。给定某些整数格基作为输入，尝试找到另一个更短的基向量，但在其他方面与这个格非常相似。请复习之前讨论过的基向量。这样一来，这个新的数学问题就比先前那个更容易解决。当应用于密码学时，它提供了推导出私钥的概率。

本章的目的不在于关注格基约简，而是向读者介绍这一过程，因为它适用于基于格的密码学。为了启发读者，下一小节提供了 LLL 算法的具体内容和大量细节。但 LLL 算法只是格基约简算法中的一种，还有其他类型，如 Block-Korkine-Zolotarev（BKZ）、Seysen Reduction 等，这些算法的相关研究也很多。

13.3.1   LLL 算法

LLL 算法在多项式时间内找到一个近似短的向量，以确保其在实际最短向量的某因子倍数（2/3）内。LLL 产生一个格的"约化"基，即一个近似短的基向量。该算法的细节也相当复杂，但这并非无迹可寻。不过，在继续学习之前，有必要介绍一些预备知识。格 **L** 和基 $\boldsymbol{B} = \{b_1, b_2, \cdots, b_d\}$，具有 n 维整数坐标，$d \leqslant n$。LLL 算法计算一个简化的格基。

该施密特正交基可表示为：

$$B^* = \{b_1{}^*, b_2{}^*, ..., b_n{}^*\}$$

一旦有了基 B，下一步就是定义其施密特正交基。对于那些不熟悉它的读者来说，施密特是对一组向量进行正交化的一个过程。施密特过程采用一个有限的线性无关向量集，生成一个正交向量集，该向量集跨越与原始集相同的 k 维子空间。

接下来使用投影算符（projection operator）。线性代数中，投影是从一个向量空间到自身的线性变换 P，如果投影算符 P 应用了两次，那么最终结果就与 P^2 的效果相同，即 $P^2 = P$。这类运算被称为幂等（idempotent）。幂等运算的特点是，执行多次与执行一次效果相同。顺便提一下，幂等这个词源于意念（idem），意为"相同的、有力的"（same and potent），表示力量或权力。因此，幂等的字面意思是"同样的力量"。

式 13.16 展示了施密特过程的投影算符。

$$\mathrm{proj}_u(v) = \frac{\langle u, v \rangle}{\langle u, u \rangle} u$$

式 13.16　施密特过程的投影算符

式 13.16 中，$<u, v>$ 表示向量 u 和 v 的内积，它将向量 v 正交投影到向量 u 跨越的线上。

施密特过程会经历一系列投影步骤。不过，这些具体步骤对我们来说并不重要，此处不再讨论。然而，施密特系数是相关的，如式 13.17 所示。

$$\mu_{i,j} = \frac{\langle b_i, b_j^* \rangle}{\langle b_j^*, b_j^* \rangle}, \text{对于任意 } 1 \leqslant j < i \leqslant n$$

式 13.17　施密特系数

LLL 算法会在有参数（通常用 δ 表示）的情况下减少基 B，使得：

1. 对于 $1 \leqslant j \leqslant i \leqslant n$: $|\mu_{i,j}| \leqslant 0.5$ ；

2. 对于 $k = 2, 3, ..., n$: $\delta \|b_k^*\|^2 + \mu_{k,k-1}^2 \|b_{k-1}^*\|^2$。

对某些读者来说，这似乎有些复杂，不太简洁明了。因此，我们再稍稍探讨一下。第一个问题是参数 δ。LLL 算法的关键在于找到正确的参数。三人起初使用 $\delta = 3/4$，其他人则使用 $\delta = 1$ 和 $\delta = 1/4$。找到正确的参数是使 LLL 算法正常运行的一部分工作。接下来，我们再来讨论 **B** 和 **B***。**B** 表示格 **L** 的基本向量集，**B***表示施密特正交基。LLL 算法就是要找到约化基向量，从而解决格问题，同时可能会破解基于格问题的加密算法。

还应注意到，一般的格基约简算法（尤其是 LLL 算法）并不能保证在破坏算法时起作用（可能有效）。即便这些算法的确有效，但也不是即时的。事实上，可能需要耗费大量时间。与其他算法相比，这种算法关键在于能在更短的时间内破解基于格的密码算法。

综上，我们能得到的关键信息是，任何基于格的算法都应该根据格基约简算法进行彻底分析。对于那些熟悉数学知识的读者来说，它有一个使用 LLL 的 LatticeReduce 函数。GitHub 的 fplll（http://www.broadview.com.cn/44842/0/59）上还有一个独立的 LLL 实现。

13.4　小结

本章介绍了基于格的问题和基于格的密码学算法，这些都是需要重点理解的内容，因为它们是寻找抵抗量子计算机攻击的加密算法的一部分。尽管本书的重点在于量子计算本身，但抗量子密码学也是该主题的一部分。此外，我们还简要介绍了攻击基于格的密码学的格基约简算法。

章节测试

复习题

1. 下列有关子群的描述中，哪项最准确？

   a. 如果 G 是某种运算下的一个群，H 是 G 的一个子集，在该运算下也形成了一个群，则 H 是 G 的一个子群。

   b. 如果 G 是某种运算及其逆运算下的一个群，H 是 G 的一个子集，H 在该运算下也形成了一个群，则 H 是 G 的一个子群。

   c. 如果 G 完全包含 H，则 H 是 G 的一个子群。

   d. 如果 H 的元素都在 G 中，并且与 G 有相同的运算，则 H 是 G 的一个子群。

2. 下列哪项是 V 作为向量空间所必需的属性？

    a. 给定 $v, w \in V$，$v+w \in V$。

    b. 给定 $v, w \in V$，$vw \in V$。

    c. 给定 $v \in V$，a 为标量，$av \in V$。

    d. 给定 $v \in V$ 以及 $w \notin V$，则 $vw \notin V$。

3. _____格是在旋转____算子下封闭的格。

    a. 幺正，移位

    b. 幺模，标量

    c. 循环，标量

    d. 循环，移位

4. 下列描述阐述了什么？

给定一个 $m \times n$ 格 A，它由 m 个均匀随机向量（整数）组成，也可表示为 $A \in Z_q^{n \times m}$，找到一个非零短整数向量 v，使得 $Ax = 0 \bmod q$。

    a. 最短向量问题

    b. 最近向量问题

    c. 最短整数问题

    d. 最近整数问题

5. 杰弗瑞·霍夫斯坦（Jeffery Hoffstein）、吉尔·皮弗（Jill Pipher）和约瑟夫·西尔弗曼（Joseph Silverman）于 1996 年首次公开发表_____。自发表以来，该算法还有其他变体形式。

    a. Ajtai

    b. NTRU

    c. GGH

    d. 佩克特环签名算法

6. _____是第一个基于格的密码学算法。

    a. Ajtai

    b. NTRU

    c. GGH

    d. 佩克特环签名算法

7. 公式$R = z[x]/(x^N - 1)$与哪个算法最相关？

    a. Ajtai

    b. NTRU

    c. GGH

    d. 佩克特环签名算法

第**14**章

多元密码学

章节目标

学完本章并完成章节测试后，你将能够做到以下几点：

- 了解多元密码学

- 运用特定算法

- 理解这些算法是如何工作的

多元密码学或多变量密码学指基于有限域 F 上的多元多项式的密码原语。这些算法被认为具有抗量子性，其中某些算法是 NIST 寻求抗量子标准项目的一部分，详情请访问以下网址：http://www.broadview.com.cn/44842/0/60。

14.1 数学

本章提到的算法需要你回顾前几章介绍过的数学知识，但有些内容你仍可能陌生。因此，本节将简要介绍需要用到的一些数学概念，同时也将涉及某些特定算法所必需的临界数学知识（critical mathematics）。

回想一下第 1 章"线性代数入门"，域是由集合、单位元、两种运算及其逆运算组成的一个代数系统。你可以将域视为具有两种运算（而非一种）的群，并且，这两种运算都有逆运算。有限域是一个有限的域。第 11 章"当代非对称算法"讨论了有限域与椭圆曲线密码学的关系。

接下来我们要探讨的新概念是扩展域（extension field）。假设有一个域 F 和域 E，$E \subseteq F$，域 E 的运算也适用于域 F，那么我们就可以说域 E 是域 F 的子域，域 F 是域 E 的扩展域。

多项式是由变量和系数组成的表达式，如式 14.1 所示。

$$x^2 + 3^x - 12$$

式 14.1　多项式

式 14.1 所示多项式是一个单变量多项式，因为它只有一个变量 x（也称为未定元，indeterminate）。多变量多项式（或称多元多项式）有多个变量，如式 14.2 所示。

$$x^2 + 3y - 12z$$

式 14.2　多元多项式

式 14.2 是一个多元多项式，确切地讲，是三元多项式，因为它有 3 个变量。多元密码学是基于多元多项式的密码学算法的统称。

多元二次方程组问题（MQ）的本质在于求解系统 $p_1(x) = p_2(x) = \cdots = p_m(x) = 0$，每个 p_i 都是 $x + (x_1, \cdots, x_n)$ 的二次型，其中所有系数和变量都在一个具有 q 个元素的域 F_q 中。

多元密码学使用了单向陷门函数（trapdoor one-way function），该函数又使用了二次多项式。公钥由一组公共的二次多项式给出，如下所示：

$$P = (p_1(w_1, \ldots, w_n), \ldots, p_m(w_1, \ldots, w_n))$$

每个 p_i 都是 $w = (w_1, \cdots, w_n)$ 中的一个非线性多项式。

陷门函数具有以下特点：某个方向上的计算相对容易，但另一个方向上的计算却很困难。本质上，如果不知道算法输入的具体情况，那么解决这个问题就需要耗费大量时间和计算资源，因而不切实际。陷门函数是许多密码算法的关键。比如，我们在第 11 章中看到的离散对数和整数分解。试想整数的因式分解。两个质数相乘得到一个整数很容易，但要把这个整数分解为原来那两个质数就很困难了。

除了"多项式"（polynomial）这个术语，你还经常看到另一个术语，即"不可约多项式"（irreducible polynomial）。顾名思义，该多项式不能被分解成其他两个多项式的乘积。换言之，它无法化简。

回想一下第 8 章 "量子架构"，我们讨论了以下三个术语：单射、满射和双射。简言之，单射是指 A 中的所有元素都能映射到 B 中，但 B 中的元素在 A 中可能无法找到匹配项。满射是指 B 中的每个元素都至少有一个（实际上可以有很多个）A 中的元素与之对应。双射是指 A 中的每个元素都能映射到 B 中的唯一一个元素，反之亦然。图 14.1 借用了第 8 章的图 8.3，以使读者加深理解。

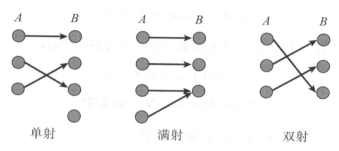

图 14.1 单射、满射和双射

其中有些算法使用了仿射变换或称仿射映射（affine transformation）。一般来说，仿射变换是仿射空间的自同构。某些读者可能不太了解，不妨试想几何学中的内容。欧几里得几何中，仿射变换是一种几何变换，它会保留直线和任何平行角度，但不一定会保留角度和距离。从这个定义可以看出，该术语源于几何学。

"同构" 这个术语常出现在多元密码学中。正如前几章简要讨论的那样，同构是两个结构之间的映射，它保留了结构，并且可以通过逆映射进行反转。此处的 "结构" 一词，是我们故意使用的，因为它的语义相当模糊。同构也可用于图论、拓扑结构、代数结构等中的图。

14.2 Matsumoto-Imai 算法

Matsumoto-Imai 密码学算法是由 Tsutomu Matsumoto 和 Hideki Imai 于 1988 年发布的，这是最早发布的一种多元密码学算法系统，因而研究该算法非常重要。不过，Matsumoto-Imai 算法后来被破译了，因而目前未被使用。但是，它在多元密码学历史中非常重要，故而我们在此简要探讨。

该系统从一个有 q 个元素的有限域 F 开始。$g(X)$ 是域 F 上的 n 次不可约多项式。

第二个域 E，它是域 F 的 n 次扩展域。换言之：

$$E = F[x]/g(x)$$

接下来，我们确定了向量空间 F^n 和扩展域 E 之间的一个同构 ϕ，如式 14.3 所示。

$$\phi(x_1, x_2, \ldots, x_n) = \sum_{i=1}^{n} x_i x^{i-1}$$

式 14.3　Matsumoto-Imai 同构

扩展域 E 上有一个 $F: E \rightarrow E$ 的双射映射，如式 14.4 所示。

$$F(Y) = Y^{q^\theta + 1}$$

式 14.4　Matsumoto-Imai 双射映射

式 14.4 中，θ 值为 $0 < \theta < n$，$\gcd(q^n - 1, q^\theta + 1) = 1$。

为了求映射 F 的逆，用扩展欧几里得算法来计算整数 h，使得 $h(q^\theta + 1) = 1 \bmod (q^n - 1)$；用（第 10 章讨论过的）欧几里得算法来求 F 的逆（得到 F^{-1}），如式 14.5 所示。

$$F^{-1}(x) = x^h = y^{h(q^\theta + 1)} - y^{k(q^n - 1)} = y$$

式 14.5　反转域

公钥为式 14.5 所示组合映射。

$P = SFT$ 与两个可逆线性映射：

$$S: F^n \rightarrow F^n$$
$$T: F^n \rightarrow F^n$$

私钥是 S、h 和 T。

要加密用向量 $z = (z_1, z_2, \cdots, z_n)$ 表示的消息 M，可使用式 14.6：

$$w = P(z) \in F^n$$

式 14.6　Matsumoto-Imai 加密

解密更为复杂，有很多步。先从密文 w 开始：

1. $x = S^{-1}(w) \in F^n$

2. $X = \phi(x)$

3. $Y = F^{-1}(X)$

4. $y = \phi^{-1}(Y)$

5. $z = T(y)$

图 14.2 显示了系统中各元素的一般关系。

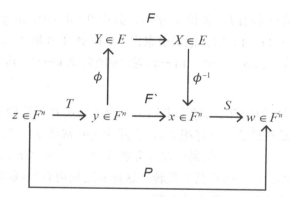

图 14.2　Matsumoto-Imai 密码系统

尽管 Matsumoto-Imai 密码系统存在安全漏洞，但它的确为其他多元算法的出现铺平了道路。正如你将在本章后面看到的那样，Matsumoto-Imai 算法也有许多变体形式，它们具有鲁棒性，并且可能是抗量子算法。

14.3　隐域方程

隐域方程（Hidden Field Equation，HFE）是一种公钥密码学系统，由雅克·帕塔林（Jacques Patarin）发明，并于 1996 年在欧洲密码学研究会议（Eurocrypt）首次公开。其密码安全性基于寻找多元二次方程组的解的难度，有时也称为 MQ 问题。该算法是对 Matsumoto-Imai 算法系统的改进。

这种特殊的密码学算法涉及的数学知识不太复杂，不过我们需要介绍一些新概念。先从基域 F_q 开始，在这个基域上有两个扩展域：F_q^n 和 F_q^m。再简要回顾一下扩展域。首先，请记住域的定义，这在第 1 章及本章开篇都曾探讨过。如果有一个域 F，

那么就有一个域 E（$E \subseteq F$），域 E 的运算也适用于域 F，我们可以说域 E 是域 F 的子域，域 F 则是域 E 的扩展域。

我们再用别的术语来解释这个问题。假设存在之前提到的域 E，包含域 E 中所有元素的域 F，此外，域 F 中可能还有其他元素。但是，域 E 和域 F 中的运算相同。于是，域 F 就成了域 E 的扩展域。

首先，假设有一些有限域 F_q，q 是 2 的幂，还有一些扩展域 G，G 的基是 $B_1, B_2, \cdots, B_n$。

接下来，假设有一些值 h，使得 $h = q^\theta + 1$，其中 $0 < h < q^n$。$h = q^\theta + 1$ 中，假设最大公约数为：$\gcd(h, q^n - 1) = 1$。用其他术语来说，h 和 $q^n - 1$ 互质（除了 1，没有别的公约数）。这就使得域 G 上，$u \rightarrow u^h$ 一对一映射。逆映射是 $u \rightarrow u^{h'}$，其中 h' 是 $h \bmod q^n - 1$ 的乘法逆。

HFE 密码系统是指从有限域 F_q^n 上未知 x 中的多项式 P 开始构建密钥。需要注意的是，尽管 n 可以是任意数（最好很大），实际应用时常用 $q = 2$。有了域 F_q^n 和多项式 P，就能求解方程 $P(x) = y$（如果该方程有解的话）。多项式 $(p_1, p_2, \cdots, p_n)$ 被转换，以使公共信息隐藏结构，并防止其被反转。这是通过使用有限域 F_q^n 作为 F_q 上的向量空间，并选择两个线性仿射变换来实现的。

S、P、T 的值构成了私钥。再复习一下，P 为多项式，S 和 T 为两个仿射变换。公钥是有限域 F_q 的 $(p_1, p_2, \cdots, p_n)$。

要加密消息 M，需要将其从域 F_q^n 传输到 F_q^n。消息 M 为向量 $(x_1, x_2, \cdots, x_n) \in F_q^n$。密文是通过计算每个向量元素上的每个多项式 p_i 来生成的，如式 14.7 所示。

$$c = p_1(x_1, x_2, \ldots, x_n), p_2(x_1, x_2, \ldots, x_n), \ldots, p_n(x_1, x_2, \ldots, x_n) \in F_q^n$$

式 14.7　HFE 加密

更简洁的描述如式 14.8 所示。

$$c = P(z) \in F_q^n$$

式 14.8　HFE 加密（简洁表达式）

解密更复杂，就像 Matsumoto-Imai 算法一样。回想一下，S、P 和 T 为私钥。我们从反转仿射映射 S 开始，表示如下：

$$x = S^{-1}(c) \in F_q^n$$

式 14.9　HFE 解密（步骤 1）

也可以表示如下：

$$X = \phi(x)$$

式 14.10　HFE 解密（步骤 1，另一种表达方式）

下一步是找到 $F(Y) = x$ 的解 $Y_1, \cdots, Y_k$，如式 14.11 所示。

$$y = \{Y \in E : F(Y) = X\}$$

式 14.11　HFE 解密（步骤 2）

第三步如式 14.12 所示。

$$y_i = \phi^{-1}(Y_i)$$

式 14.12　HFE 解密（步骤 3）

然后，明文由式 14.13 生成。

$$z_i = T^{-1}(y_i)$$

式 14.13　HFE 解密（最后一步）

HFE 有几种变体形式，它们各有优缺点，而这些变体形式的存在进一步证明了 HFE 算法的价值。

14.4　多元二次数字签名方案

顾名思义，多元二次数字签名方案（Multivariate Quadratic Digital Signature Scheme，MQDSS）明确用于数字签名。该算法基于 MQ 问题。本章前面简要提到了多元二次（Multivariate Quadratic，MQ）多项式问题。与 MQ 问题的细节内容相比，理解 MQ 问题的难度显得更为重要。解决 MQ 问题取决于多种参数，比如，变量的数量、方程的数量、基域的大小等。对于想要深入探讨该问题的读者，请参考下面这篇来自国际密码学研究协会（IACR）的优秀论文，题为"MQ 挑战：解决多元二次多项式问题的难度评估"（MQ Challenge: Hardness Evaluation of Solving Multivariate

Quadratic Problems）[①]。

　　MQDSS 基于多元二次系统，如式 14.14 所示。

$$P: F^n \to F^m$$

式 14.14　MQDSS 系统

　　系数是随机挑选的。然后为使用此特定 MQDSS 系统的用户固定这些系数。每名用户从 F^n 中挑选一个随机向量 s 作为其私钥。更清楚地说，用户选择了这样的 s，使得：

$$s \in F^n$$

　　公钥的计算方法如下：

$$k = P(s) \in F^m$$

　　为了进行验证，系统用户需要证明自己知晓二次系统 $P(x) = v$ 的解，无须透露有关私钥 s 的任何信息。就我们目前的目的而言，上述过程是如何被证明的并不重要，我们需要理解的是，该系统的安全性可被证实。

14.5　SFLASH

　　SFLASH 算法是为 NESSIE 项目而创建的。NESSIE 是 2000 年至 2003 年的一个欧洲项目，旨在识别安全密码学算法。该项目回顾了对称、非对称和散列算法。

　　SFLASH 被设计为一种数字签名算法。首先需要注意的是，这种算法比 RSA 算法快得多。要记住，安全性只是考察一个算法是否成功的一个方面。要具有实用性，算法还必须高效。为了更好地理解这一点，假设有一种非对称算法比 RSA、椭圆曲线加密算法、NTRU 和 GGH 算法更安全；但这种算法需要耗费 30 分钟来加密一条消息。那么，这种算法能否被应用于电子商务等应用程序呢？显然，消费者不太可能接受一个需要 30 分钟才能结账的电子商务网站。

　　SFLASH 算法是 Matsumoto-Imai 算法的一种变体。因此，理解 Matsumoto-Imai 算法涉及的数学知识有助于理解 SFLASH 算法。SFLASH 算法打算从公钥中删除少量方程。与 Matsumoto-Imai 算法一样，我们从具有 q 个元素的有限域 F 开始。此外，

---

① https://eprint.iacr.org/2015/275.pdf。

还有一个 n 维扩展域 E。然后，我们定义了一个同构，$\phi: F^n \to E$。SFLASH 算法的密钥生成与 Matsumoto-Imai 算法非常相似。有一个参数 θ，使得 $(q^n - 1, q^\theta + 1) = 1$。

下一步是定义一个单变量映射，如式 14.15 所示。

$$F: E \to E, F(Y) = Y^{q^\theta + 1}$$

式 14.15　SFLASH 单变量映射

采用扩展欧几里得算法计算符号指数 h，如式 14.16 所示。

$$H(1 + q^\theta) = 1 \bmod q^{n-1}$$

式 14.16　SFLASH 的指数 h

与 Matsumoto-Imai 算法一样，SFLASH 算法也有一个仿射变换：$T: F^n \to F^n$，在向量空间 F^n 上随机挑选一个可逆仿射变换：$S: F^n \to F^{n-a}$。

私钥由两个映射 S 和 T，以及符号指数 h 构成。公钥 P 如下所示：

$$S^o \phi^{-1}$$

式 14.17　SFLASH 的公钥

如你所见，SFLASH 算法与 Matsumoto-Imai 算法类似。正如本章开篇所述，许多算法都是 Matsumoto-Imai 算法的变体形式或改进版本。

表 14.1 总结了本章探讨的算法。

表 14.1　算法总结

算　　法	数学基础
Matsumoto-Imai 算法	一个带有 q 个元素的有限域 F $g(X)$ 是域 F 上的 n 维不可约多项式 向量空间 F^n 和扩展域 E 之间的同构 扩展域 E 上的双射映射 $F: E \to E$
隐域方程（HFE）	基域 F_q 两个扩展域：F_q^n 和 F_q^m 有限域 F_q^n 上未知 x 中的多项式 P S、P 和 T 构成了私钥
多元二次数字签名方案（MQDSS）	$P: F^n \to F^m$ 用户选择一个 s 使得：$s \in F^n$ $k = P(s) \in F^m$

续表

算　　法	数学基础
SFLASH 算法	一个同构：$\phi: F^n \to E$ 单变量映射：$F: E \to E, F(Y) = Y^{q^\theta + 1}$

14.6　小结

本章主要讨论了多元密码学，其中涉及的某些数学知识可能对某些读者来说较为陌生。本章讨论的算法都是可行的抗量子攻击密码学算法，因此值得研究。将本章内容与第 13 章"基于格的密码学"和第 15 章"后量子密码学的其他方法"相结合，有助于理解抗量子计算的密码学算法。

章节测试

复习题

1. 下列有关域的描述中，哪项最准确？

   a. 一个集合、一种运算的单位元、一种运算及其逆运算

   b. 一个集合、每种运算的单位元、两种运算及其中一种运算的逆运算

   c. 一个集合、一种运算的单位元、两种运算及其逆运算

   d. 一个集合、每种运算的单位元、两种运算及其逆运算

2. 扩展域 E 上的双射映射 $F: E \to E$ 与下列哪个算法最密切相关？

   a. Matsumoto-Imai

   b. 隐域方程

   c. SFLASH

   d. MQDSS

3. gcd $(h, q^n - 1) = 1$ 与下列哪个算法最密切相关？

   a. Matsumoto-Imai

   b. 隐域方程

   c. SFLASH

   d. MQDSS

4. 下列哪个算法的公钥是 $k = P(s) \in F^m$？

    a. Matsumoto-Imai

    b. 隐域方程

    c. SFLASH

    d. MQDSS

5. _____签名算法比 RSA 算法快得多。

    a. Matsumoto-Imai

    b. 隐域方程

    c. SFLASH

    d. MQDSS

第 **15** 章

后量子密码学的其他方法

章节目标

学完本章并完成章节测试后，你将能够做到以下几点：

- 了解基于散列加密算法的基础

- 运用基于编码的密码

- 解释超奇异同源密钥交换的概念

- 理解一些示例性算法的细节

第 13 章"基于格的密码学"和第 14 章"多元密码学"介绍了抗量子攻击的各类密码学算法。本章介绍新的加密算法。

15.1 散列函数

探索如何将散列算法用于抗量子密码学之前，有必要深刻理解密码学散列。加密散列函数（Hash Function）①需要具备三种属性：

- **函数是单向的。**这意味着该函数不能被"散列"。换言之，该函数不可逆。这与加密算法相反，加密算法必须可逆才能解密。

———————————————

① 译者注：或音译为哈希函数。

- **长度可变的输入会产生长度固定的输出**。换言之，无论输入是 1 位还是 1 TB，算法都会输出相同大小的散列（也称信息摘要）。每种特定的密码散列算法都有特定大小的输出。例如，SHA-1 能够产生 160 位散列。

- **算法必须具有抵抗碰撞性**。碰撞即两个不同的输入产生相同的输出。如果使用 SHA-1，那么就有 160 位大小的输出。因此有 2^{160} 种可能的输出。显然，数万亿种不同的输入可能也不会发生碰撞。注意：输出（也称摘要或消息摘要）的大小只是碰撞抵抗的一种影响因素，算法本身的性质也对碰撞抗力有影响。

加密散列已用于加强消息和文件的完整性，加强取证图像的完整性，以及密码存储等领域。然而，也有一些方法可使用散列作为加密/解密算法的基础。本章将探讨这类算法。

15.1.1　Merkle-Damgaard

许多密码散列算法都以 Merkel-Damgaard 结构为核心。1979 年，Ralph Merkle 发表的博士论文中首次描述了 Merkel-Damgaard 函数（也称 Merkel-Damgaard 结构），这是一种构建散列函数的方法。Merkle-Damgaard 函数是 MD5、SHA-1、SHA-2 及其他散列算法的基础。

Merkel-Damgaard 算法首先用一个填充函数（padding function）来创建一个特定大小的输出（例如，256 位、512 位、1024 位等）。输出大小在不同算法中有所不同，但一般是 512 位。然后，该函数依次处理一个个编码块，并将新的输入块与前一轮的编码块组合在一起。例如，一个 1024 位的消息，将被分解为 4 个单独的 256 位大小的编码块。块 1 先被处理，它的输出在块 2 被处理前与块 2 结合。在处理块 4 之前，块 3 的输出将与块 4 结合。因此，Merkel-Damgaard 算法也常被称为压缩函数，因为它将所有的消息都压缩到单个输出块。算法会从一些针对实现的初始值或初始化向量开始。最后的消息块一般会被填充到适当大小（如 256 位、512 位等），并包含一个表示原始消息大小的 64 位整数。

15.1.2　SWIFFT

滑动加窗无限快速傅里叶变换（Sliding Windowed Infinite Fast Fourier Transform，SWIFFT）实际上不是某个特定的算法，而是一系列函数的集合。这些都是具有安全性的散列函数。SWIFFT 函数基于快速傅里叶变换（fast Fourier transform，FFT）。因此，逻辑上讲，我们应先简单探索 FFT。

FFT 是计算离散傅里叶变换序列在频域表征的一种算法。之所以称其"快速"，是因为 FFT 将 N 个点所需的计算次数从 $2N^2$ 减少到了 $2N \log_2 N$。

下面逐步分析这个算法。

第一步，选择一个多项式变量，通常用符号 α 表示。

现在，输入想要加密的消息，通常用大写 M 表示，长度为 mn。从接下来的步骤中可知，mn 的值由 M 的长度定义。

下一步是将消息 M 转换为 m 个多项式集合 p_i，这些多项式处于某个多项式的环 R 内。回顾一下第 13 章有关多项式环的定义：多项式环是由一个或多个不确定项（即变量）中的多项式集合与另一个环中的系数形成的环。再复习一下第 1 章"线性代数入门"中讨论过的环。环由一个集合、一个单位元、两种运算及第一种运算的逆运算组成的代数系统。多项式是由变量和系数组成的表达式。变量的另一个定义是指"不确定性"，就像多项式环的定义那样。

下一步是计算每个 p_i 的傅里叶系数。这些傅里叶系数被定义为 a_i，它们是固定的。

下一步是将 p_i 的傅里叶系数与 a_i（针对每个 i）的傅里叶系数点乘。然后使用快速傅里叶逆变换得到 m 个多项式 f_n，每个多项式的次数小于 $2n$。

然后再计算以下公式：

$$f = \sum_{i=1}^{m} (f_i) \bmod p \text{ 及 } \alpha^n + 1$$

最后，把 f 转换成 $n \log(p)$ 位，并输出。

具体步骤如下：

步骤 1：选择一个多项式变量。

步骤 2：输入想要加密的消息。

步骤 3：将消息转换为 m 个多项式的集合。

步骤 4：计算傅里叶系数。

步骤 5：将 p_i 的傅里叶系数与 a_i 的傅里叶系数点乘。

步骤 6：计算公式 $f = \sum_{i=1}^{m} (f_i) \bmod p$ 及 $\alpha^n + 1$。

与其他可证安全算法不同，SWIFFT 算法很快。目前，针对 SWIFFT 算法的攻击主要有两种：一是广义生日攻击，二是逆向攻击。广义生日攻击需要 2^{106} 次运算才能成功，逆向攻击则需要 2^{445} 次。可见，击垮 SWIFFT 算法不切实际。

对于那些想深入研究 SWIFFT 的读者，阅读以下链接可能会有所帮助：http://www.broadview.com.cn/44842/0/61。

生日攻击在密码学中相当重要。下面介绍一个数学难题，以帮助那些不熟悉这类攻击的读者。这个难题叫"生日悖论"（有时也称"生日问题"），描述如下：一个房间里要有多少人才会存在两人的生日（只考虑月份和日期，不考虑年份）相同。显然，如果请 367 个人到同一个房间里，那么，至少有两人的生日相同，因为一年只有 365 天或 366 天（加上闰年的 2 月 29 日）。但是，这个问题并不是问需要多少人才能完成生日相同的匹配，而是在问需要多少人才可能使两人生日相同的概率较高。即便房间里只有 23 人，但两人同一天生日的概率也有 50%。

这怎么可能呢？这么少的人数怎么可能行得通呢？基本概率告诉我们，当事件相互独立时，所有事件发生的概率等于每个事件发生的概率的乘积。因此，第一个人和前一个人不是同一天生日的概率是 100%，因为其之前的人都不在集合中，可以写成 365/365。对于第二个人，他或她前面只有一个人，第二个人与第一个人生日不同的概率为 364/365。对于第三个人，在他或她之前有两个人可能与其同一天生日，所以他或她的生日与之前两个人中的任何一个不同的概率是 363/365。因为每个事件都是独立的，所以我们可以按以下方式来计算概率：

$$365/365 \times 364/365 \times 363/365 \times 362/365 \times \ldots \times 342/365$$

（342/365 是第 23 个人与他或她之前的人中某个人的生日是同一天的概率）

把以上公式转换为小数（保留三位小数）后，得到下式：

$$1 \times 0.997 \times 0.994 \times 0.991 \times 0.989 \times 0.986 \times \ldots \times 0.936 = 0.49 \,（49\%）$$

49% 就是这些人生日不同的概率。因此，很容易得知，23 人中有两人生日相同的概率为 51%（胜算均等）。

仅供参考：如果房间里有 30 人，两人生日相同的概率是 70.6%；如果有 50 人，概率上升到 97%，这个概率相当高。而且，这不仅适用于生日问题，还可应用于任何数据集。比如，它常被用于密码学和密码分析。生日悖论也代表着一种参考，可在散列算法中指导如何发生碰撞。

密码散列函数旨在寻找能够产生相同输出的两个不同输入。当两个输入从一个密码散列中产生相同的输出时，称其为"碰撞"。从任意 n 个元素中获得匹配或碰撞所需的样本数量恰好是 $1.174\sqrt{n}$。复习一下刚刚提过的生日问题，$1.174\sqrt{365}=22.49$。

15.1.3　兰伯特签名

兰伯特签名算法（Lamport signature algorithm）由莱斯利·兰伯特（Leslie Lamport）于 1979 年发布，至今已有一段历史。人们可以用任意安全的单向函数来创建兰伯特签名。基于前面讨论过的散列函数，显然密码散列函数也常用于此目的。

该算法从生成密钥对开始。一方使用伪随机数生成器生成 256 对随机数，每个数的大小均为 256 位，共生成约 128KB，即 $(2\times256\times256)/1024$。这个 128Kb 的数被用作私钥来保存。

为了生成公钥，需要对这 512 个随机数（2×256）中的每个数进行散列处理。这将产生 512 个散列值，每个散列值的大小均为 256KB，这就是可以与任何人共享的公钥。

顾名思义，兰伯特签名算法是用于数字签名的。数字签名的目的不是确保消息的机密性，而是完整性。例如，当一封电子邮件被签名时，并不会阻止除预定收件人以外的人阅读它。但是，收件人允许验证是谁发送的。

如果现在生成密钥的发送方希望对消息进行签名。第一步是对消息进行散列处理，以便生成一个 256 位的散列或摘要。对于散列中的每一位（bit），从组成私钥对的数字中选出一个。通常来说，如果位是 0，则使用第一个数；若为 1，则使用第二个数。这将产生一个 256 个数的序列，每个数的位长为 256。因此，签名的大小为 64KB。与其他签名算法不同，这种签名只使用一次，发送方就会销毁使用过的私钥。

为了验证签名，收件人还将对消息进行散列处理，以获得一个 256 位散列/摘要。然后，收件人使用该散列中的位从发送方公钥的散列中选出 256 个。他使用发送者所用的同种选择法（若为 0，则使用第一个散列；若为 1，则使用第二个散列）。接着，收件方对发送方签名中的 256 个随机数进行散列处理，若所有数都与从发送方公钥中选择的 256 个散列完全匹配，则签名验证成功；若不匹配，则签名被拒绝。

图 15.1 总结了这些步骤。

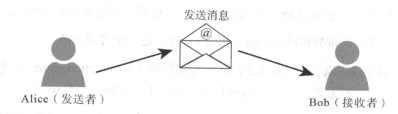

发送消息

Alice（发送者）

1. 生成128KB私钥
2. 散列消息256位
3. 散列中的每位对应私钥中的一个数字
4. 产生256个数字，共计64KB

Bob（接收者）

5. 选择发送者公钥的256个散列
6. 散列发送者签名中的每个数
7. 匹配散列

图 15.1　兰伯特签名

15.2　基于编码的密码学

"基于编码的密码学"是指，以纠错码为基础的密码系统。有些算法已经问世了一段时间，甚至有几十年之久。随着量子计算的发展，这些算法又引起了人们的关注。人们对抗量子密码学很感兴趣。

15.2.1　McEliece

McEliece 密码系统是以其发明者罗伯特·麦克伊莱斯（Robert McEliece）的名字命名的。该算法于 1978 年发布，可能是最古老的抗量子算法。不管有多久远，该算法已被证明能够抵抗肖尔算法。

McEliece 的安全性基于解码一般线性编码的难度。对于那些不熟悉一般线性编码的读者，可参考以下简介。线性编码以编码的线性组合呈现，常用于纠错。具体来说，常用于前向纠错（forward error correction）。比如，汉明码（hamming code）就是典型的线性编码，可用于检测错误并纠错。

McEliece 算法有些部分可能看起来不太明确，这是由于我们可以选择一些灵活的线性编码。我们可以从密钥生成开始，这通常是非对称算法中最复杂的部分。

1. 密钥生成方必须选择一个线性编码 C。线性编码 C 通常包含生成矩阵的函数，称为生成器。因此，线性编码 C 会有一个生成器 G。线性编码 C 也会产生一个译码算法，称为 *A*，能纠正 *t* 个错误。

2. 密钥生成方必须选择一个随机的 $k \times k$ 二进制非奇异矩阵，称为 *S*。

复习一下，非奇异矩阵（nonsingular matix）是一个可逆方阵。

3. 密钥生成方选择一个随机的 $n \times n$ 置换矩阵（permutation matrix），称为 *P*。置换矩阵是一个二维方阵，每行与每列只有一项为 1，其余项均为 0。

4. 密钥生成方需要计算一个 $k \times n$ 矩阵，我们将其称为 *H*，这是由 *SGP* 计算出来的（即非奇异矩阵乘以生成器 *G*，再乘以置换矩阵）。

公钥为 (*H*, *t*)，私钥为 (*SPA*)。

至此，加密已经变得相对简单了。发送方发送一条二进制长度为 *k* 的消息 *m*，再计算下列这个简单公式：

$$c' = mH$$

接着，发送方随机生成一个 n-big 向量，称为 *z*，*z* 包含 *t* 个 1。密文为 $c = c' + z$。

接收方将按以下步骤解密：

1. 计算 *P* 的逆，我们称之为 P^{-1}。

2. 计算 $d = cP^{-1}$。

3. 译码算法 *A* 用于将 *d* 解码为 m'。

然后使用下面这个相当简单的公式对原始消息 *m* 进行解密：

$$m = m'S^{-1}$$

如你所见，该算法的一般过程并不像我们在本章及第 13 章和第 14 章中探讨的某些算法那么复杂。但是，有些问题我们仍没有解释清楚。因为 McEliece 密码系统没有明确说明必须选择什么样的编码 *C*，反过来，这个选择又会决定生成的矩阵 *G* 及译码算法 *A*。因此，在描述 McEliece 算法时，这些方面并未明确说明。

深入理解这些编码并非关键，不过，感兴趣的读者可以探索一种常被用于 McEliece 密码系统应用程序的编码类型，即二进制戈帕（Goppa）编码。二进制 Goppa 编码是一类以其发明者瓦莱里·戈帕（Valerii Goppa）的名字命名的 Goppa 编码的子集。

二进制 Goppa 编码由一个有限域上的 t 次多项式 $g(x)$ 定义，通常记为 GF(2^m)，还有一个由 n 个不同元素组成的序列，这些元素不是该多项式的根。

McEliece 密码系统最初使用的参数是 $n = 1024$、$k = 524$、$t = 50$；最新的密码分析建议使用更大的参数，如 $n = 2048$、$k = 1751$、$t = 27$，甚至再大点。为了真正抵抗量子计算机，建议使用更大的参数，例如，$n = 6960$、$k = 5413$、$t = 119$，这将产生一个相当大的公钥（8 373 911 位）。最重要的一点是，就像第 13 章中描述的 NTRU 算法那样，McEliece 算法已经进入了 NIST 量子计算标准选择过程的第三轮。

15.2.2　Niederreiter 密码系统

由哈拉尔德·尼德赖特（Harald Niederreiter）于 1986 年开发的 Niederreiter 密码系统是 McEliece 密码系统的变体。因此，继续阅读本节之前，请确保你已经足够熟悉 McEliece 密码系统。

与 McEliece 密码系统一样，Niederreiter 密码系统的安全性也是基于解码一般线性编码的难度；但是，它的加密过程比 McEliece 快，这就使这种算法有点意思了。Niederreiter 密码系统通常也用二进制 Goppa 编码（如前所述），其密钥生成过程与 McEliece 密码系统极其相似。

1. 选择一个能够纠正 t 个错误的二进制线性 (n, k)Goppa 编码 **G**。这个编码含一个译码算法 **A**。

2. 为编码 **G** 生成一个 $(n{-}k) \times n$ 奇偶校验矩阵 **H**。

3. 选择一个随机 $(n{-}k) \times (n{-}k)$ 二进制非奇异矩阵 **S**。

4. 选择一个随机 $n \times n$ 置换矩阵，我们再次称之为 **P**。

5. 计算 $(n{-}k) \times n$ 矩阵 $\mathbf{H^p} = \mathbf{SHP}$。

公钥是 $(\mathbf{H^p}, t)$，私钥是 $(\mathbf{S}, \mathbf{H}, \mathbf{P})$。

为了将消息 **m** 加密为二进制字符串 $\mathbf{e}^t$，即长度为 t 的字符串，使用以下公式生成密文：

$$c = \mathbf{H^p}\mathbf{e}^t$$

虽然 Niederreiter 加密算法比 McEliece 算法更简单一些，但二者的解密过程难度大致相当。

1. 从 HPm^t 计算 $S^{-1}c$（即 $S^{-1}c = HPm^t$）。

2. 使用 G 的译码算法来恢复 Pm^t。

3. 消息 $m = P^{-1}Pm^t$。

Niederreiter 密码系统的另一种常见用途是数字签名。

15.3　超奇异同源密钥交换

这个算法的名称看起来可能相当令人生畏，但它的全名可能容易理解一些：超奇异同源迪菲-赫尔曼密钥交换。回顾第 11 章"当代非对称算法"中对迪菲-赫尔曼算法的描述，并且牢记该算法的目的是密钥交换，可能就更容易理解。

这是一种于 2011 年发布的新算法，该算法从（第 11 章简要介绍过的）椭圆曲线运算开始。这里先拓展有关椭圆曲线的知识，然后再来描述这种算法。

15.3.1　椭圆曲线

椭圆曲线可以用来形成群，因此适用于加密。椭圆曲线群有两种常见类型，在密码学中使用的是基于 F_p 的椭圆曲线群，其中 p 是基于 F_{2^m} 的质数。F 是正在使用的域，m 表示某个整数值。椭圆曲线密码是一种基于有限域上椭圆曲线的公钥密码算法。

请记住，域是一个代数系统，由一个集合、每种运算的单位元、两种运算及其逆运算组成。有限域也称伽罗瓦场（Galois Field），是一个具有有限数量元素的域。该数字被称为域的阶（order）。用于加密的椭圆曲线最早于 1985 年由维克多·米勒（Victor Miller）和尼尔·科布利兹（Neal Koblitz）首次描述。椭圆曲线密码算法的安全性基于求解随机椭圆曲线元素相对于已知基点的离散对数问题的难度。

椭圆曲线是满足如下特定数学方程的一组点：

$$y^2 = x^3 + Ax + B$$

图 15.2 所示为椭圆曲线方程的一种常见表示方法。

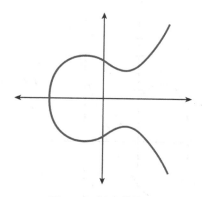

图 15.2　椭圆曲线图

　　与椭圆曲线一起使用的运算是加法（请记住，群定义了一个集合和一种运算）。因此，椭圆曲线构成了加法群。

　　回想一下本书前面的内容，群是一个由集合、单位元、一种运算及其逆运算组成的代数系统。阿贝尔群（或称交换群）具有一个附加公理：如果是加法运算，那么 $a + b = b + a$；如果是乘法运算，那么 $ab = ba$。循环群是指所有元素都是其中某元素的幂的群。

　　椭圆曲线域的成员是椭圆曲线上的整数点，可以进行加法运算。大多数关于椭圆曲线的文献中定义了两个点：P 和 Q。点 $P = (x^P, y^P)$ 的负值是它在 x 轴上的镜像，$-P$ 为 $(x^P, -y^P)$。请注意，对于椭圆曲线上的每个点 P，$-P$ 也在曲线上。假设 P 和 Q 是椭圆曲线上两个不同的点，并且假设 P 不是 Q 的相反数。要使 P 和 Q 做加法运算，可以画一条线，穿过这两点。这条线将与椭圆曲线恰好相交于另一个点，称为 $-R$。点 $-R$ 是 R 在 x 轴上的镜像。椭圆曲线群中的加法定律为 $P + Q = R$（博斯等，2004）。

　　穿过点 P 和 $-P$ 的线是一条垂直直线，不与椭圆曲线在第三点处相交，因而点 P 和 $-P$ 不能像之前那样进行加法运算。所以，椭圆曲线群包括无穷大处的点 O。根据定义，$P + (-P) = O$。于是，椭圆曲线群中，$P + O = P$。O 称为椭圆曲线群的加法恒等元；所有椭圆曲线都有一个这样的恒等元（详见图 15.3）。

　　要将点 P 与自身相加，在点 P 处绘制一条切线。如果 y^P 不为 0，则切线与椭圆曲线恰好在另一个点 $-R$ 处相交，$-R$ 为 R 在 x 轴的镜像。此运算称为"点 P 倍增"，如图 15.4 所示。

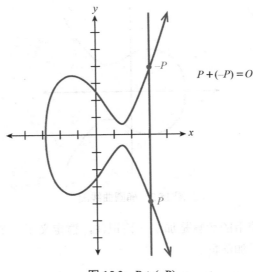

图 15.3　P + (−P)

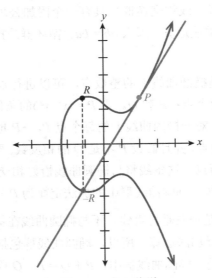

图 15.4　点 P 倍增

若 y^P 为 0，则通过 P 点的椭圆曲线的切线总是垂直的，并且不与椭圆曲线相交于任何其他点。根据定义，对于这样的点 P，2P = O。

回想一下，域 F_p 使用从 0 到 p−1 的数，除以 p 取余数后运算结束。比如，整数 0 至 22 组成了域 F_{23}，该域中的任何运算都会产生一个介于 0 到 22 之间的整数。

域 F_p 上的椭圆曲线可由域内的 a、b 变量构成。椭圆曲线包括所有满足椭圆曲线方程的点 (x, y) 除以 p 后的余数（其中，x 和 y 是域 F_p 中的数）。

比如，$y^2 \bmod p = x^3 + ax + b \bmod p$ 拥有一个域 F_p 的子域，且 a、b 在域中。

若 $x^3 + ax + b$ 不包含重因子（repeating factor），则可以使用椭圆曲线构建一个群。域 F_p 上的椭圆曲线群由椭圆曲线上的点和一个被称为无穷远的特殊点 O 组成。在这样的椭圆曲线上，点的数量有限。

15.3.2　超奇异同源迪菲-赫尔曼算法

前面回顾了椭圆曲线的基本知识，接下来继续探讨超奇异同源迪菲-赫尔曼算法（supersingular isogeny Diffie Hellman，SIDH）。不过，我们得先介绍一些新概念。首先，假设有以下椭圆曲线方程：

$$y^2 = x^3 + ax + b$$

现在我们添加一个新概念：椭圆曲线的 j-不变量（j-invariant）。让我们以不同于某些文献的方法来处理这个问题。我们从解释开始，然后再进行数学运算。假设有一个椭圆曲线 $E \subset P^2$ 模型，其中，P 是 E 的一个元素（即 $P \in E$）。回想一下之前对椭圆曲线的讨论，可以通过画线，找到通过 P 并与 E 相切的线，这些线是不变的。

由方程 $y^2 = x^3 + ax + b$ 描述的椭圆曲线的 j-不变量表示为

$$j(E) = 1728 \frac{4a^3}{4a^3 + 27b}$$

若曲线等距（isometric），它们在封闭域中的 j-不变量相同。此时，术语"等距"意味着两个群之间存在一个函数，使得群内成员存在一一对应关系。此外，该函数还遵从给定的群运算。第 11 章在讨论椭圆曲线密码学时，我们指出了来自代数群的椭圆曲线。因此，此处我们要讨论的是，若两条曲线等距，那么，它们将具有相同的 j-不变量（在封闭域中）。

"同源"（isogeny）这个术语仍未被探讨。在这里，同源是代数群的满射，具有有限内核（finite kernel）。内核也未被讨论。但是，鉴于研究目的，我们需要知道的是，当有一个同态（homomorphism）时[1]，内核就是 0 的逆像（inverse image）。于是，我们需要解释什么是逆像。假设有一个函数 f，逆像就是从 X 到 Y 的函数（该函数的

---

[1] 同构（isomorphism）是同态的一种。

细节对我们的讨论无关紧要）。现在再假设一个集合 $S \subseteq Y$，S 的逆是子集 T，定义如下：

$$f^{-1}|S| = \{x \in T | f(x) \in S\}$$

回想一下第 8 章"量子架构"，"满射"是指一个函数，对于 Y 中的每个元素都至少有一个（并不一定是唯一一个）X 中的元素与之对应。图 15.5 最初出现在第 8 章（第 14 章也用过），此处借鉴过来，以使读者加深印象。

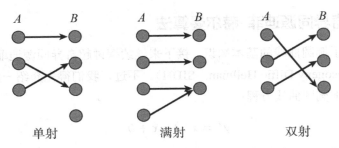

图 15.5　单射、满射和双射

超奇异同源迪菲-赫尔曼算法（SIDH）涉及的一些数学知识的确超出了本书的研究范围。不过，重要的是，你应该大致了解基本的数学知识，并且还应知道，SIDH 是一种密钥交换算法。我们在此介绍了一些数学知识，以供那些数学背景较好的读者阅读。

你可能还记得第 11 章提到的两个虚拟人物：Alice 和 Bob。自 1977 年发表有关 RSA 算法的论文以来，这两个虚拟人物就一直被用于演示非对称密码学。Alice 和 Bob 各有一个特定形式的质数，如下所示：

$$E[L^e A^A] \text{ and } E[L_B^{e_B}]$$

显然，大写的 A 表示 Alice，大写的 B 表示 Bob。Alice 和 Bob 都将挑选一个随机循环扭转子群（cyclic torsion subgroup）（这将保密），并计算相应的同源性。

该步骤可能涉及几个你不熟悉的项目。回想一下第 1 章有关群和阿贝尔群（也称交换群）的内容。群是由一个集合、一个单位元、一种运算及其逆运算组成的一个代数系统。阿贝尔群是在满足群的要求后，增加了交换特性后的一种特殊群。扭转子群（torsion subgroup）是阿贝尔群的子群，它由阿贝尔群的所有有限阶元素组成。这里，"阶"（order）是群论中的术语，表示基数（即元素的数量）。如果碰巧阿贝尔群中的所有元素都具有有限阶（即元素数量有限），则该群即为扭转群（torsion group）。最后再回顾一下，循环群是指所有元素都是其中某元素的幂的群。如果从元素 x 开始，则循环群中的元素就是：

$$x^{-2},\ x^{-1}, x^0, x^1, x^2, x^3, \cdots$$

回到 Bob 和 Alice 上来。现在，他俩将公布其同源的目标曲线方程。这允许双方私下（秘密地）从 E 计算新的同源，因此他们将拥有相同的共享秘密。为什么他们会得到相同的共享秘密？因为曲线方程的 j-不变量相同，因此同构。

让我们总结一下这些步骤。首先，Alice 和 Bob 都完成的设置过程如下：

1. 下列形式的质数：$E[L^e A^A] * E[L_B^{eB}] * f \pm 1$。

2. 有限域 F_{p^2} 上的超奇异椭圆曲线 E。

3. 曲线 E 上固定的椭圆点，即 P_A, Q_A, P_B, Q_B（记住：P 和 Q 是椭圆曲线上的点）。

4. P_A 和 Q_A 的阶为 $(lA)^{eA}$。P_B 和 Q_B 的阶是 $(lB)^{eB}$。

这使得 Alice 和 Bob 都拥有密钥交换所需的材料。接下来，我们在密钥交换的过程中进行一系列操作，有些由 Alice 执行，有些由 Bob 执行。

Alice 生成两个随机整数：m_A，$n_A < (lA)^{eA}$；再生成 $R_A := m_A P_A + n_A Q_A$。回想一下第 2 章 "复数"，符号 ":=" 意为 "被定义为"。Alice 使用前一步生成的点 R_A 来创建同源映射 $E \rightarrow E_A$，我们称之为 ϕ_A 及与曲线 E 同源的曲线 E_B。Alice 现在用（Bob 刚刚创建的）P_B 和 Q_B 映射 ϕ_A 以形成曲线 E_A 上的两个点，即 $\phi_A P_B$ 和 $\phi_A Q_B$。Alice 向 Bob 发送了三样东西：E_A、$\phi_A P_B$ 和 $\phi_A Q_B$。现在是时候让 Bob 开始工作了，以便双方拥有一个共享密钥。Bob 基本上会做 Alice 做过的事，只是使用的下标与 Alice 有所不同。

1. Bob 生成两个随机整数：m_B，$n_B < (lB)^{eB}$。

2. Bob 生成 $R_B := m_B P_B + n_B Q_B$。

3. Bob 使用前一步生成的点 R_B 来创建同源映射 $E \rightarrow E_B$（我们称之为 ϕP_B）及与曲线 E 同源的曲线 E_B。

4. Bob 现在用（Alice 刚刚创建的）P_A 和 Q_A 映射 ϕ_B 以形成曲线 E_B 上的两个点，即 $\phi_B P_A$ 和 $\phi_B Q_A$。

5. Bob 向 Alice 发送三样东西：E_B、$\phi_B P_A$ 和 $\phi_B Q_A$。

现在 Alice 和 Bob 交换了材料，所以他们就能创建一个共享密钥了。

Alice 可以使用她从 Bob 那里收到的信息，也可以使用自己生成的信息，如下所示：

1. $m_A(\phi_B(P_A)) + n_A(\phi_B(Q_A)) = S_{BA}$。

2. Alice 使用 S_{BA} 创建同源映射（isogeny mapping），我们称为 Ψ_{BA}。

3. Alice 使用 Ψ_{BA} 创建一条与 E 同源的椭圆曲线 E_{BA}。

4. Alice 计算曲线 E_{BA} 的 j-不变量。我们称其为 j-不变量 K（稍后你就知晓原因了）。

Bob 所做的事几乎与 Alice 相同：

1. $m_B(\phi_A(P_B)) + n_B(\phi_A(Q_B)) = S_{AB}$。

2. Bob 使用 S_{AB} 创建同源映射（isogeny mapping），我们称为 Ψ_{AB}。

3. Bob 使用 Ψ_{AB} 创建一条与 E 同源的椭圆曲线 E_{AB}。

4. Bob 计算曲线 E_{AB} 的 j-不变量。我们称其为 j-不变量 K。之所以称之为 K，是因为如果曲线同源，那么它们就会生成相同的 j-不变量。现在我们有了一个共同的密钥供 Alice 和 Bob 使用。

的确，这个过程很漫长，有很多步。有些读者对某些步骤涉及的数学知识可能不太熟悉。但是，这是抗量子计算机密钥交换算法的有力竞争者之一。因此，如果对某些内容不清楚，有必要多次阅读，以确保自己整体上大致掌握了该算法。

对于那些想深入探讨该算法的读者，请参考下面这篇来自国际密码学研究协会（IACR）的优秀论文：http://www.broadview.com.cn/44842/0/62。学习新事物（尤其是具有挑战性的新事物）时，阅读两种或多种不同的观点往往有助于理解。

15.4　小结

本章讨论了抗量子攻击的不同类型算法。我们研究了散列函数、基于编码的密码及超奇异同源密钥交换算法。对于某些读者而言，本章涉及的一些数学知识可能有点难。但请记住，除非你打算在抗量子攻击的密码学领域工作，否则无须完全掌握上述算法的细节，通常只需大致理解就够了。

章节测试

复习题

1. 许多加密散列函数的核心在于_____。

    a. Merkel-Damgaard 结构

    b. 伪随机数生成器

    c. 同源

    d. 纠错码

2. 下面哪个算法的私钥为(SPA)？

    a. SWIFFT

    b. SIDH

    c. 兰伯特

    d. McEliece

3. _____密码系统最初使用的参数是：$n = 1024$、$k = 524$ 和 $t = 50$。

    a. SWIFFT

    b. SIDH

    c. 兰伯特

    d. McEliece

4. _____密码系统通常使用二进制戈帕（Goppa）代码。

    a. Niederreiter

    b. McEliece

    c. 兰伯特

    d. SWIFFT

5. 一个有限域，也称_____，是一个具有有限数量元素的域。

    a. 扭转群

    b. 伽罗瓦场

　　c. 阿贝尔群/交换群

　　d. 扭转域（torsion field）

6. 当曲线_____时，它们在一个封闭域上具有相同的 j-不变量。

　　a. 同构

　　b. 等距

　　c. 满射

　　d. 双射

第**16**章

使用 Q#

章节目标

学完本章并完成章节测试后，你将能够做到以下几点：

- 了解 Q#的基础知识

- 编写 Q#程序

- 使用 Q#创建量子模拟

Q#是微软开发的一种易于使用的量子编程语言，于 2018 年 9 月首次发布，并于 2018 年 12 月正式推出。Q#基于 C#的语法结构，但也具备创建量子逻辑门及模拟纠缠的能力。

如果你没有编程经验，也不要过分担心。本章的"Q#入门"和"基本编程概念"针对的正是那些没有编程经验的读者。我们先从"基本编程概念"开始。

16.1 基本编程概念

本节适用于编程新手，如果你懂编程，有过相关经验，尤其是 C#方面的经验，则可略读本节，大致了解一些 Q#特定项目即可。

16.1.1　变量和语句

一般说来，程序都需要处理某种特定类型的数据。不管出于何种目的，都不例外。同时，数据必须临时存储在程序中，这一过程是通过变量完成的。变量是内存中用来保存特定类型数据的地方。称其为"变量"是因为它的值或内容可以改变。当创建一个变量时，实际上是在留出一小块内存用于存储。为变量指定的名称实际上是该地址在内存中的标签。例如，用下面这种方式声明一个变量：

int j;

此时，你就分配了 4 个字节的内存（整型变量使用的数量），并且使用变量 j 来引用这 4 个字节的内存。所以，每当你在代码中引用 j 时，实际上都是在引用内存中的某个特定地址。表 16.1 列出了 Q#中可用的基本数据类型。

表 16.1　Q#数据类型

数据类型	描　　述
无符号整型（Uint）	表示唯一值为（）的单例类型
整型（Int）	表示任意一个 64 位（4 字节）的有符号整数，取值范围为 −9, 223, 372, 036, 854, 775, 808 至 9, 223, 372, 036, 854, 775, 807
大整数型（BigInt）	用以表示任意大小的有符号整型
双精度浮点型（Double）	表示双精度 64 位浮点数，取值范围为−1.79769313486232e308 到 1.79769313486232e308
布尔型（Bool）[①]	表示布尔值（True/False）
字符串型（String）	将文本表示为由一系列 UTF-16（2 字节）代码单元组成的值
量子位型（Qubit）	代表一个量子位，值通过分配实例化
结果型（Result）	表示在特征值±1 的量子算子的特征空间上投影测量的结果，值可能为 0 或 1
泡利型（Pauli）	表示单量子位泡利矩阵。可能的值为 Pauli I、Pauli X、Pauli Y 和 Pauli Z
范围（Range）	表示按升序或降序排列的等间距整型值的有序序列
数组（Array）	数组中的每个值都包含一系列相同类型的值
元组（Tuple）	元组中的每个值都包含一定数量不同类型的项目。只有一个元素的元组等同于该元素

有了变量之后，下一步就来构建语句。语句是执行某些操作的单行代码，这些操作可能是声明某个变量、添加两个数、比较两个值，等等。值得一提的是，所有

---

① 译者注：也称逻辑型变量。

的语句/表达式都以分号结尾，这一特点在许多编程语言（包括 Java、C 和 C#）中亦是如此。下列示例语句可能有助于你理解：

```
int acctnum;
acctnum = 555555;
acctnum = acctnum + 5;
```

每条语句执行不同的操作，同时每条语句执行完某些操作后都以分号结尾。在许多编程语言中，术语"语句"（statement）和"表达式"（expression）可以互换。在 Q#中，一条表达式就是一种特殊类型的语句。有些语句是 Q#独有的。表 16.2 列出了可能的语句类型。

表 16.2 Q#语句类型

语句类型	描 述
变量声明	定义一个或多个对当前作用域剩余部分有效的局部变量，并将它们绑定到指定值。还有一些重新赋值语句可改变变量值
表达式语句	表达式语句由返回单元的操作或函数调用组成。所调用的可调用对象需满足当前上下文的强制要求
Return 语句	Return 语句终止当前可调用上下文中的执行（语句）并将控制权返回给调用者
Fail 语句	Fail 语句用来中止整个程序。错误终止之前，收集有关当前程序状态的信息
迭代（Iteration）	迭代与循环类似，每次迭代时，将声明的循环变量分配给序列中的下一项（数组或 Range 类型的值），同时执行指定的语句块
Repeat 语句	基于条件中断的量子特定循环。该语句由在计算指定条件之前执行的初始语句块组成。若条件判断为假，则在进入循环的下一次迭代之前，执行可选的后续修复块
共轭	共轭是一种特殊的量子特定语句，其中执行将酉变换应用于量子状态的语句块，然后执行另一个语句块，然后再次恢复第一个块应用的变换。在数学符号中，共轭描述了从 $U^\dagger VU$ 形式到量子态的转换
量子位分配	实例化和初始化量子位和/或量子位数组；再将它们绑定到声明的变量；然后，执行语句块。实例化的量子位在语句块的持续时间内可用，并在语句终止时自动释放

Q#中还有另一种特殊类型的语句，称为不可变（immutable）。顾名思义，它不能被改变，如同其他编程语言中的常量。如果使用 let 语句，则将类型设置为不可变。因此，如果输入：

```
let myvar =3
```

那么 myvar 的值为 3，并且无法更改。

　　了解了变量声明及语句，是时候仔细看看 Q#程序的基本结构了。所有程序（无论哪种编程语言）都由组件构成。Q#与许多编程语言一样，组件由花括号 { } 定义。以下是用 Q#编写的"Hello World"。

```
@EntryPoint()
operation Hello() : Unit {
    Message("Hello quantum world!");
}
```

　　请注意，上述代码中有一个名为"Hello"的函数/运算。需要注意的是，括号中没有任何内容，是用来放置函数参数（也称形参）的，而参数是传递给函数以使其工作的内容。例如，为了求一个数的平方，就必须先给出这个数。经常有同学问我，需要放什么参数？甚至说这个函数需要任何参数吗？我想说的是，先问问自己这个问题：如果想让别人替我完成这项任务，我需要给他什么东西吗？如果要给，那给什么呢？如想让别人替你求某个数的平方，就必须先给他那个数；然而，如果只是想让其说"你好"，就不必给他们任何东西。因此，求某个数的平方的函数，就需要参数，而在屏幕上显示"你好"的函数则不需要参数。

　　这种函数中有一条语句，是用来显示消息"Hello quantum world!"的。需要注意的是，与所有语句一样，这条语句也以分号结尾。另外，请注意，操作的开头和结尾都有括号。任何连贯的代码块（包括函数、if 语句和循环）都以花括号 的一半"{"开始，并以另一半"}"结束。

16.1.2　控制结构

　　最常见的分支结构类型是 if 语句。这些语句存在于所有类型的编程语言中，只是实现方式略有不同。if 语句的字面意思是，"如果符合某种条件，则执行此特定代码"。让我们看看 if 语句在 Q#中是如何实现的。下面是一个基本示例，通过剖析它，可以帮助大家了解 if 语句。

```
if( age == 65)
{
    Message ("You can retire!");
}
```

　　请注意：我们使用的是"=="，而不是"="。单个等号（即"="）表示分配一个值，而两个等号（即"=="）表示判断某一条件是否为真。

for 循环可能是所有编程中最常遇到的一种循环类型。当需要重复执行某段代码时，for 循环非常有用。for 循环的概念其实很简单：循环从哪里开始，什么时候结束，以及每次循环增加多少次计数。以下是 for 循环的基本格式。

```
for (qubit in qubits)
{
 H(qubit);
}
```

你还可以从 1 迭代到某个值，如下所示：

```
for (index in 1 .. length(qubits)) {
    set results += [(index-1, M(qubits[index]))];
}
```

每个示例都会通过括号内的代码进行一定次数的迭代。不同之处在于如何计算这些迭代。

此外，在 Q#中经常可以看到 using 语句。关于 using 语句，微软的声明如下：

"它用于分配代码块的量子位。Q#中，所有量子位都是动态分配和释放的，而不是在复杂算法的整个运行过程中都存在的固定资源。using 语句先分配一组量子位，然后在块结束时释放。"[①]

许多编程语言都有 using 语句。using 语句指"使用"我们所命名的项目。以下是使用量子位的 using 语句示例。

```
using (qubit = Qubit()) {

        for (test in 1..count) {
            SetQubitState(initial, qubit);
            let res = M(qubit);

            // Count the number of ones we saw:
            if (res == One) {
                set numOnes += 1;
            }
        }

        SetQubitState(Zero, qubit);
    }
```

---

① https://docs.microsoft.com/en-us/quantum/tutorials/explore-entanglement。

16.1.3　面向对象程序设计

Q#中有很多程序是面向对象编程的。因此，你至少应熟悉面向对象程序设计（object-oriented programming）这个概念。"对象"是编程中的一种抽象概念，将数据与运算代码分组。所有程序都包含不同类型的数据。一个对象只是将所有这些都包装在一个地方。

在面向对象程序设计中，以下四大概念必不可少：

- **抽象（abstraction）**：本质上，抽象是指以抽象的方式思考概念的能力。你可以为员工创建类（class），而无须考虑是哪一个员工。类是抽象的，适用于任何员工。

- **封装（encapsulation）**：封装无疑是面向对象程序设计的核心。封装是指获取数据和处理该数据的函数，并将它们放在单个类中的简单行为。鉴于任何编程语言中都要用到字符串，它通常由字符串类（string class）表示。字符串类包含要处理的数据（即当前特定的字符串），以及可能在该数据上使用的各种函数，而以上这些全都封装在一个类中。

- **继承（inheritance）**：继承是指一个类继承或获取另一个类的公共属性和方法的过程。经典的例子是创建一个名为"动物"的类。这个类有重量，可移动，会进食。所有的动物共享相同的属性。当你想为猴子创建一个类时，可以让猴子类继承动物类，这样猴子类就有了与动物类相同的属性。这就是面向对象程序设计中支持代码重用的一种方式。

- **多态性（polymorphism）**：多态性的字面意思是指"多种形式"。当继承类的属性和方法时，不必保持找到它们时的样子。你可以在自己的类中进行更改。这将使你改变使用这些方法和属性采用的形式。

在面向对象程序设计中经常看到"类"（class）这个术语，它是实例化对象的模板，把它视为你所需对象的蓝图即可，它定义了该对象的属性和方法。Q#中有几个内置对象，比如量子位对象。

本节简要介绍了编程、Q#及面向对象程序设计等基本编程概念，这些概念应该让你对编程和Q#有了大致的了解。接下来我们还会介绍其他概念。

16.2　Q#入门

可离线使用 Q#，将其视为 Visual Studio Code 的一部分；也可在线使用。先来探索 Q#的本地安装方法。第一步是下载并安装 VS Code。你可以从 http://www.broadview.com.cn/44842/0/63 下载并安装。

第二步是为 Visual Studio Code 安装微软量子开发工具包（Microsoft Quantum Development Kit for Visual Studio Code）。你可以从下列地址下载：http://www.broadview.com.cn/44842/0/64。前提是你必须安装好 VS Code，但保持关闭状态。量子开发工具包的安装将打开 VS Code，如图 16.1 所示。

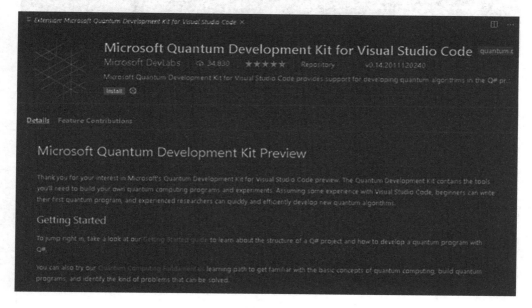

图 16.1　微软量子开发工具包

单击 View > Command Palette，然后从图 16.2 所示截屏中选择 Q#: Create new project。

请注意，初次运行时，Visual Studio Code 需要下载一些东西；可能还会提示你允许 Visual Studio Code 通过防火墙以进行通信。

点击 Standalone console application。

导航到要保存项目的位置。输入项目名称，然后点击 Create Project。成功创建项目后，单击右下角的 Open new project...。

图 16.2　Visual Studio Code 中新建 Q#程序

系统将提示你输入项目的新位置，如图 16.3 所示。

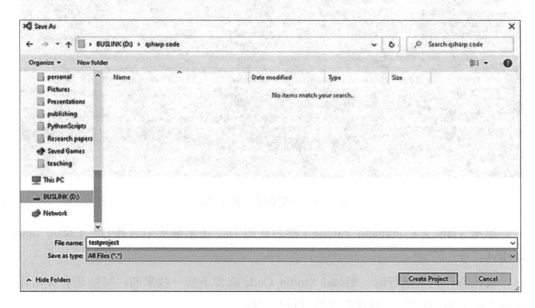

图 16.3　在 Visual Studio Code 中保存该程序

如果有 Visual Studio 2017 或 2019，可以从以下链接直接安装微软量子开发工具包：http://www.broadview.com.cn/44842/0/65。

还可以选择在 http://www.broadview.com.cn/44842/0/66 上在线免费使用量子开发工具包。"Binder"选项为免费版，点击它后，将出现图 16.4 所示画面。这是一个很好的开始方式。

Quantum Development Kit Samples

These samples demonstrate the use of Q# and the Quantum Development Kit for a variety of different quantum computing tasks.

Many samples can be used directly in your browser using either Q# on its own, or Q# togther with Python. Alternatively, you can create a new terminal to run most Q# standalone samples, as well as samples that demonstrate how to use Q# together with Python or .NET.

A small number of the samples have additional installation requirements beyond those for the rest of the Quantum Development Kit. These a README.md files for each sample, along with complete installation instructions.

	Sample	Run in browser...		Run at command line...
Getting started:	Intro to IQ#	Q# notebook		
	Measurement		Q# standalone	
	Quantum random number generator		Q# standalone	
	Simple quantum algorithms		Q# standalone	
	Teleportation		Q# standalone	
Algorithms:	CHSH Game		Q# + Python	Q# + .NET
	Database Search	Q# notebook	Q# + Python	Q# + .NET
	Integer factorization		Q# + Python	Q# + .NET
	Oracle synthesis		Q# standalone	
	Order finding		Q# standalone	
	Repeat-Until-Success (RUS)		Q# standalone	
	Reversible Logic Synthesis		Q# + Python	Q# standalone	
	Simple Grover's Algorithm		Q# standalone	
Arithmetic:	Adder	Q# notebook		
Characterization:	Bayesian Phase Estimation		Q# standalone	
Chemistry:	Hamiltonian analysis		Q# + Python	Q# + .NET
	Hubbard model (data model)			Q# + .NET
	Hubbard model (simulation)			Q# + .NET

图 16.4　QDK 示例

我们先来看看在 Visual Studio Code 中完成的随机数生成器。随机数生成器是 Q# 中常见的教程代码示例，如图 16.5 所示。不熟悉代码也无妨，我们将对其一一进行解释。

假设你没有任何编程背景，所以此处解释得较为详尽。代码的第一行说明了命名空间（namespace），然后是项目名称（无论你在创建项目时取了什么名字）。命名空间允许你将相关的类分在一起。

接下来，你会看到几条"open"语句，如图 16.6 所示。

```
Program.qs
1   namespace testproject {
2       open Microsoft.Quantum.Canon;
3       open Microsoft.Quantum.Intrinsic;
4       open Microsoft.Quantum.Convert;
5       open Microsoft.Quantum.Math;
6       open Microsoft.Quantum.Measurement;
7
8
10      operation QuantumPseudoRandomNumberGenerator() : Result {
11          using (q = Qubit()) {  // Allocate a qubit.
12              H(q);              // Put the qubit to superposition. It now has a 50% chance of being 0 or 1.
13              return MResetZ(q); // Measure the qubit value.
14          }
15      }
16      operation RandomNumberInRange(max : Int) : Int {
17          mutable bits = new Result[0];
18          for (idxBit in 1..BitSizeI(max)) {
19              set bits += [QuantumPseudoRandomNumberGenerator()];
20          }
21          let sample = ResultArrayAsInt(bits);
22          return sample > max
23              ? RandomNumberInRange(max)
24              | sample;
25      }
26
27      @EntryPoint()
28      operation SampleRandomNumber() : Int {
29          let max = 50;
30          Message($"Sampling a random number between 0 and {max}: ");
31          return RandomNumberInRange(max);
32      }
33  }
34
```

图 16.5　Q#随机数生成器

```
open Microsoft.Quantum.Canon;
open Microsoft.Quantum.Intrinsic;
open Microsoft.Quantum.Convert;
open Microsoft.Quantum.Math;
open Microsoft.Quantum.Measurement;
```

图 16.6　Q#"open"语句

下面是对命名空间的简要描述：

- Microsoft.Quantum.Canon 包含量子编程所需的基本项目。

- Microsoft.Quantum.Convert 包含将一种 Q#数据类型转换到另一种数据类型的函数。

- Microsoft.Quantum.Math 包含数学数据类型和函数。

- Microsoft.Quantum.Measurement 包含测量量子位所需的对象/函数。

这样做是为了打开微软量子开发工具包中的一些命名空间。这些命名空间包括可以使用的类/对象。

在注释之后，你将看到第一个运算，如图 16.7 所示。

```
operation QuantumPseudoRandomNumberGenerator() : Result {
    using (q = Qubit()) {   // Allocate a qubit.
        H(q);               // Put the qubit to superposition. It now has a 50% chance of being 0 or 1.
        return MResetZ(q);  // Measure the qubit value.
    }
}
```

图 16.7　量子伪随机数生成器（`QuantumPseudoRandomNumberGenerator`）函数

首先，要注意的是，该函数不接收任何参数，它使用了一个我们在本章前面部分讨论过的"using"语句，还使用了量子位类（Qubit）的一个实例，我们称之为 a。

接下来你将看到的是"//"之后的某些文本，它在 Visual Studio 或 Visual Studio Code 中以绿色显示，这叫作注释。通常，注释是被 Visual Studio 忽略的文本，但可为读者提供有用信息。通过注释来向他人解释自己正在试图完成的任务是一个很好的主意。此外，如果你是编程新手，或者不熟练某种特定的编程语言，一种较好的学习方法就是获得示例代码并进行大量注释练习。浏览示例代码的同时，注释每条代码，有助于理解代码。如果不理解某段代码，请尽可能多地添加注释。同时一定要回过头去寻找那些还不理解的代码，一一解决。

函数"QuantumPseudoRandomNumberGenerator"实际上是从函数"RandomNumberInRange"中调用的，如图 16.8 所示。下面我们来探讨该函数。注意，我们互换地使用了"函数"（function）和"运算"（operation）这两个术语。

```
operation RandomNumberInRange(max : Int) : Int {
    mutable bits = new Result[0];
    for (idxBit in 1..BitSizeI(max)) {
        set bits += [QuantumPseudoRandomNumberGenerator()];
    }
    let sample = ResultArrayAsInt(bits);
    return sample > max
        ? RandomNumberInRange(max)
        | sample;
}
```

图 16.8　RandomNumberInRange 函数

该函数只有一个参数，它是一个整数，称其为 max，指最大范围。然后，我们创建一个结果类型的数组，称其为"bits"。请注意，它前面的关键词是"mutable"，这表明它可变/可更改。

然后，我们得到了"SampleRandomNumber"函数，如图 16.9 所示。

```
@EntryPoint()
operation SampleRandomNumber() : Int {
    let max = 50;
    Message($"Sampling a random number between 0 and {max}: ");
    return RandomNumberInRange(max);
}
```

图 16.9　SampleRandomNumber 函数

该函数由@EntryPoint()指令调用，它告诉我们这是该程序的起点。它只做了两件事：一是设置一个最大值（在本例中，最大值是 50）；二是调用函数"RandomNumberInRange"，传递这个最大值。

建议你自己编写此程序，然后执行它。通常，无论使用何种工具（Visual Studio 2017/2019、Visual Studio Code 或在线量子开发工具包），都会出现一些配置问题。最好现在就解决这些问题，然后再研究更复杂的程序。此外，当这个程序按照你编写的方式执行后，尝试改变某行代码（比如，改变最大值），看看会发生什么。继续使用更复杂的示例之前，请花时间熟悉这个简单的程序。

16.3　格罗弗算法

你可能想回顾一下第 10 章"量子算法"中有关格罗弗算法的内容。深入探讨代码之前，我们先简要回顾格罗弗算法。

16.3.1　格罗弗算法回顾

回想一下，格罗弗算法是一种搜索算法。必须有一个由 $\log_2 N$ 量子位提供的 N 维状态空间，我们将此状态空间称为 H。再将数据存储中的每一条从 0 到 $N-1$ 依次编号。然后再挑选一些作用于状态空间 H 的可观测值，用"Ω"表示。Ω 必须有特征值，所有这些都是已知的。Ω 的每个本征态都编码了数据库中的每个条目。本征态用狄拉克符号表示：

$$\{|0>, |1>, |2>, \ldots, |N-1>\}$$

当然，本征值的表示方式大致相同：

$$\{\lambda_0, \lambda_1, \lambda_2, \ldots, \lambda_{N-1}\}$$

下一步是确定一些运算符来比较数据库条目。格罗弗算法并未指定运算符或某项/些标准，而是需要基于特定的数据存储和搜索进行选择。但是，运算符必须是通过状态叠加起作用的量子子程序，通常表示为 U_ω。

当应用于前面提到的本征态（表示为 $|\omega>$）时，运算符具有以下性质：

$$U_\omega |\omega> = -|\omega>$$

但是，对于所有不是 ω 的 x，我们希望：

$$U_\omega |x> = |x>$$

换句话说，我们试图识别在 U_ω 上不同于其他本征态的特定本征态 $|\omega>$。或者，我们也可以识别与本征态相关的特征值。U_ω 常被称为量子黑盒或量子神谕，它是在两个量子位上运行的酉算子，这也是 U_ω 的定义。第二个运算符是 U_s，其中，"s" 表示可能状态的叠加，该运算符表示为：

$$U_s = 1|s><s| - I$$

第一步是将系统初始化为一个状态，该状态是可能状态的叠加，通常表示如下：

$$|s\rangle = \frac{1}{\sqrt{N}} \sum_{x=0}^{N-1} |x\rangle$$

我们只是说，状态 $|s>$ 是所有可能状态 $|x>$ 的叠加。

下一步再执行格罗弗迭代 r 并运行 N 次。这一步中，r 只是简单地应用了刚刚提到过的两个运算符 U_ω 和 U_s。

第三步是测量可观测量 Ω。该测量将提供一些特征值 λ_ω。不断迭代后，最终会得到正确答案。

本小节对格罗弗算法的回顾应该有助于加深你对该算法的认识。下一节将介绍实现格罗弗算法的简单代码。

16.3.2 格罗弗算法代码

格罗弗算法的代码将逐段呈现，每段都根据对该算法的回顾进行描述。其中一些内容取决于量子开发工具包中的对象。因此，第一项就是研究“open”语句，如图16.10 所示。

```
namespace GroversAlgorithm{
    open Microsoft.Quantum.Intrinsic;
    open Microsoft.Quantum.Convert;
    open Microsoft.Quantum.Math;
    open Microsoft.Quantum.Canon;
    open Microsoft.Quantum.Arrays;
    open Microsoft.Quantum.Measurement;
```

图 16.10　格罗弗算法代码中的“open”语句

你可能会注意到，此处探讨的随机数生成器比本章前面讨论的内容更为详细。具体来说，先前并未讨论以下这两个代码：

```
open Microsoft.Quantum.Intrinsic;
open Microsoft.Quantum.Arrays;
```

之所以讨论这两个代码是因为它们包含了实现格罗弗算法所需要的特定类。代码的下一部分是“ReflectMarked”函数，如图 16.11 所示，它前面有注释，用来解释该函数正在做什么。

```
// Recall the description of the algorithm earlier in this book
// This code reflects around the basis state using alternating zeros and ones
// then defines what input we are attempting to find in the main search
// The  OutQubits is initialized t to (|0⟩ - |1⟩) / √2,

operation ReflectMarked(InQubits : Qubit[]) : Unit {
    Message("Reflecting about marked state...");
    using (OutQubits = Qubit()) {
        within {

            X(OutQubits);
            H(OutQubits);
            // Flip the OutQubits for marked states.
            // This producing the state with alternating 0s and 1s by using
            // the X instruction on every other qubit.
            ApplyToEachA(X, InQubits[...2...]);
        } apply {
            Controlled X(InQubits, OutQubits);
        }
    }
}
```

图 16.11　“ReflectMarked”函数

该函数包含一个量子位数组，我们称之为 "InQubits"。消息部分不是绝对必要的，但却告诉用户发生了什么。请注意，X 和 H 都表示量子门，它们是 Q#量子开发工具包的一部分。这也是使用量子开发工具包如此有用的原因之一。你需要的各种门已经内置了。

H 是阿达玛门，也是 Microsoft.Quantum.Intrinsic 命名空间的一部分。此外，该命名空间还包括其他类型的门，如表 16.3 所示。

表 16.3　Microsoft.Quantum.Intrinsic 中的函数

函　　数	描　　述
X、Y 和 Z	泡利-X、泡利-Y、泡利-Z 门
T	T 门
Rx、Ry 和 Rz	这些是围绕 x 轴、y 轴和 z 轴的旋转
R	这应用于围绕给定泡利轴的旋转
M	在泡利-Z 基中对单个量子位进行测量
Measure	在指定泡利基中执行一个或多个量子位的联合测量
CNOT	这应用于受控（非）门

我们还发现了新东西——ApplyToEach 函数，这是命名空间 Microsoft.Quantum.Canon 的一部分，它将单个量子位函数应用于给定寄存器中的每个元素。

我们再继续探讨下一个函数（即 ReflectUniform）的代码，如图 16.12 所示。

```
/// Reflects about the  superposition state.
operation ReflectUniform(InQubits : Qubit[]) : Unit {
    within {
        // Transform the uniform superposition to all-zero.
        Adjoint PerpareUniformZeros(InQubits);
        // Transform the all-zero state to all-ones
        SetAllOnes(InQubits);
    } apply {
        // Now that we've transformed the uniform superposition to t
        // all-ones state, reflect about the all-ones state, then le
        // the within/apply block transform us back.
        ReflectAboutAllOnes(InQubits);
    }
}
```

图 16.2　ReflectUniform 函数

可见，这调用了两个函数：SetAllOnes 和 ReflectAboutAllOnes。这两个函数都传递了一个数组 InQubits。此外，还有一种名为 Adjoint 的函子（functor）。函子（而非函数）是 Q#中特有的东西。下文引自微软：

"函子是允许访问可调用对象的特定专门化实现的工厂。Q#目前支持两个函子：伴随函子（adjoint functor）和受控函子（controlled functor）。两者都可用于提供必要的专门化运算。"[①]

伴随函子定义了量子态的一个幺正变换（酉变换），通常表示为 U。

另外还有 3 个函数，在前面的代码段中，我们看到过这些函数，如图 16.13 所示。

```
/// Reflects about the all-ones state.
operation ReflectAboutAllOnes(InQubits : Qubit[]) : Unit {
    Controlled Z(Most(InQubits), Tail(InQubits));
}

operation PerpareUniformZeros(InQubits : Qubit[]) : Unit is Adj + Ctl {
    ApplyToEachCA(H, InQubits);
}

operation SetAllOnes(InQubits : Qubit[]) : Unit is Adj + Ctl {
    ApplyToEachCA(X, InQubits);
}
```

图 16.13　格罗弗算法的附加函数

注意，ReflectAboutAllOnes 使用了受控 Z 门。PrepareUniformZeros 和 SetAllOnes 都使用了 ApplyToEach 函数。回顾一下，该函数对给定寄存器中的每个元素都使用了单个量子位函数。

现在，我们有了实际搜索输入的函数，如图 16.14 所示。

请注意，这是该程序的入口函数，应该有助于向你演示如何使用其他函数。首先，我们初始化一个统一的叠加；再通过反射函数进行搜索；最后，测量每个量子位。

---

① https://docs.microsoft.com/en-us/quantum/user-guide/language/expressions/functorapplication#functor-application。

```
@EntryPoint()
operation SearchForMarkedInput(nQubits : Int) : Result[] {
    using (qubits = Qubit[nQubits]) {
        // Initialize a uniform superposition over all possible inputs.
        PerpareUniformZeros(qubits);
        // The search itself consists of repeatedly reflecting about the
        // marked state and our start state, which we can write out in Q#
        // as a for loop.
        for (idxIteration in 0..NumberOfIterations(nQubits) - 1) {
            ReflectMarked(qubits);
            ReflectUniform(qubits);
        }

        // Measure and return the answer.
        return ForEach(MResetZ, qubits);
    }
}
```

图 16.14　格罗弗算法的入口函数（entry point）

还有一个函数可以简单地告诉你需要多少次迭代才能找到单个标记项的内容。这个函数在 NumberofIterations 中被调用，如图 16.15 所示。

```
function NumberOfIterations(nQubits : Int) : Int {
    let iItems = 1 <<< nQubits; // 2^numQubits
    // compute number of iterations:
    let angle = ArcSin(1. / Sqrt(IntAsDouble(iItems)));
    let iIterations = Round(0.25 * PI() / angle - 0.5);
    return iIterations;
}
```

图 16.5　NumberofIterations 函数

与随机数生成器一样，我们也建议你自己编写代码后执行它。代码运行后，再修改一小段代码，看看会发生什么，这将有助于你更好地理解代码。

16.4　多伊奇-约萨算法

这是第 10 章探讨的另一种算法。我们先简要回顾，再讨论实现该算法的代码。

16.4.1　多伊奇-约萨算法回顾

回想第 10 章，多伊奇-约萨算法是对多伊奇算法的修改。这个问题其实很简单。多伊奇算法着眼于单个变量的函数，而多伊奇-约萨算法将此推广到 n 个变量的函数。回想一下，这个问题涉及黑匣子量子计算机，该计算机实现了某些函数，接收 n 位二进制值，输出 0 或 1。输出值要么是平衡函数（1 和 0 的数量相同），要么是常值函数（全为 1 或全为 0）。该算法的目标是确定函数到底是平衡函数还是常值函数。

实际的算法从处于 |0> 态的第一个 n 位开始，最后一位处于 |1> 态。然后对每一位使用阿达玛变换。现在，我们有一个称为 $f(x)$ 的函数。此函数将状态 |x>|y> 映射到 |x>|y $\oplus$ f(x)>。在这里，符号"$\oplus$"表示模 2 加法。当 x 的值通过黑箱 $f(x)$ 时，就会得到 1 或 0。若 $f(x)$ 为平衡函数，则输出 0；若 $f(x)$ 为常值函数，则输出 1。对于 n 位输入，若 $f(x)$ 为常值函数，则最终输出 n 个 0。任何其他输出（0 和 1 的任意组合，或全 1）都表明 $f(x)$ 是平衡函数。

16.4.2 多伊奇–约萨算法代码

我们从命名空间及其他命名空间的"open"语句开始，如图 16.16 所示。

```
namespace DeutschJozsa {
    open Microsoft.Quantum.Intrinsic;
    open Microsoft.Quantum.Canon;
    open Microsoft.Quantum.Arrays;
    open Microsoft.Quantum.Convert;
    open Microsoft.Quantum.Measurement;
```

图 16.16　多伊奇–约萨算法的开端

我们从入口函数开始，如图 16.17 所示。

```
@EntryPoint()
operation RunDeutschJozsa(iQubits : Int, mElements : Int[]) : Bool {
    return IsConstant(
        BooleanFunction(iQubits, mElements), iQubits
    );
}
```

图 16.17　多伊奇–约萨算法的入口函数

该函数简单地调用函数 IsConstant，传递给另一个函数 BooleanFunction(iQubits, mElements)，及其他参数。

下面我们来看 IsConstant 函数，若值为常数或非常数（即不是平衡的），那么就将返回。该函数如图 16.18 所示。

```
operation IsConstant (Uf : ((Qubit[], Qubit) => Unit), n : Int) : Bool {

    using ((queryRegister, target) = (Qubit[n], Qubit())) {

        X(target);
        H(target);

        within {

            ApplyToEachA(H, queryRegister);
        } apply {
            Uf(queryRegister, target);
        }


        let resultArray = ForEach(MResetZ, queryRegister);

        Reset(target);

        return All(IsResultZero, resultArray);
    }
}
```

图 16.18　IsConstant 函数

　　许多内容你在本章前面已经接触过了。我们有两个门，X 和 H。我们也使用了 ApplyToEach 函数。请注意，此函数接收另一个函数 Uf。在本例中，该函数就是我们命名为 BooleanFunction 的函数，它需要两个参数。

　　在我们的代码中有两个函数：BooleanFunction 和 UnitaryOperation，如图 16.19 所示。

```
internal operation UnitaryOperation(n : Int, mElements : Int[], query : Qubit[], target : Qubit) : Unit {
    // This operation applies the unitary Operation

    for (markedElement in mElements) {

        ControlledOnInt(markedElement, ApplyToEachCA(X, _))(query, [target]);
    }
}


function BooleanFunction (iQubits : Int, mElements : Int[]) : ((Qubit[], Qubit) => Unit) {
    return UnitaryOperation(iQubits, mElements, _, _);
}
```

图 16.19　多伊奇–约萨算法的其余函数

　　如你所见，BooleanFunction 函数又调用了 UnitaryOperation 函数。如果你仔细研究了前面的代码示例，并复习了多伊奇–约萨算法，那么此代码示例应该可以帮你更好地理解该算法和 Q#编程。

16.5　位翻转

我们再举一个例子。下面这段代码只是演示了位翻转（bit flipping）。此示例与微软网站上的例子①非常相似。微软网站上的代码更深入，也模拟了纠缠。你应该聚精会神地完成该示例。

我们先来看看代码，如图 16.20 所示。

```
entangled.qs >
1    namespace EntangleMent {
2        open Microsoft.Quantum.Canon;
3        open Microsoft.Quantum.Intrinsic;
4
5        operation SetQubitState(desired : Result, target : Qubit) : Unit {
6            if (desired != M(target)) {
7                X(target);
8            }
9        }
10
11       @EntryPoint()
12       operation TestState(count : Int, initial : Result) : (Int, Int) {
13
14           mutable numOnes = 0;
15           using (qubit = Qubit()) {
16
17               for (test in 1..count) {
18                   SetQubitState(initial, qubit);
19                   let res = M(qubit);
20
21                   // Count the number of ones we saw:
22                   if (res == One) {
23                       set numOnes += 1;
24                   }
25               }
26
27               SetQubitState(Zero, qubit);
28           }
29
30
31           return (count - numOnes, numOnes);
32       }
33   }
```

图 16.20　纠缠

---

① https://docs.microsoft.com/en-us/quantum/tutorials/exploreentanglement。

首先请注意，这段代码在很大程度上取决于门和测量。你会看到本章讨论过的 X 和 M 函数。回想一下，X 翻转了状态，M 测量了它。入口函数是 TestState 函数，它测试某个量子位的状态。

该函数只需多次迭代和一个初始值，就会通过位翻转并输出结果。尽管这个程序很简单，但却能让你更熟悉 Q#。

16.6　小结

在本章中，你终于将所学知识应用到了实际的编程任务中。如果你完成了本章中的项目，那么就应该基本掌握 Q# 了。此外，编写这些算法也有助于你更好地理解。网上也有很多资源可以参考：

- 微软的量子计算基础：http://www.broadview.com.cn/44842/0/67；
- 微软量子 Katas：http://www.broadview.com.cn/44842/0/68；
- 微软 Q# 用户指南：http://www.broadview.com.cn/44842/0/69。

章节测试

复习题

1. Q# 中，什么数据类型用来表示在特征值为 ±1 的量子算子的特征空间上投影测量的结果。

   a. EigenReturn

   b. Return

   c. Result

   d. EigenResult

2. ＿＿＿＿＿＿是一种类似循环的语句，在每次迭代期间将声明的循环变量分配给序列中的下一项（数组或 Range 类型的值），并执行指定的语句块。

   a. 迭代

   b. 重复

   c. for-next

d. while

3. _____是指提取数据，以及用来处理这些数据的函数，然后将它们放在一个类中。

a. 抽象

b. 封装

c. 继承

d. 多态性

4. 泡利门的命名空间是什么？

a. `Microsoft.Quantum.Intrinsic`

b. `Microsoft.Quantum.Canon`

c. `Microsoft.Quantum.Gates`

d. `Microsoft.Quantum.Measurement`

5. 量子开发工具包中的 R 运算表示什么？

a. 围绕 x、y 或 z 轴旋转。

b. 重置给定的量子位。

c. 重置给定的门。

d. 围绕给定的泡利轴旋转。

第**17**章

使用量子汇编语言

章节目标

学完本章并完成章节测试后，你将能够做到以下几点：

- 了解 QASM 的基本原理

- 编写 QASM 程序

- 使用 QASM 创建量子模拟

量子汇编语言（Quantum Assembly Language，QASM）是一种专门为量子程序设计的编程语言，用来模拟量子门和量子算法。你可以使用在线编辑器（http://www.broadview.com.cn/44842/0/70）编写 QASM 代码。该编辑器如图 17.1 所示。

这种编程语言旨在让你尝试各种量子门及电路，它是将量子计算理论知识运用到实践中去的理想工具。事实上，在 QASM 中设置量子模拟可能比在 Q#中更容易（参见第 16 章 "使用 Q#"）。

如果你没有编程经验，也别过分担心。下一节将介绍 "基本编程概念"，编程新手可从此处着手。

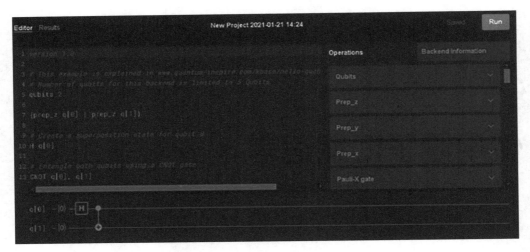

图 17.1 量子灵感编辑器（Quantum Inspire Editor）

17.1 基本编程概念

其他编程语言中的诸多结构在 QASM 中都没有。本节将介绍与 QASM 相关的编程概念。

17.1.1 指令

QASM 是基于指令的，各种指令都与量子运算和结构有关。事实上，QASM 语言内置了量子计算所需的大量内容，这使它成为学习量子计算的绝佳选择。例如，指令"qubits n"初始化大小为 n 的量子位寄存器。默认情况下，所有量子位都初始化为 $|0\rangle$ 态。

有三种"prep"语句。使用该指令，量子位被初始化为特定基的 $|0\rangle$ 态：

- prep_z
- prep_y
- prep_x

泡利门（如下所示）在 QASM 中也是预置的。

- 泡利-X

- 泡利-*Y*

- 泡利-*Z*

你还可以用其他几种门及测量方法。表 17.1 总结了一些重要指令。

表 17.1　QASM 指令

指　　令	意　　义
泡利-*X*	若要在第一个量子位上使用泡利-*X*门，请使用以下指令： X q[0]
泡利-*Y*	泡利-*Y*门也类似： Y q[0]
泡利-*Z*	泡利-*Z*门如下： Z q[0]
阿达玛	对第一个量子位执行阿达玛门，指令与泡利门类似： H q[0] 对前两个量子位执行阿达玛门（或其他门）的方法如下： H q[0,1]
单位矩阵/ 单位门	"I"表示单位矩阵或单位门
Rx	这是旋转运算符，表示绕 *x* 轴旋转。然后在第一个量子位上使用以下指令： Rx q[0]
Ry	这是旋转运算符，表示绕 *y* 轴旋转。然后在第一个量子位上使用以下指令： Ry q[0]
Rz	这是旋转运算符，表示绕 *z* 轴旋转。然后在第一个量子位上使用以下指令： Rx z[0]
T 门	在第一个量子位上执行 T 门的指令如下： T q[0]
受控非门	受控非门（CNOT）是双量子位运算，第一个量子位通常称为控制量子位，第二个量子位为目标量子位。这可以用来纠缠两个量子位，如下所示： CNOT q[0], q[1]
交换门 （SAWP）	交换门是双量子位运算。以基态表示，交换门交换运算中涉及两个量子位的状态，如下所示： SWAP q[0], q[1]
托佛利门 （Toffolii）	回想一下，托佛利门有时也被称为"控-控非门"（Controlled-Controlled NOT gate）。下面是一个示例： Toffoli q[1], q[2], q[3]
measure_x	所有测量都在基上进行。"measure_x"指令测量 *x* 基中的量子位
measure_y	所有测量都在基上进行。"measure_y"指令测量 *y* 基中的量子位

指　令	意　义
measure_z	所有测量都在基上进行。"measure_z"指令测量 z 基中的量子位
measure_all	该指令将使用 z 基并行测量所有的量子位

启动编辑器并定义两个量子位后，就会看到如图 17.2 所示截屏。

图 17.2　两个量子位

注意，屏幕底部可以看到 q[0]和 q[1]两个量子位。添加任意一个门，就会看到它们被加到了屏幕底部。比如，添加一个受控非门，就会得到如图 17.3 所示截屏。

图 17.3　受控非门

如果使用的不是受控非门，而是在第一个量子位上使用阿达玛门，在第二个量子位上使用泡利-X 门，则会得到如图 17.4 所示结果。

你还可以在单个量子位上执行多个门。图 17.5 中，你会看到每个量子位上有多个门；一个门也可以同时跨越两个量子位。这些并不是为了完成特定的算法，只是为了向你展示 QASM 可以用来做什么。

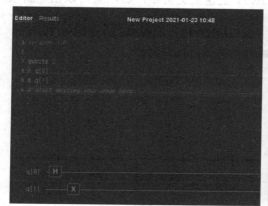

图 17.4　阿达玛门

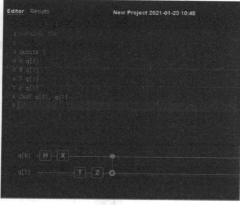

图 17.5　多个门

17.1.2　命令行

QASM 的确有许多可用于执行各种任务的命令行。本节将探讨你需要使用的一些常见命令行，如表 17.2 所示。

表 17.2　QASM 命令行

命 令 行	定 义
display	显示器输出量子位寄存器的当前状态
error_model depolarizing_ channel, 0.001	去极化信道误差模型会在量子位上的每个运算之间产生随机误差
display_binary	获取二进制寄存器的内容
number of shots	算法既可以是确定性的，也可以是非确定性的。如果是确定性算法，则为单次（single shot (number of shots ($N=1$))）或多次（multi-shot (number of shots ($N>1$))）

通过上述指令和命令行，你就能理解本章的代码了。事实上，大部分内容都很简单，这正是 QASM 的魅力所在。

通过上述指令和命令行，你就能理解本章的代码了。事实上，大部分内容都很简单，这正是 QASM 的魅力所在。

17.2　QASM 入门

在 http://www.broadview.com.cn/44842/0/71 上建立免费账户后，就可以创建新项目了，如图 17.6 所示。

图 17.6　创建新项目

打开新项目后会看到图 17.7 所示编辑器界面。

选择后端（backend）将决定你可以做的很多事。免费版本只能使用部分后端。除了模拟器，Quantum Inspire 还有两个量子处理器，不过有权限限制。要了解更多细节，最好参考以下文档：http://www.broadview.com.cn/44842/0/72。

图 17.7　新项目编辑器

17.3　量子纠错

　　显然，在量子算法中进行某种程度的纠错非常重要。事实上，量子纠错研究前景广阔。这里的示例是一个非常简单的纠错算法。它的效率并不高，但却展示了量子纠错的基本概念。在本例中，我们用三个物理量子位编码一个逻辑量子位。

　　这个概念很简单。假设有一个量子位，执行式 17.1 所示运算。

$$|\Psi >= \alpha|0 > +\beta|1 >$$

式 17.1　量子纠错基本公式

　　如何检测错误？这的确是一个值得重视的问题。目前的解决方案有效但粗犷。我们使用了两个额外的“位”；这样一来就很容易检测到是否存在位翻转错误。下面使用式 17.2。

$$|\Psi >= \alpha|000 > +\beta|111 >$$

式 17.2　纠错公式

代码如下：

```
version 1.0
qubits 5

.Encoding
cnot q[0],q[1]
cnot q[0],q[2]

.Introduce_Error
x q[1]

.Error_Detection
cnot q[0],q[3]
cnot q[1],q[3]
cnot q[0],q[4]
cnot q[2],q[4]
measure q[3,4]

.Error_Correction
# Both b[3]=b[4]=0
#do nothing

# b[3]=b[4]=1
c-x b[3,4], q[0]

# b[3]=1,b[4]=0
not b[4]
c-x b[3,4],q[1]
not b[4]

# b[3]=0,b[4]=1
not b[3]
c-x b[3,4],q[2]
not b[3]

.Measurement
measure q[0:2]
```

在编辑器中，上述代码对应如图 17.8 所示。

这个概念也很简单，但效率低。如果没有误差，那么使用的 3 个量子位都会得到相同的结果。如果有一个误差，那么将会有一个不匹配的量子位。显然，这种方法效率低下，并不推荐用于实际的量子计算。不过，这是熟悉这一概念的绝佳方式，同时你也能练习使用 QASM。

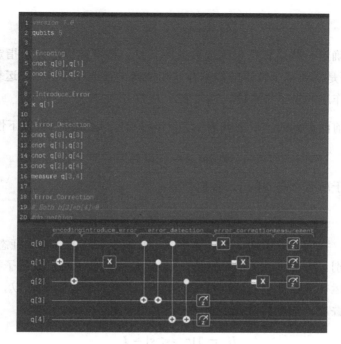

图 17.8　误差纠正

17.4　格罗弗算法

你可能想回顾一下第 10 章"量子算法"中关于格罗弗算法的介绍。因此，深入研究代码之前，我们先简要回顾格罗弗算法。

17.4.1　格罗弗算法回顾

回想一下，格罗弗算法是一种搜索算法。必须有一个由 $\log_2 N$ 量子位提供的 N 维状态空间，我们将此状态空间称为 H。再将数据存储中的每一条从 0 到 $N-1$ 依次编号。然后再挑选一些作用于状态空间 H 的可观测值，用"Ω"表示。Ω 必须有特征值，所有这些都是已知的。Ω 的每个本征态都编码了数据库中的每个条目。本征态用狄拉克符号表示：

$$\{|0>, |1>, |2>, ..., |N-1>\}$$

当然，本征值的表示方式大致相同：

$$\{\lambda_0, \lambda_1, \lambda_2, ..., \lambda_{N-1}\}$$

下一步是确定一些运算符来比较数据库条目。格罗弗算法并未指定运算符或某项/些标准，而是需要基于特定的数据存储和搜索进行选择。但是，运算符必须是通过状态叠加起作用的量子子程序，通常表示为 U_ω。

当应用于前面提到的本征态（表示为 $|\omega>$）时，运算符具有以下性质：

$$U_\omega|\omega> = -|\omega>$$

但是，对于所有不是 ω 的 x，我们希望：

$$U_\omega|x> = -|x>$$

换句话说，我们试图识别在 U_ω 上不同于其他本征态的特定本征态 $|\omega>$。或者，我们也可以识别与本征态相关的特征值。U_ω 常被称为量子黑盒或量子神谕，它是在两个量子位上运行的酉算子，这也是 U_ω 的定义。第二个运算符是 U_s，其中"s"表示可能状态的叠加，该运算符表示为：

$$U_s = 1|s><s| - I$$

第一步是将系统初始化为一个状态，该状态是可能状态的叠加，通常表示如下：

$$|s\rangle = \frac{1}{\sqrt{N}} \sum_{x=0}^{N-1} |x\rangle$$

我们只是说，状态 $|s>$ 是所有可能状态 $|x>$ 的叠加。下一步再执行格罗弗迭代 r 并运行 N 次。这一步中，r 只是简单地应用了刚刚提到过的两个运算符 U_ω 和 U_s。第三步是测量可观测量 Ω。该测量将提供一些特征值 λ_ω。不断迭代后，最终会得到正确答案。本小节对格罗弗算法的回顾应该有助于加深你对该算法的认识。下一节将介绍实现格罗弗算法的简单代码。

17.4.2　格罗弗算法代码

以下是 QASM 中格罗弗算法的完整代码：

```
version 1.0
qubits 3
# Grover's algorithm for
# searching the decimal number
# 6 in a database of size 2^3
```

```
.init
H q[0:2]

.grover(2)
# This is the quantum oracle discussed
{X q[0] | H q[2] }
Toffoli q[0], q[1], q[2]
{H q[2] | X q[0]}

# diffusion
{H q[0] | H q[1] | H q[2]}
{X q[1] | X q[0] | X q[2] }
H q[2]
Toffoli q[0], q[1], q[2]
H q[2]
{X q[1] | X q[0] | X q[2] }
{H q[0] | H q[1] | H q[2]}
```

上面的代码看起来并不那么令人生畏。比如，第一行代码：

```
H q[0:2]
```

这将初始化一个阿达玛门。接下来的部分只是简单地使用不同的门：阿达玛门、泡利-X 门和托佛利门。

在编辑器中显示如图 17.9 所示。

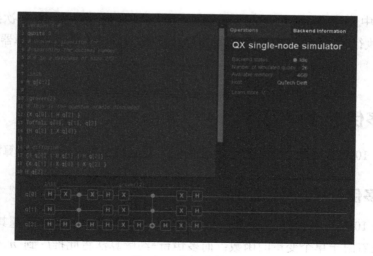

图 17.9　格罗弗算法

运行结果如图 17.10 所示。

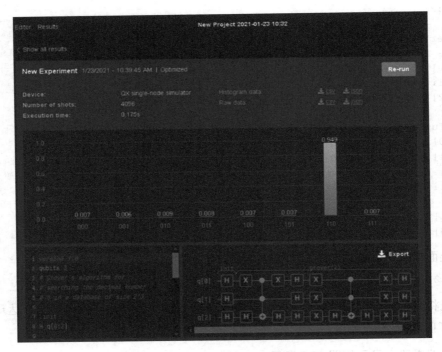

图 17.10   格罗弗算法运行结果

在上图中你可以可视化地输出直方图。请注意，顶部可以看到样本次数（number of shots）、执行时间等数据。也可以导出运行结果。QASM 的在线编辑器易于使用，非常方便。

17.5   多伊奇-约萨算法

这是第 10 章探讨的另一种算法。我们先简要回顾，再讨论实现该算法的代码。

17.5.1   多伊奇-约萨算法回顾

回想第 10 章，多伊奇-约萨算法是对多伊奇算法的修改。这个问题其实很简单。多伊奇算法着眼于单个变量的函数；而多伊奇-约萨算法将此推广到 n 个变量的函数。回想一下，这个问题涉及黑匣子量子计算机，该计算机实现了某些函数，接收 n 位二进制值，输出 0 或 1。输出值要么是平衡函数（1 和 0 的数量相同），要么是常值函数（全为 1 或全为 0）。该算法的目标是确定函数到底是平衡函数还是常值函数。

　　实际的算法从处于 |0> 态的第一个 n 位开始，最后一位处于 |1> 态。然后对每一位使用阿达玛变换。现在，我们有一个称为 $f(x)$ 的函数。此函数将状态 $|x>|y|$ 映射到 $|x>|y \oplus f(x)>$。在这里，符号"$\oplus$"表示模 2 加法。当 x 的值通过黑箱 $f(x)$ 时，就会得到 1 或 0。若 $f(x)$ 为平衡函数，则输出 0；若 $f(x)$ 为常值函数，则输出 1。对于 n 位输入，若 $f(x)$ 为常值函数，则最终输出 n 个 0。任何其他输出（0 和 1 的任意组合，或全 1）都表明 $f(x)$ 是平衡函数。

17.5.2　多伊奇–约萨算法代码

　　我们从命名空间 opening 及其他命名空间的"open"语句开始，如下所示：

```
version 1.0

qubits 2
# The Deutsch¨CJozsa algorithm an oracle is used to
# determine if a given binary function f(x) is constant or
# balanced.
# Constant f(x)=fc1=0 OR f(x)=fc2=1
# Balanced f(x)=fb3=x OR f(x)=fb4=NOT(x)
# The algorithm requires only a single query of that
# function f(x).


# Initialize qubits in |+> and |-> statew
.initialize
prep_z q[0:1]
X q[1]
{H q[0]|H q[1]}

.oracle_fc1
# do nothing or I q[0:1]

#.oracle_fc2
# X q[1]

#.oracle_fb3
# CNOT q[0],q[1]

#.oracle_fb4
# CNOT q[0],q[1]
# X q[1]
```

```
.measurement
H q[0]
measure q[0]
```

图 17.11 所示为上述代码在编辑器中的样子。

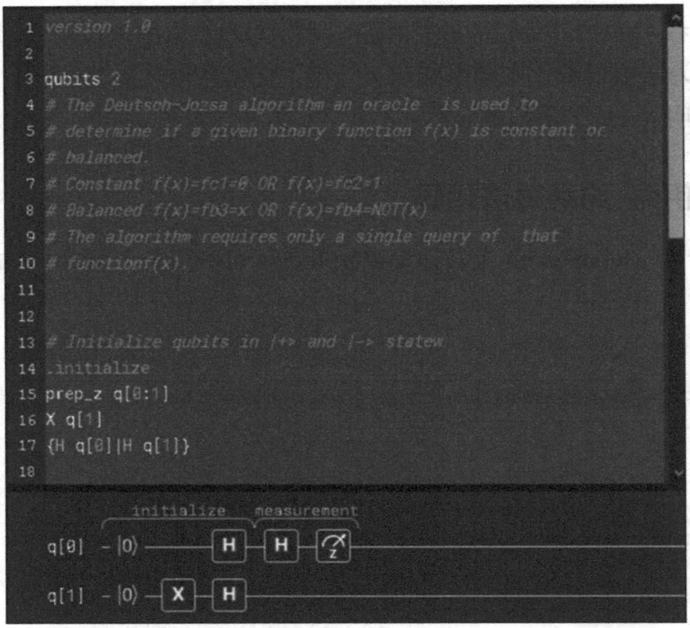

图 17.11　多伊奇-约萨算法

就像我们在本章前面看到的代码一样，这主要是一组在量子位上运算的门集合——大量的量子编程都是如此。

多伊奇-约萨算法在 QASM 中相对容易实现。编辑器底部显示的门及运算的可视化有助于你理解量子算法。

17.6　小结

本章介绍了 QASM。使用 http://www.broadview.com.cn/44842/0/73 上的在线工具可以访问模拟器和实际的量子处理器，这使得 QASM 成为学习量子编程非常有价值的工具之一。建议最好完成本章介绍的算法，有基础的读者可以尝试编码本章未提供代码的算法并运行。结合第 16 章的内容，至此你应该已经掌握了一些量子编程的知识了。

章节测试

复习题

1. 语法 T q[0] 会做什么？

    a. 在第一个量子位上执行托佛利门

    b. 在所有的量子位上执行托佛利门

    c. 在第一个量子位上执行 T 门

    d. 在所有的量子位上执行 T 门

2. QASM 中，命令 measure_all 会做什么？

    a. 测量 x、y 和 z 基中的量子位。

    b. 测量 z 基中所有的量子位。

    c. 测量 x、y 和 z 基中所有的量子位。

    d. 什么也不做，该命令是错的。

3. 下列符号在 QASM 显示中表示什么？

    a. 受控非门

    b. 阿达玛门

    c. 测量

    d. 误差纠正

4. error_modeldepolarizing_channel 的目的是什么？

    a. 捕获去极化误差

    b. 捕获量子误差

    c. 在量子位上的每个运算之间造成随机误差

    d. 设置误差捕获

章节测试答案

第 1 章

1. c. 环

2. a. $\begin{bmatrix} 6 \\ 3 \\ 9 \end{bmatrix}$

3. b. 10

4. d. 5

5. a. 11

6. b. 17

7. a. 4.12

8. d. $\begin{bmatrix} 15 & 25 \\ 15 & 30 \end{bmatrix}$

9. a. 是

10. $\begin{bmatrix} 1 & 0 & 0 \\ 0 & 1 & 0 \\ 0 & 0 & 1 \end{bmatrix}$

第 2 章

1. $5 + 5i$

2. $4 + 12i$

3. $-10 + 2i$

4. $5/2 - i/2$，或用小数表示为 $2.5 - 0.5i$。

5. $\sqrt{5}$，或用小数表示为 2.2361。

6. a

7. -1。所有的泡利矩阵行列式都为-1。

8. 没有差别。

9. c

10. 所有的泡利矩阵都有$+1$和-1两个特征值。

第 3 章

1. d. 它既是粒子又是波。

2. a. 粒子具有特定的能量态，而非连续的状态。

3. b. 两个费米子在同一个量子系统中无法占据同一量子态。

4. d. 最多有 6 个电子，且都是成对的，每对的自旋方向都相反。

5. a. 序列收敛于向量空间中的某个元素。

6. c. 傅里叶变换

7. d. 它是对应于某种运算的特征向量。

8. b. 狄拉克符号的左矢部分

9. a. 普朗克黑体辐射

第 4 章

1. c. 任何位置

2. a. 按顺序

3. a. 小 O 表示法

4. c. 西塔表示法

5. a. 冒泡法

6. a. NAND

7. b. NOR

8. d. NAND

9. c. 它们可以用来创建任意的布尔函数。

10. d. 指令集架构

第 5 章

1. b. .1

2. a. .55

3. c. .475

4. b. $4 \notin A$

5. b. 集合 A 与集合 B 的交集

6. b. 发出信息的计算机

7. c. 有噪信道编码定理

8. a. 将两个熵相加

9. a. 联合熵

10. d. 密度矩阵

第 6 章

1. b. 2π 弧度表示 $360°$。

2. c. 波函数

3. a. 玻恩定理

4. d. 基于与环境的相互作用，可能的特征态叠加后合并成了单一特征态。

5. b. 1

6. c. 波函数

7. c. 维格纳函数

8. d. 克莱因·戈登方程

9. a. 一个具有复分量的 4×4 矩阵

第 7 章

1. b. 隐变量不是造成量子纠缠的原因。

2. a. 4 个

3. c. E91 协议

4. b. 退相干历史诠释

5. d. 约翰·贝尔

6. d. 哥本哈根诠释

第 8 章

1. b. 相移门

2. a. 单位长度 和 d. 相互正交

3. d. 玻恩定理

4. b. 戈特斯曼-克尼尔定理

5. c. 量子

6. b. 测量

第 9 章

1. c. 为了便于在光子中存储量子位

2. a. 状态 $|0\rangle$

3. b. 离子在鞍点的运动

4. a. 4

5. b. 测量平面

6. c. 绝对零度之上 1 开尔文以上

7. b. 固态

第 10 章

1. c. 多伊奇算法

2. b. 格罗弗算法

3. c. 3

4. b. 周期查找部分

第 11 章

1. b. $\log (N)$

2. d. $y^2 = x^3 + Ax + B$

3. 离散对数是方程 $x^k = y$ 的整数解 k，其中 x 和 y 都是有限群中的元素。

4. 该系统有两个参数，即质数 p 和参数 g。g（通常也称生成器或生成元）是一个小于 p 的整数，具有以下性质：对于任意一个数 n（取值范围为 1 到 p-1 之间），存在 g 的 k 次幂，使得 $n = g^k \bmod p$。一个公钥是 g^a，另一个是 g^b。

5. $C = M^e \% n$

6. 假设 $n = pq$，$m = (p-1)(q-1)$。另选一个与 m 互质（提示，两数互质即两数没有公因数）的比较小的数 e。找到 d，使得 $de \% m \equiv 1$。公开公钥（e 和 n），保存 d 和 n 作为密钥。

第 12 章

1. c. 需要更长的密钥。

2. b. 需要更换。

3. a、b 和 c

4. b. 小改

5. d. 它们并非基于量子计算机可解决的特定数学问题。

第 13 章

1. a. 如果 G 是某种运算下的一个群，H 是 G 的一个子集，在该运算下也形成了一个群，那么 H 是 G 的一个子群。

2. a 和 b

3. d. 循环，移位

4. c. 最短整数问题

5. b. NTRU

6. a. Ajtai

7. a. Ajtai

第 14 章

1. d. 一个集合、每种运算的单位元、两种运算及其逆运算。

2. a. Matsumoto-Imai

3. b. 隐域方程

4. d. MQDSS

5. b. 隐域方程

第 15 章

1. a. Merkle-Damgaard 结构

2. d. McEliece

3. d. McEliece

4. a. Niederreiter

5. a. 扭转群

6. b. 等距

第 16 章

1. c. Result

2. a. 迭代

3. b. 封装

4. a. `Microsoft.Quantum.Intrinsic`

5. d. 围绕给定的泡利轴旋转

第 17 章

1. c. 在第一个量子位上执行 T 门

2. b. 测量 z 基中所有的量子位。

3. a. 受控非门

4. c. 在量子位上的每个运算之间造成随机误差